특별 개정판

야옹야옹
고양이
대백과

린정이, 천첸원 지음 | 정세경 옮김

추천의 글

나는 애묘인으로서 현재 7마리의 고양이를 키우고 있으며, 고양이 촬영하는 일을 직업으로 삼고 있다. 그러다 보니 지인들이나 네티즌들이 고양이 상태가 이상하다 싶으면 나에게 질문하는 경우가 더러 있다. 고양이에 관해서라면 내가 뭐든 알고 있으리라 믿는 것이다. 하지만 그럴 때는 수의사에게 전화를 걸어 물어보는 것이 훨씬 빠르다.

그런데 이 책만 있다면 수의사에게 다급히 전화해 도와달라고 할 일이 줄어들 것이다. 또한 애묘인들은 이 책 속의 전문적인 해설과 종합적으로 분석된 자료를 통해 고양이에 대한 보다 많은 지식을 쌓을 수 있다. 물론 내가 결국 원하는 바는 좋은 수의사와 뛰어난 서적, 훌륭한 환경의 조화를 통해 반려동물 치료의 수준이 점차 발전하는 것이다. 그러려면 고양이를 사랑하는 사람들의 더 많은 존중과 지지가 필요하다.

묘부인猫夫人
(대만의 사진 작가)

저자의 글

오늘날 사람들은 고양이를 예전처럼 쥐를 잡기 위한 동물이 아니라 생활의 반려대상 혹은 가족처럼 여기고 있다. 그래서 고양이를 키우기 위한 지식도 점점 전문화되고 있다. 그러나 애묘인들이 접하는 고양이 양육과 질병에 대한 정보는 대부분 인터넷이나 입으로 전해진 이야기 혹은 외국 서적을 번역한 것들뿐이다.

실제로 고양이를 키우고 질병을 관리할 수 있는 내용이 온전히 담긴 책 한 권이 없는 형편이다. 바로 그 때문에 우리는 고양이의 출생에서부터 노년기의 돌봄, 질병의 관리 등이 포함된 내용의 책을 써야겠다고 마음먹었다. 사실 많은 애묘인들이 고양이가 병에 걸려 위중하게 돼서야 헐레벌떡 병원에 데려오는데, 이미 때가 늦은 경우가 허다하다. 그럴 때마다 스스로 자책하거나 슬퍼하는 애묘인들을 보면 속으로 이런 생각을 한다. '어떻게 하면 이들의 자책감과 슬픔을 덜어줄 수 있을까? 어떻게 해야 질병에 걸린 고양이의 아픔을 최소화할 수 있을까?' 실제로 책 속에 언급한 내용들은 고양이가 걸릴 수 있는 여러 질병의 초기 증상으로, 애묘인들이 일상생활에서 고양이의 행동만 주의 깊게 살펴보면 그 차이를 알아차릴 수 있다. 조기에 병을 발견하면 병원에 데려가 검사를 받고 치료를 받는 일도 한결 수월해질 것이다.

애묘인들이 각 성장 단계의 고양이를 보다 쉽게 키우고 고양이들도 더 나은 생활을 누릴 수 있도록 이 책은 출생에서부터 일상생활, 노년기까지 고양이를 어떻게 돌봐야 할지를 담고 있다. 뿐만 아니라 고양이가 질병에 걸렸을 때 그에 대처하는 방법도 상세히 소개하고 있으니 더 많은 애묘인들이 이 책을 통해 고양이를 더 깊이 이해하는 데 도움이 되기를 바란다.

린정이 林政毅, 천첸원 陳千雯

CONTENTS

PART

1

고양이 기본 탈출
나는 애묘인이다!

고양이의 몸

고양이는 뛰어난 시력과 청력, 운동 능력 덕분에 쥐잡기에 고수다. 하지만 고양이의 모든 신체 기관은 각각의 기능이 있으며 독립적으로 보이면서도 어느 하나 없어서는 안 된다. 모든 기관 사이에 상호작용이 이뤄지기 때문에 하나의 기관이라도 문제가 생긴다면 완벽하게 쥐를 잡을 수 없다.

꼬리(尾巴)

고양이는 꼬리를 흔들어 몸의 균형을 잡거나 감정을 드러낸다. 기분이 나쁘면 꼬리를 좌우로 빠르게 흔들고, 놀라면 꼬리털이 바짝 일어나 꼬리가 굵고 커 보인다. 어미가 새끼를 데리고 이동할 때 어미의 꼬리는 방향을 안내하며 새끼는 어미의 높게 치켜세운 꼬리를 보며 따라가기 때문에 길을 잃지 않는다.

아랫다리(肘部)

아랫다리 관절과 무릎 관절은 같은 작용을 한다. 고양이의 아랫다리 관절이 구부러졌다 펴질 때는 스프링처럼 강한 탄력이 발생한다. 이런 특성 때문에 고양이는 자기 몸길이의 5배 높이를 뛰어오를 수 있다.

발(腕部)

고양이의 발은 8개의 작은 뼈로 이뤄져 있다. 이런 구조 덕분에 앞발 관절은 유연하게 움직여 기어오르거나 쥐를 잡을 때 쓸모가 있다.

무릎(膝)

뛰어오르는 힘의 주요한 원천이다. 고양이가 엎드리거나 엎드렸다 일어날 때 무릎으로 몸의 힘을 지탱한다. 또한 힘을 비축했다가 그 힘을 이용해 도약한다.

무릎아래관절(飛節)

사람의 발꿈치에 해당하는데, 고양이의 발꿈치는 비교적 높이 위치하고 있다. 사람으로 비유하면 발끝을 바짝 들고 걷는 것과 같다. 따라서 고양이가 뛸 때는 지면의 마찰력이 매우 작아지고 차는 힘이 커진다. 덕분에 고양이는 아무 때나 뛰어도 순간적인 폭발력을 발휘할 수 있다.

눈 고양이의 시야는 280°로 물체가 빠른 속도로 움직이거나 어두운 방안에 있어도 매우
정확히 볼 수 있다.

홍채(虹彩)

고양이의 홍채는 동공의 크기를 조절하며 대량의 색소 세포가 분포돼 있어 망막을 보호하고 수정체와 유리체가 자외선을 차단한다. 또한 홍채는 고양이들의 품종을 구분하는 중요한 근거인데, 아메리칸 쇼트헤어(american shorthair)나 페르시안 친칠라(persian chinchilla)는 초록색, 페르시안 고양이(persian cat)는 오렌지색을 띤다.

공막(鞏膜)

역시 하얀 부분으로 이 위에 투명한 결막이 덮여 있으며 흰자위에 두꺼운 혈관 몇 개가 분포돼 있는 것이 보이기도 한다.

제3안검

고양이 콧등 가까이 안각 안쪽에 자리잡아 바깥으로 미끄러지듯 움직이는 작고 하얀 조직으로 제3안검 혹은 순막으로 불린다. 이는 사람에게 없는 구조로 눈물을 분비하며 안구를 보호하는 기능이 있다.

동공(瞳膜)

동공은 눈의 정중앙에 보이는 검은색 부분으로 빛의 강약에 따라 확대되거나 축소될 수 있다.

안검(眼瞼,눈꺼풀)

충분히 눈을 보호할 수 있으나 눈물샘에서 분비되는 눈물도 눈 표면 조직의 습윤도를 적당히 높여준다.

코 고양이의 코는 500m 밖에서 나는 냄새도 맡을 수 있다.

코끝(鼻鏡)

땀과 피지가 고양이의 코끝을 촉촉하게 만든다. 그 때문에 냄새 분자가 쉽게 달라붙어 고양이의 후각은 더욱 민감해진다.

혀 고양이의 혀 표면에는 안쪽 후두 방향으로 매우 작지만 긴 돌기가 촘촘히 돋아 있다.

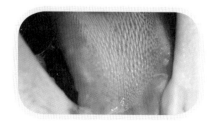

사상유두(絲狀乳頭)

고양이가 몸을 핥을 때는 사상유두가 빗처럼 털을 빗겨주며, 음식을 먹거나 물을 마실 때는 숟가락의 기능을 할 뿐만 아니라 먹잇감 뼈에 붙은 살을 깨끗이 발라낼 수 있게 한다.

치아
━━━
고양이의 유치는 26개로 생후 6개월이면 30개의 영구치로 바뀐다. 영구치는 사람처럼 세 가지 종류로 구분되며 각각의 기능이 다르고 일단 빠지면 다시 자라지 않는다.

어금니
(臼齒, 아치)
음식물을 자를 때
사용한다.

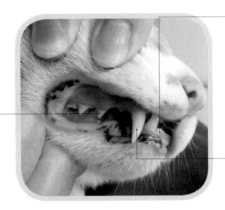

앞니(門齒, 문치)
사람의 앞니와 같아 뼈에서 살을 벗겨낼 수 있다.

송곳니(犬齒, 견치)
먹잇감의 척수를 찔러 놓는 데 사용한다.

발 패드
━━━
발 패드肉趾, 육구는 수많은 신경이 통과하는 감각기관으로 사람의 손끝처럼 예민하다. 고양이가 걸을 때 소리가 나지 않는 것은 착지하면서 발 패드가 충격흡수장치 역할을 하기 때문이다. 고양이의 몸에는 매우 적은 땀샘이 존재하는데 이곳에도 땀을 배출하는 기능이 있다. 또한 발가락 사이에 냄새샘이 있어 땀을 흘리면 냄새도 함께 배어 나온다.

발바닥 패드
(掌球, 장구)
사람의 손바닥과
같다.

발가락 패드
(指球, 지구)
사람의 손끝과 같다.

발목 패드
(趾跟球, 지근구)
앞 복사뼈를 보호한다.

발

고양이의 발톱은 날카롭고 휘어져 있으며 발의
형태는 먹잇감을 누르기에 적당하다. 또한 고양
이의 발은 쉽게 늘였다 줄였다 할 수 있으며 발
을 접어 발톱이 닳는 것을 방지한다. 걸을 때도
소리가 나지 않아 먹잇감이 놀라 달아날 틈이
없다.

수염

고양이는 수염으로 지나가
는 곳의 너비를 측성할 수
있다.

귀

고양이의 청력 범위는 사람
의 3배다.

Ⓑ 고양이의 감각기관

시각 ▰▰

고양이의 눈 구조는 사람과 거의 비슷하지만 몇몇 특수한 부분이 있다. 바로 이 점 때문에 고양이의 눈은 사람이 흉내 낼 수 없는 기능을 발휘한다.

고양이는 밤에도 또렷하게 볼 수 있을까?

사람들은 흔히 고양이가 어둠 속에서도 물체를 볼 수 있다고 생각하지만 어두운 공간에 있으면 사람처럼 아무것도 보지 못한다. 다만 고양이의 눈은 주변의 미세한 빛을 잘 끌어모을 수 있다. 고양이의 망막 뒤에는 거울과 같은 구조의 터피텀tapetum이라는 반사판이 있다. 미세한 빛이 망막을 통과해 뒤 쪽의 터피텀에 닿으면 다시 망막에 반사된다. 이때 빛을 받아들이는 세포(간상세포와 원추세포)가 다시 자극을 받아 빛의 작용이 상승해 야간 시력이 높아진다. 또한 고양이의 동공은 어둠 속에서 확장되는데, 이는 더 많은 빛을 모으기 위함이다. 그 때문에 고양이는 사람의 눈이 받아들이는 빛의 6분의 1 정도만으로도 사람보다 훨씬 또렷하게 볼 수 있다. 밤중에 고양이의 눈을 보면 종종 금색이나 녹색으로 빛나는데 이는 터피텀의 반사작용 때문이며, 플래시를 켜고 고양이의 사진을 찍어도 비슷한 현상이 나타난다. 반면 사람의 눈에는 터피텀이 없기 때문에 밤에도 빛나지 않는 것이다.

고양이의 시야는 사람보다 넓다?

고양이가 똑바로 앞을 바라볼 때 그 시야의 끼인각은 285°로 사람의 210°보다 훨씬 넓다. 또한 두 눈 시야의 끼인각은 130°로 사람의 120°보다 넓다. 보통 두 눈 시야의 끼인각에 따라 거리와 깊이를 판단하는데 고양이는 그 각이 130°여서 물체의 거리와 깊이를 정확히 판단할 수 있다. 덕분에 고양이는 비스듬히 뒤쪽에 위치한 물체도 볼 수 있다. 사실 거리를 판단하는 능력은 두 눈 시야의 끼인각뿐 아니라 다른 요소에 의해서도 영향을 받는다. 사람은 고양이보다 두 눈 시야의 끼인각이 작지만 안구의 흰자위가 더 많기에 움직이는 범위가 넓어 구조상의 부족함을 보완할 수 있다. 그 때문에 사람은 고양이보다 거리를 훨씬 잘 판단할 수 있다.

◀◀ 고양이의 동공은 눈의 정중앙에 있으며 빛이
　　밝게 비추면 동공은 가늘고 긴 형태로 변한다.

◀ 빛이 많이 들지 않는 어두운 곳에서 고양이의
　 동공은 원형이 된다.

왜 고양이 동공은 수축되거나 확대될까?

고양이 동공은 일반 포유류처럼 강한 빛에는 수축돼 망막이 손상되는 것을 방지한다. 반면 어두운 곳에서는 확대돼 더 많은 빛을 받아들인다. 다만 고양이는 동공의 형태에 따라 품종의 차이가 나타난다. 이를테면 대형 야생 고양잇과의 동공은 대부분 타원형이며, 퓨마는 원형이다. 또한 보통 집고양이들의 동공은 아몬드형이어서 동공을 완전히 닫는 데 효과적이다. 동공을 닫는 것은 매우 민감한 망막을 보호하기 위해서다.

망막의 간상세포는 주로 빛의 명암 변화에 민감하며 원추세포는 영상을 해석하는 능력을 맡고 있다. 고양이는 간상세포가 원추세포보다 훨씬 많아 사람보다 야간 시력은 좋지만 시력 자체는 사람의 10분의 1에 불과하다. 그래서 사람처럼 작은 사물을 구별해내는 능력이 없다. 고양이가 엄청난 근시이기는 하지만 동체 시력은 매우 좋은 편이다. 예를 들어 고양이는 50m 밖에서 움직이는 멋잇감도 잡을 수 있다. 먹잇감이 초당 4mm씩 움직여도 고양이는 발견할 수 있다. 사람에게 빠른 속도로 움직이는 물체도 고양이가 보기에는 정상적인 속도로 움직일 뿐이다.

고양이는 동체 시력이 매우 발달해서
움직이는 먹잇감도 잡을 수 있다.

고양이는 색맹이다?

사람의 원추세포는 파란색과 빨간색, 초록색을 구별할 수 있는 반면 고양이는 눈에 빨간색을 감지하는 원추세포가 없어 파란색과 초록색만 구별할 수 있다. 그 때문에 고양이는 아마도 빨간색을 회색으로 볼 것이다. 고양이 눈은 색을 구별할 수는 있어도 그 차이를 인지하는 뇌 영역이 발달하지 않아 색에 대한 정보를 해독하지 못한다. 훈련을 통해 색을 이해할 수 있지만 쉽지도 않고 이런 능력이 큰 의미가 없다.

청각 ▬▬

고양이에게 두 번째로 중요한 감각은 바로 청력이다. 고양이의 귓바퀴는 사람보다 5배 많은 30개의 근육으로 움직인다.

고양이는 귀를 자유롭게 움직일 수 있다?

30개의 근육은 주로 소리가 나는 방향으로 귓바퀴가 향하도록 조절한다. 이 귓바퀴가 움직이는 속도는 고양이가 개보다 훨씬 빠르다. 귓바퀴는 깔때기처럼 밖에서 들려오는 소리를 모아 고막으로 전송한다. 귓바퀴의 모양은 불규칙하고 비대칭적인 나팔처럼 생겼으며 근육으로 귓바퀴의 운동을 통제할 수 있다. 이를 통해 고양이는 소리가 나는 위치를 매우 정확히 알아챌 수 있다.

고양이의 청력은 개보다 좋을까?

사람이 들을 수 있는 소리의 주파수는 약 2만Hz이며, 개는 3만 8천Hz이다. 그에 비해 고양이는 5만에서 6만Hz 이상의 고음을 들을 수 있으며, 소리가 들려오는 위치를 찾아낼 수 있다. 덕분에 고양이는 쥐가 내는 2만Hz 이상의 초음파를 20m 밖에서도 들을 수 있다. 또한 사람은 소리의 시차와 강도를 통해 그 소리가 들려오는 곳을 찾아내는데 귀가 아무리 밝아도 4.2°의 오차가 발생할 수 있다. 반면 고양이는 그 오차 범위가 0.5°에 불과하다. 따라서 고양이는 20m와 40m 밖에서 들려오는 두 소리의 위치를 구별해낼 수 있다.

파란 눈의 흰 고양이는 귀가 들리지 않는다?

파란 눈의 흰 고양이는 유전적인 결함으로 내이內耳, 속귀 구조의 주름 때문에 귀가 먹는 경

◀◀ 고양이는 멀리서 들려오는 소리도 들을 수 있다.

◀ 파란 눈을 가진 흰 고양이 대부분은 소리를 듣지 못한다.

향이 있다. 이런 종류의 청각장애는 치료할 방법이 없다. 하지만 고양이는 귀가 들리지 않아도 빠르게 환경에 적응해 살아남을 수 있다.

후각

고양이에게 코는 또 다른 중요한 감각기관이다. 고양이의 후각은 사람보다 20만 배 이상 예민하다는 이야기도 있다. 이는 고양이 코의 점액막에 9천 9백만 개가량의 말초신경이 있기 때문인데 사람보다 20배가량 많은 숫자다.

고양이에게는 후각이 시력보다 중요하다?

시각과 후각을 비교하자면 고양이는 후각으로 다양한 판단을 할 수 있다. 이를테면 고양이는 다른 고양이의 오줌과 냄새샘에서 풍기는 냄새만 맡아도 그 고양이가 수컷인지 암컷인지를 구별할 수 있다. 또한 눈을 뜨기 전의 새끼는 어미의 냄새를 맡고 젖꼭지를 찾아낸다.

고양이에게 후각은 매우 중요한 감각기관이다.

그렇다면 고양이는 다른 고양이가 발정을 했는지, 어떤 사람이 보호자인지 냄새로 구별할 수 있을까? 실제로 고양이는 후각을 이용해 이를 구별해내며, 500m 밖에서 나는 미세한 냄새도 맡을 수 있다. 뿐만 아니라 고양이의 코는 질소화합물의 냄새에 특별히 민감해 지나치게 오래되거나 부패한 음식물을 놔둘 경우 고양이의 식욕을 감퇴시킬 수 있다.

고양이는 왜 개박하를 좋아할까?

고양이는 개박하●란 식물에서 풍겨 나오는 냄새를 매우 좋아한다. 이 냄새를 맡은 고양이는 정신없이 바닥을 구르거나 드러눕기도 한다. 이는 개박하에 함유된 특정 지방이 발정한 암컷 고양이가 분비하는 오줌 속 물질과 비슷한 화학구조를 갖고 있기 때문이다. 그래서 일반 수컷 고양이가 암컷이나 중성화한 수컷보다 개박하를 훨씬 좋아한다. 다시 말해 개박하는 고양이에게 일종의 매우 성적인 식물이라 할 수 있다. 이외에도 키위 덩굴의 줄기나 잎도 같은 효과를 낸다.

● Nepeta cataria, 고양이풀 혹은 캐트닙

고양이는 음식이 얼마나 뜨거운지 어떻게 알까?

고양이의 코는 후각이 민감할 뿐만 아니라 온도도 느낄 수 있다. 특히 고양이의 코는 전신에서 온도 변화에 가장 민감한 부위로 사람은 알아채지 못하는 $0.2°$ 차이도 느낄 수 있다. 그렇기에 고양이는 음식의 온도를 잴 때 혀가 아닌 코로 재며, 쉬려고 시원한 곳을 찾을 때도 코를 사용한다.

고양이는 특이한 냄새를 맡으면 괴상한 표정을 짓는다?

고양이는 특이하거나 자극적인 냄새를 맡으면 머리를 바짝 치켜들거나 입술을 말고 코를 찡그리거나 입을 벌려 별난 표정을 짓기도 한다. 마치 웃는 것처럼 보이는 이런 표정은 냄새가 입안으로 들어와 위턱에 있는 야콥슨 기관●과 닿게 하기 위해서다. 이 기관에는 후각과 미각의 기능이 있어 냄새를 구별할 수 있다. 사람에게도 이 기관이 존재하지만 이미 기능을 잃어버렸다. 발정기에 있는 암컷 고양이가 내뿜는 페로몬 향기를 맡는 데 이 기관을 주로 사용한다.

야콥슨 기관은 위턱 앞니 뒤의 작은 구멍에 자리잡고 있다.

● jacobson's organ, 사자, 고양이, 뱀, 염소, 말 등의 동물에게만 있는 기관으로 향기 입자를 감지해 관련 신호를 뇌에 보낸다.

촉각 ▰▰▰▰

고양이의 촉각은 매우 발달돼 있는데 수염이 촉각을 느끼는 주요 부위다. 고양이 수염은 입 주변의 것을 가리키는 것이 아니라 눈 위의 속눈썹, 뺨에 난 털, 앞발 안쪽의 촉모觸毛, 촉각털를 모두 일컫는다.

고양이에게 수염은 얼마나 중요할까?

고양이의 수염은 일종의 감각기관으로 모근 부위에 신경세포가 있어 물체에 닿으면 뇌로 자극을 전달해 위험을 감지한다. 보통 고양이의 수염은 몸의 너비만큼 자라는데, 먹잇감을 쫓을 때는 이 수염으로 몸과 주변 물체까지의 거리를 측정해 물체에 부딪치지 않고 지나갈 수 있다. 덕분에 소리를 내지 않고 슬그머니 다가가 먹잇감을 잡을 수 있다.

고양이는 수염으로 지나가는 폭을 측정할 수 있다.

고양이는 어둠 속에서 보기 힘든 물체도 수염과 앞발의 촉모로 탐지한다. 예를 들어 어두운 곳에서 수염이 먹잇감에 닿으면 그 먹잇감을 정확하게 잡도록 재빨리 반응한다. 또한 한 연구 결과에 따르면 고양이는 컴컴한 곳에서 뛰어오르거나 앞으로 나아갈 때 수염을 아래로 휘어 도중에 나타날 수 있는 돌멩이나 동굴, 울퉁불퉁한 길을 감지한다. 매우 빠른 속도로 도망갈 때에도 큰 어려움을 겪지 않는데, 이는 수염이 탐지한 정보로 몸의 방향을 바꾸거나 장애물을 피할 수 있기 때문이다.

미각 ▖▖▖▖

고양이의 입맛은 미식가 뺨치는 수준이지만 사실 고양이의 미각은 그리 발달된 편이 아니다. 주로 미각보단 후각에 의지해 음식을 먹을 수 있는지 판단한다.

고양이는 편식을 한다?

고양이의 혀에도 사람처럼 맛을 느끼는 세포가 존재하기에 쓴맛과 단맛, 신맛, 짠맛을 모두 느낄 수 있다. 하지만 한 연구에 따르면 고양이는 단맛에 민감하지 않아 개처럼 단 음식을 좋아하지 않는다고 한다. 또한 고양이는 다른 육식동물처럼 당류를 소화시킬 수 없어 단 음식을 먹고 나면 이질에 걸리기 쉽다.

다만 고양이는 고기 속 아미노산의 단맛과 썩은 먹잇감의 신맛을 모두 구별할 수 있다. 막 태어난 새끼는 완벽한 미각을 갖추고 있지만 나이를 먹으면서 점차 미각의 민감도가 떨어지는 편이다. 또한 사람이 감기에 걸리면 입맛이 떨어지는 것처럼 고양이도 기관지 감염이 일어나면 미각에 영향을 받아 식욕이 떨어진다.

고양이의 미각은
그리 발달된 편이 아니다.

ⓒ 고양이의 의사 표현

처음 고양이를 키우는 애묘인은 아직 고양이에 대해 잘 알지 못하기에 종종 그들의 행동을 오해하곤 한다. 고양이는 사람과 달리 말을 할 수 없지만 신체 동작을 통해 자신의 감정을 표현한다. 그래서 고양이의 신체 언어에 대해 잘 알아야 고양이가 지금 어떤 기분인지 이해할 수 있다. 고양이의 신체 언어는 얼굴의 표정이나 귀의 위치, 꼬리의 흔들림 등을 통해 관찰해 알 수 있다.

**편안함
안심**

고양이는 익숙하고 안전한 환경에 있을 때 몸의 근육과 얼굴의 표정 선이 이완되며 꼬리를 늘어뜨리고 규칙적으로 흔든다. 어떤 고양이들은 후두에서 그르렁거리는 진동음을 내기도 한다. 이 진동음은 고양잇과 동물 특유의 소리로 대부분 고양이의 마음이 편해졌을 때 나온다. 처음 고양이를 키우는 경우 이 소리를 듣고 고양이가 아픈 것이 아닌가 오해하기도 한다.

사람들은 고양이가 몸을 비비는 모습을 보고 흔히 애교를 부린다고 생각하지만 실제로 이는 자신의 냄새를 남기기 위한 행동이다. 고양이의 얼굴이나 몸의 특정 부위 피지샘에서는 피지가 분비돼 고양이가 비빌 경우 물체에 냄새가 남는다. 이런 행동을 통해 고양이는 물체 혹은 구역이 자기 영역임을 표시한다. 고양이는 자신의 냄새가 남아 있는 곳에 있을 때 안심하기 때문에 사람의 손발이나 물체의 가장자리에 몸을 비벼 냄새를 남기곤 한다.

**몸을
비빌 때**

어떤 고양이들은 기분이 나빠도 보통 고양이처럼
긴장하거나 겁먹은 모습을 보이지 않는다. 그저
귀를 살짝 뒤로 젖히는데 이 같은 반응마저 없거
나 등이나 꼬리의 털도 바짝 세우지 않고 몸을 편
안히 이완시키는 고양이도 많다. 다만 이런 상태
에서도 꼬리는 좌우로 빠르게 흔들 수 있다. 고양
이가 계속 기분 나쁜 상태에 있다 보면 상대를 가
볍게 물거나 앞발로 때리는 동작을 하기도 한다.

언짢음

긴장/
두려움

고양이는 긴장하거나 겁을 먹으면 동공
이 커지면서 동그랗게 변하고, 귀를 뒤
로 향하거나 아래로 늘어뜨리며 경직
된 표정으로 자신을 긴장하게 만든 사
람이나 사물에서 눈을 떼지 않는다. 몸을
아래로 낮추거나 때론 아예 엎드리기도 하며,
꼬리는 말아서 두 다리 사이에 둔다. 어떤 고양
이는 여차하면 도망갈 준비를 하기도 한다.

고양이는 화가 날 때도 동공이 크고 동그랗게 변한다. 근육
은 수축되고, 등이나 꼬리의 털을 모두 세워 몸 전체가 바
짝 선 것처럼 보인다. 또한 등을 활같이 휘어 큰 산처럼 보
이게도 한다. 이는 고양이가 자신의 몸집을 크게
보이도록 해 적을 위협하고자 하는 행동이
다. 얼굴 표정은 더욱 과장되는데, 어떤 고
양이들은 입을 벌려 이를 드러내고 "하
아악!" 하는 호흡소리를 내기도 한다.
더 나아가 위협하듯 앞발을 들어 공격
할 수도 있다.

화날 때

공격할 때

고양이는 지나치게 겁이 나거나 화가 날 경우 공격적인 행동을 취하기도 한다. 고양이의 공격 동작은 보통 앞발을 내밀거나 발톱으로 긁고 때리는 것이다. 어떤 고양이들은 적극적으로 달려들어 깨물기도 한다. 그러므로 고양이가 이미 화가 많이 난 상태라면 자극하지 말고 서서히 기분이 안정될 때까지 기다려야 한다.

수면 자세

고양이가 자는 자세만 봐도 현재 기분이 어떤지 알 수 있다.

무방비 상태의 수면 자세

배를 드러내고 큰 대자로 자는 자세를 말한다. 이때의 고양이는 마음을 푹 놓고 아무런 대비가 없는 상태로 주변 환경에 대해 매우 안심하고 있다.

경계를 푼 수면 자세

엎드려 있던 고양이가 주변 환경에 대해
마음을 놓기 시작하면 사지를 뻗고 머리
를 바닥에 대고 누워 배를 절반쯤 드러
낸다. 이때 고양이는 긴장이 풀린 상태라
고 할 수 있다.

엎드려 앉은 수면 자세

고양이가 엎드려 앉은 자세를 취할 때는
앞발을 몸 안으로 밀어넣고 고개를 높이
든 채 눈을 감고 잔다. 이때 고양이는 반
쯤 마음을 놓은 상태인데 고개를 치켜든
것은 언제든 주변 상황을 살피기 위해서
다. 반면 발을 밀어넣은 상태이기 때문에
위험한 일이 발생해도 바로 몸을 일으킬
수 없다.

경계하는 수면 자세

무언가를 경계할 때 고양이는 몸을 웅크
린 채 머리를 앞발에 기대고 잔다. 안전을
위해 배를 드러내지 않고 위험이 생기면
바로 고개를 들어 관찰하기 위해서다. 길
고양이거나 자주 긴장하는 고양이에게
흔히 나타나는데 날씨가 추울 때도 이
자세로 자기도 한다.

Ⓓ 고양이의 스트레스

고양이는 생리적, 심리적 압박감을 받는 모든 상황에서 스트레스를 받는다. 동물은 이동하는 도중에 죽기도 하는데 갑작스러운 환경 변화로 스트레스를 받으면 부신피질이 위축되면서 부신피질 기능 저하로 죽음에 이를 수 있다. 다만 적당한 스트레스는 부신피질 기능 유지에 도움이 된다.

스트레스가 높아지면 면역계가 억제돼 숨어 있던 질환이 나타난다. 많은 고양이들이 헤르페스바이러스Herpesvirus와 칼리시바이러스Calicivirus 보인자● 상태로 있는데 지나치게 높은 스트레스로 면역 기능이 떨어져 바이러스의 복제를 막을 수 없어 바이러스에 바로 감염되기도 한다. 이 바이러스가 대량으로 복제하고 증식되면 재채기를 하거나 결막염에 걸릴 수 있다. 특히 재채기를 통해 대량의 바이러스가 퍼져나갈 수 있다. 저항력이 약한 고양이들은 이로 인해 각막궤양이나 구강궤양, 재채기, 코 고름, 호흡곤란, 구강호흡, 결막염 등의 증상이 나타날 수 있다. 또한 많은 고양이들은 몸에 무해한 장코로나 바이러스를 갖고 있는데 일단 스트레스를 받으면 이 바이러스가 대량으로 증식하게 되며, 변이를 통해 사망률 100%에 이르는 전염성 복막염 바이러스로 바뀔 수 있다.

● 保因者, 숨겨져 있어서 나타나지 않는 유전 형질을 지니고 있는 사람이나 생물

고양이가 흔히 겪는 스트레스 상황

고양이는 어떤 상황에서 스트레스를 받을까? 간단하게 정리하자면 입양한 고양이를 목욕을 시켜 집으로 데리고 돌아갈 경우(목욕 스트레스), 사료를 새로 바꿀 경우(음식 교환 스

트레스), 처음 보호자의 집에서 생활할 경우(환경변화 스트레스), 병원에서 진료를 받을 경우(의료 스트레스), 집에 고양이가 많아 우두머리가 새 고양이를 괴롭힐 때(다묘 가정 스트레스), 이동할 경우(운송 스트레스) 등이 있다. 분양을 받거나 입양한 새끼 고양이가 처음 보호자의 집에서 생활할 때 병에 걸리는 것도 이 때문이다.

특히 갓 분양을 받거니 입양한 고양이는 버룩이나 곰팡이, 헤르페스바이러스, 칼리시바이러스, 귀 진드기 등의 전염병을 옮길 수 있다. 그러므로 고양이를 데리고 집에 가기 전 반드시 먼저 병원에 들러 1차 검사를 통해 전염병을 치료해야 한다. 그리고 집에 데려간 후는 2주 이상 다른 고양이들과 완전히 격리시켜야 한다.

샤워와 예방접종은 일단 걸러도 된다. 새 고양이가 집에 완벽히 적응하길 기다려 일상생활에 문제가 없을 때인 2~4주 정도 뒤에 해도 별 문제가 없다. 사료를 바꿀 경우도 이전에 먹던 것과 새 것을 함께 내주면 적응하기가 수월하다. 잘해주고 싶은 욕심에 영양제와 간식 등을 억지로 먹이지 않는 것이 고양이의 스트레스를 최소한으로 줄일 수 있는 방법이다.

고양이에게 주는 적당한 스트레스

스트레스가 너무 적어도 고양이는 비만이나 특발성 방광염에 걸리기 쉽다. 고양이의 생활환경은 다양해야 한다. 이를테면 벽에 합판으로 만든 길을 만들어 걷게 한다든가 장난감을 준비해 충분히 운동할 수 있도록 한다. 장난감 안에 간식을 넣어 충분히 운동한 뒤 보

상 개념으로 간식을 주면 좋다. 플라스틱 공이나 낚싯대, 캣타워도 많은 도움이 된다. 또한 고양이가 집 밖에 나갈 수 있는 통로나 공간을 따로 만들어주는 것도 적당히 스트레스를 풀거나 건강을 유지하는 좋은 방법이다.

다만 몇몇 고양이는 스트레스 때문에 고혈당이 생길 수 있는데 이럴 경우 동물병원에 갔을 때 당뇨로 오진하기 쉽다. 현재는 프룩토사민Fructosamine 검사로 스트레스로 생긴 고혈당인지 판단할 수 있다. 건강한 젊은 고양이라 해도 스트레스를 많이 받으면 좋지 않은데 중성화 수술을 할 때는 예방접종을 하지 않는 것이 좋다.

보호자가 편하자고 한 번에 여러 가지를 해결하려 하면 고양이가 의료 스트레스를 받아 숨어 있던 질병들까지 한꺼번에 나타날 수 있다. 실제로 나는 수의사들을 상대로 강의할 때마다 다음과 같은 말을 강조한다.

"고양이에게 있어 만병의 근원은 결국 스트레스입니다!"

Ⓔ 고양이 품종에 따라 잘 걸리는 질환

품종	행동/성격 특징	쉽게 걸리는 질환
아비니시아 (Abyssinian)	영리하지만 공격 성향이 있어 고양이 끼리 공격하기도 함. 경계심이 있고 포옹을 싫어하지만 사람과 잘 어울림. 충성심 있고 활달하며 장난치고 쫓는 걸 좋아함. 가구를 긁음. 작은 조류를 잡을 수 있고 소변으로 영역을 표시함	선천성 갑상샘 기능저하증, 확장성 심근병증, 감 각과민증후군, 아밀로이드증, 분아균증, 중증근 무력증, 비인두 용종, 심리성 탈모, 대칭성 탈모, 피르빈산키나아제 결핍증, 브루셀라병, 망막변 성, 망막세포 발달이상
버만 (Birman)	친근하고 사람에게 호의적이며 울음 소리를 잘 냄	다발성 말초신경병증, 선천성 백내장, 선천성 털 감소증, 각막유피종, 괴사성 각막염, 혈우병 B형, 해면성 변형, 꼬리 괴사, 흉선 형성부전, 당뇨, 다 낭신
버미즈 (Burmese)	사람에게 호의적이고 장난치기를 좋 아함. 사회성이 강하고 소변으로 영역 표시하는 일이 드묾. 인내심이 강하고 울음소리를 잘 냄. 고양이 화장실을 잘 사용함	콧구멍 발육부전, 두부 결함, 옥살산칼슘 결석, 선 천성 난청, 선천싱 진징계증후군, 각막유피종, 확 장성 심근병증, 비후성 심근증, 전신성 모낭충증, 감각과민증후군, 체리아이(제3안검 탈출증), 심인 성 탈모
코니시 렉스 (Cornish Rex) / 데본 렉스 (Devon Rex)	활동적이고 활달하고 활력이 넘치며 사람에게 호의적임. 고양이 화장실을 잘 사용함, 기어오르기와 뛰어내리기 를 잘함, 소변으로 영역 표시하는 일 이 드묾	선천성 탈감소증, 말라세지아 피부염, 슬개골 탈 구, 배꼽탈장, 마취제 과민반응, 비타민K 의존성 혈액응고장애, 천포창
히말라얀 (Himalayan)	조용하고 장난치기를 좋아하고 차분 함. 함께 지내는 사람이나 고양이와 사이가 좋음	기저세포종, 옥살산칼슘 결석, 선천성 백내장, 선 천성 문맥단락, 피부 무력증, 피부 진균증, 특발성 안면 피부염, 감각과민증후군, 전신성 홍반성 낭 창, 귀지샘종
맹크스 (Manx)	평화로운 성격이나 살짝 겁이 있음. 가정 안에서 의존도가 적당함. 울음소 리를 잘 내지 않음	염증성 장질환, 변비, 거대결장증, 직장탈출증, 꼬 리뼈 발육부전, 척추측만증
페르시안 (Persian)	게으르고 장난을 싫어함. 조용하고 친 근하며 겁이 많음. 경계심이 강해 자 주 소변으로 영역을 표시함. 함께 지 내는 사람이나 고양이와 사이가 좋음. 고양이 화장실을 잘 사용하지 못함	기저세포종, 옥살산칼슘 결석, 횡격막 탈장, 타우 린 결핍증, 선청성 백내장, 다낭성 간질환, 다낭 신, 선천성 문맥단락, 잠복고환, 안검내반증, 피 부 진균증, 지루성 피부병, 비후성 심근증, 특발 성 안면 피부염, 눈물흘림증, 비루관 발육부전, 비갑개 발육이상, 팔로4징후, 망막변성, 피지샘 종, 전신성 홍반성 낭창, 전염성 빈혈, 백혈병, 오 목가슴, 특발성 전정계증후군, 당뇨, 부신피질 기 능항진증

품종	행동/성격 특징	쉽게 걸리는 질환
샴 (Siamese)	영리하고 활달하고 장난치기를 좋아함. 활동적이라서 고양이끼리 공격하기도 함. 함께 지내는 사람이나 고양이와 사이가 좋음. 자주 소변으로 영역 표시를 함. 환경에 관한 요구가 높고 부적응성 스트레스 반응이 쉽게 나타남. 울음소리를 잘 내고 긁기를 잘함	기저세포종, 아밀로이드증, 분아균증, 유미흉, 구개열, 선천성 백내장, 선천성 난청, 선천성 막망변성, 오른쪽 대동맥궁 유잔증, 선천성 거대식도증, 선천성 중증근무력증, 선천성 문맥단락, 선천성 전정계증후군, 사시, 호너증후군, 크립토코커스증, 확장성 심근병증, 비후성 심근증, 안검결손, 순막 발육불량, 대칭성 탈모, 천식, 귓바퀴 탈모, 음식물 과민증, 전신성 모낭충증, 염증성 장질환, 녹내장, 혈우병 A/B형, 고관절 발육불량, 히스토플라스마증, 감각과민증후군, 지방종, 유선종양, 비만세포종, 비강종양, 심리성 탈모, 유문 기능장애, 소장암, 스포로트릭스증, 승모판막 폐쇄부전증, 팔로4징후, 심리적 꼬리 물기, 뇌전증, 면역성 용혈성 빈혈증, 백혈병, 외분비성 췌장기능부전, 원발성 부갑상샘 기능항진증, 부신피질 기능항진증
아메리칸 쇼트헤어 (American Shorthair)	성격이 평화롭고 게으름. 적응력이 강하고 조용하고 아이에게 호의적임	다낭신, 비후성 심근증, 망막세포 발육이상, 타우린 결핍증
발리네즈 (Balinese)	활동적이라서 장난치기를 좋아함. 사회성이 좋아 함께 지내는 사람이나 고양이와 사이가 좋음. 사람에게 친근하고 울음소리를 잘 냄	기저세포종, 유선종양, 꼬리샘 과증식
벵갈 (Bengal)	매우 활동적이고 사납고 공격성이 있어 사람을 공격하고, 고양이끼리 공격하기도 함. 호기심이 많고 물을 좋아함. 사람에게 호의적이지 않음. 장난치기를 좋아하고 가구를 긁음. 만져주는 것을 잘 참지 못함	자료 없음
브리티시 쇼트헤어 (British Shorthair)	조용하지만 사람에게 호의적이고 친근함. 소변으로 영역 표시가 적은 편임	비후성 심근증, 혈우병 B형, 다낭신, 신생아 적혈구 용혈증
이집션마우 (Egyptian Mau)	활동적이고 낯선 사람을 멀리함. 담력이 약하고 소음에 민감함	해면성 변형
엑조틱 쇼트헤어 (Exotic Shorthair)	사람에 대한 관심이 낮고 낯선 사람을 무서워함. 페르시안보다 활동적임. 혼자 있을 때도 상대적으로 조용함	눈물흘림증, 비루관 폐쇄, 다낭신, 비후성 심근증, 횡격막 탈장
코랫 (Korat)	활동적이고 순하며 사람에게 호의적임. 다른 고양이를 받아들이지 못할 수 있음	심인성 탈모, 감각과민증후군
메인쿤 (Mainc coon)	사람에게 호의적이고 낯선 사람을 두려워하지 않음. 잘 울지 않고 사교성이 좋음. 고양이 화장실을 잘 사용함	고관절 발육부전, 비후성 심근증

품종	행동/성격 특징	쉽게 걸리는 질환
하바나 (Havana)	활동적이고 호기심이 많으며 장난치기를 좋아함. 사람에게 호의적이고 관심을 받기 좋아함. 소변으로 영역 표시가 적은 편임	분아균증
스핑크스 (Sphynx)	활달하고 호기심이 많으며 장난치기를 좋아함. 사람 다리에 누워 있기를 좋아함	마취제 과민반응, 유선증식증, 유선종양
노르웨이숲 (Norwegian Forest)	활동적이지만 조금 겁이 있음. 잘 울지 않으며 가정 내에서 잘 지냄	비후성 심근증
오리엔탈 쇼트헤어 (Oriental Shorthair)	활동적이고 공격성이 낮음. 사람에게 호의적이고 고양이 화장실을 잘 사용함. 소변으로 영역을 표시할 수 있고 울음소리를 잘 냄	심인성 탈모
랙돌 (Ragdoll)	사람에게 호의적이고 온순하며 친화력이 좋음. 공격성이 낮음	비후성 심근증
러시안블루 (Russian Blue)	조용하고 수줍음이 있음. 낯선 사람을 경계하지만 장난치기를 좋아하고 아이에게 호의적임. 고양이 화장실을 잘 사용하고 소변으로 영역 표시가 드문 편임	만성 신장질환
스코티시폴드 (Scottish Fold)	영리하고 호기심이 많으며 사람에게 호의적이라서 가정 내에서 잘 적응하며 충실함	연골 발육부전, 관절질환, 비후성 심근증
소말리 (Somali)	활동적이고 사회성이 좋아 사람에게 호의적임. 에너지가 넘치지만 고양이가 많은 환경에서 적응하지 못함. 포옹을 싫어하고 호기심이 강함	중증근무력증, 피르빈산키나아제 결핍증
통키니즈 (Tonkinese)	활동적이고 사회성이 좋아 사람에게 호의적임. 사람에게 살짝 친근함. 고양이 화장실을 잘 사용하고 소변으로 영역 표시가 드문 편임	치은염, 선천성 전정계증후군
도메스틱 쇼트헤어 (Domestic Shorthair)	활동적이고 사람에게 호의적임. 유기묘는 공격성이 있음, 고양이 화장실을 잘 사용하지만 자주 소변으로 영역 표시를 함. 놀기 좋아하고 사냥을 잘함	선천성 백내장, 선천성 중증근무력증, 각막유피종, 선천성 문맥단락, 팔로4징후, 스트레스증후군, 영양재개증후군, 피부 무력증, 혈우병 A형, 비후성 심근증, 심인성 탈모, 피르빈산키나아제 결핍증, 피지샘종, 광선과민증, 다낭신, 전염성 복막염
도메스틱 롱헤어 (Domestic Longhair)	중간 정도의 공격성이 있고 사람에게 호의적이지 않은 편임. 고양이 화장실을 잘 사용하고 자주 소변으로 영역 표시를 함	기저세포종, 비후성 심근증, 피부 무력증, 선천성 문맥단락, 다낭신, 말단거대증, 타우린 결핍증
아메리칸 컬 (American Curl)	활달하고 온순하고 사람에게 호의적임. 다른 고양이와도 잘 지냄	외이염, 염증성 장질환

PART

2

고양이 입양
새 가족 반려묘!

Ⓐ 무엇부터 준비할까?

물건을 새로 사게 되면 먼저 매뉴얼을 숙지하기 나름이
다. 하물며 생명이 있고 가족처럼 지낼 반려동물을 키우
기 전에 기본 상식을 갖추는 것은 당연하지 않을까. 그런
데 반려동물은 키우면서 알아가면 된다고 생각하는 사람
들이 꽤 많다. 이는 반려동물에게는 매우 무책임한 행동
이 될 수 있다. 아직까지도 많은 반려동물 보호자들이 개
보단 고양이에 대한 상식이 부족한 편이라 고양이를 키우
기 전 인터넷이나 서적, 수의사 등을 통해 최소한의 지식
을 얻는 것이 좋다.

품종에 대한 고려 ▬

모든 품종의 고양이는 각각의 특성이 있으며 돌보는 방식도 다르다. 우선 고양이는 크게
장모長毛와 단모短毛 품종으로 나눌 수 있다. 날씨가 덥고 습한 나라에서는 단모종 집고양
이를 키우는 것이 비교적 좋다. 빠지는 털이 적고, 저항력이 강하며, 질병에 덜 걸리고, 무료
분양이 가능하기 때문이다. 인터넷이나 수의사를 통해 분양받는 것도 좋은 방법이다. 물론
특별히 좋아하는 품종이 있다면 직접 반려동물 가게에서 돈을 주고 살 수도 있다. 다만 단
모의 외국 품종이라고 해서 빠지는 털의 양이 장모종보다 적으리라 생각한다면 착각이다.
아메리칸 쇼트헤어나 브리티시 쇼트헤어british shorthair, 이그저틱exotic 같은 단모종은 빠지
는 털의 양이 장모종인 페르시안 고양이보다 적지 않다.

01 / 아메리칸 쇼트헤어   02 / 엑조틱 쇼트헤어   03 / 스코티시 폴드   04 / 히말라얀 고양이

장모종의 고양이는 화려한 외형을 자랑한다. 페르시안 친칠라 실버, 페르시안 친칠라 골드, 페르시안 고양이 등은 시중에서 흔히 볼 수 있는 품종이지만 아름다움에는 언제나 대가가 필요하다. 이 종의 아름다운 털은 매일같이 열심히 빗질을 해줘야 하는데, 그렇지 않을 경우 낭패를 보기 십상이다. 방치해둘 경우 털 뭉치가 엉켜 결국 털 일부를 밀어야 할 수도 있다. 물론 장모종의 고양이도 엄청난 양의 털이 빠지므로 인내심을 갖고 집 안을 깨끗이 청소해야 한다. 또한 순종 고양이들은 보통 곰팡이성 피부병dermatophytosis, 귀진드기 otodectes cynotis, 다낭신polycystic kidney disease 등의 병에 걸리기 쉬워 각별히 신경 써야 한다.

경제적인 문제 ▰▰▰

'돈이 없으면 고양이를 키우지 말라.' 이는 오랫동안 수의사로 살아오며 필자가 깊이 깨달은 바다. 고양이는 어린아이와 같아서 경제적인 능력이 없으면 키우기 어렵다. 무료로 분양을 받아 돈 한 푼 들이지 않았든 거금을 주고 입양했든 간에 일단 고양이를 키우게 되면 모든 것이 당신의 몫이다. 고양이가 사는 십여 년 동안 먹고 자고 입는 것에서부터 놀거리까지 당신이 책임져야만 한다. 그중에서도 가장 많은 경제적 비중을 차지하는 항목이 의료비다. 동물의 의료라고 해서 저렴하고 수준이 낮을 것이라고 생각한다면 큰 착각이다. 당신이 걸릴 수 있는 질병은 고양이도 모두 걸릴 수 있으며 비용이 만만치 않음을 인식하고 있어야 한다. 수많은 고양이가 보호자로부터 경제적인 돌봄을 받지 못해 죽어가고 있는 것이 엄연한

키우겠다면 평생 책임지겠다는
마음을 먹어라!

현실이다. 어느 해인가 수컷 고양이가 요도가 막혀 오줌을 배출하지 못해 병원을 찾아왔다. 치료를 하려면 입원해야 하고 어느 정도 치료 비용이 든다고 했더니 보호자는 잠시 생각하다 난감한 표정으로 말했다. "그럼 치료하지 않겠습니다. 고양이를 키우기는 하지만 저도 넉넉한 형편이 아닌데, 어떻게 이 녀석에게 그런 큰돈을 쓰겠습니까?"

건강했을 때는 분명 보호자에게 큰 기쁨과 행복을 안겨줬을 고양이인데 아프게 되니 치료해줄 수 없다는 말인가? 그러니 고양이를 기르기 전에 고양이에게 어떤 생활을 해줄 수 있는지, 병이 나도 포기하지 않을 것인지, 평생 책임질 자신이 있는지를 먼저 진지하게 고민해봐야 한다.

가족과 상의하기 ▬▬▬

스스로 키울 능력이 있다고 고양이를 무작정 집에 데려온다면 가족들이 모두 환영할까? 마음으로는 협조한다고 해도 특수한 체질 때문에, 특히 고양이 털에 민감한 사람이 있다면 집에서 기르기 어려워질 것이다. 당신의 일시적인 충동 때문에 고양이는 금세 집을 잃는 신세가 될 수도 있다. 당신은 신혼부부인가 아니면 미혼인가? 만약 싱글이라면 결혼 뒤에도 배우자가 고양이를 함께 키울 수 있을까? 당신에게 아이가 있다면 아이와 똑같이 고양이를 사랑하고 세심하게 돌봐줄 수 있을까? 실제로 이런 상황 때문에 문제가 생기는 경우가 종종 있다. 그럴 때 불쌍해지는 건 역시 고양이뿐이다. 그러니 고양이를 키우기 전에 여러 번 신중하게 생각하기 바란다.

위에서 언급한 모든 사항에 문제가 없다면 당신은 이미 애묘인이 될 자격이 충분하다. 축하한다. 이제 어떻게 고양이를 고를 것인지에 대해 이야기해보자.

Ⓑ 어떤 고양이를 데려올까?

심사숙고한 뒤 자신에게 맞는 고양이를 입양해야 한다.

고양이 한 마리를 키우는 것은 그 고양이의 평생 즉, 생로병사를 모두 책임지는 일이다. 특히 막 입양한 어린 고양이가 자주 병이라도 걸린다면 잘 키울 수 있다는 자신감이 위축될 수도 있다. 특별히 원하는 고양이 품종이 없다면 인터넷 고양이 동호회 등에서 고르는 것도 괜찮은 선택이다. 고양이를 사랑하는 마음으로 뭉친 모임이나 사이트는 아무런 대가를 바라지 않고 입양 보내는 일을 하면서 고양이들이 좋은 가정을 찾길 바란다. 그들은 고양이를 관리하는 측면에서 전문적인 브리더*에 뒤지지 않는다. 물론 그들도 고양이의 보호자를 선택할 때 엄격한 기준이 있기에 당신이 고양이를 키우는 데 적합한지 다방면에서 판단할 것이다.

만약 고양이의 품종에 대한 기대가 있다면 돈을 들여 구입하는 것이 좋다. 무료로 순종 새끼 고양이를 입양하기란 거의 불가능한 일이다. 다만 순종의 어린 고양이를 고를 때는 반드시 신용이 좋은 브리더를 찾아야 한다. 만약 집에서 번식하는 고양이를 찾을 수 있다면 가격이나 건강에 있어 비교적 믿을 만하고 전염병 등의 문제가 적다. 대형 브리더나 반려동물 가게 등은 고양이가 다양한 곳에서 오기 때문에 관리가 쉽지 않고, 건강 등에 대해 염려스러운 부분이 있을 수 있다. 하지만 최근 들어 역사가 깊은 반려동물 가게들이 점차 질병의 관리나 사후서비스에 신경을 쓰고 있어 새롭게 눈여겨볼 만하다.

● breeder, 반려동물을 키워 분양하는 일을 전문으로 하는 사람

고양이 입양이 가능한 곳 ■■■■

고양이를 입양할 수 있는 길은 다양하지만 어떻게 자신에게 맞는 고양이를 선택할지는 애묘인들이 심사숙고할 문제다. 품종묘든 잡종묘雜種猫든 저마다의 장단점이 있다. 다만 모든 품종의 고양이는 각각 독특한 성격이나 유전적 문제가 있으므로 품종묘를 선택할 때는 먼저 이 부분을 공부해서 입양힐 고양이에 대해 이해힌 뒤 구매를 결정해야 힌다. 고양이의 품종에 문제가 있다는 것을 발견했을 때는 이미 늦을 수도 있다. 잡종묘, 흔히 믹스묘mixed cat라 불리는 고양이들은 품종의 유전적 문제가 거의 없기 때문에 그 고양이의 개성에 중점을 두고 고르면 된다. 그들의 개성을 고려해 자신과 잘 지낼 수 있는 고양이를 선택해야 키우는 즐거움을 제대로 느낄 수 있다.

유기동물 보호센터

보호센터로 보내진 수많은 어린 고양이들은 수의사의 진료를 받는다. 따라서 보호센터의 고양이들은 구충이나 예방접종, 동물 등록칩* 삽입 등을 하게 된다. 뿐만 아니라 중성화할 시기가 된 고양이에게는 중성화 수술을 해주기도 한다. 고양이를 입양하기 전에 이런 사항을 미리 확인할 수도 있다. 다만 유기묘들은 심리적인 아픔을 겪었기에 사람이나 환경에 대해 불신감이 클 수 있어 인내심과 사랑으로 그들을 대해야 한다.

● 동물보호법에 따라 동물과 그 소유자에 대한 정보를 등록하고 관리함으로써 동물을 잃어버린 경우 신속하게 보호자를 찾아주고, 동물 소유자의 책임 의식을 높여 유기 행위를 억제하기 위한 동물등록제다.

가정 분양

가정 분양은 대부분 캣맘들이 길에서 데려오거나 유기동물 보호센터에서 입양해온 경우다. 캣맘들은 직접 동물병원에 가 검사나 구충, 예방접종 등을 해주며 중성화 수술을 해주기도 한다. 가정에서 분양하는 고양이들은 숫자가 많지 않아 캣맘들이 각각의 고양이에 대한 몸 상태나 개성을 손금 보듯이 잘 알고 있다.

어려서 어미를 잃은 고양이들은 캣맘의 사랑을 받으며 크기도 한다.

동물병원

동물병원에는 캣맘들이 잘 돌봐줄 보호자를 찾아달라며 어린 고양이를 맡기기도 한다. 이런 고양이들은 수의사가 직접 검사하고 구충하며, 건강 상태에 대해 자세히 알려줄 수 있다.

길에서 데려오기

고양이는 번식 속도가 빨라 어미 잃은 새끼 고양이를 길에서 종종 발견할 수 있다. 이런 고양이를 집에 데려올 경우 사람과 가깝게 지내는 성묘成猫로 키울 수 있다. 하지만 다 자란 고양이의 경우 자신만의 개성이 있게 마련이다. 어떤 고양이들은 이미 밖에서 지내는 게 습관이 되어 가정 내 생활에 적응하지 못할 수 있다. 또한 밖에서 사람들의 음식을 먹는 것이 습관이 되어 식탁에 뛰어올라 사람들이 먹는 음식을 훔쳐 먹기도 한다. 그렇다고 모든 길고양이가 그렇다는 것은 아니다. 고양이를 집에 데려오려면 그 전에 미리 동물병원에 데려가 기본적인 검사를 받는 것이 좋다. 문제가 없다면 집에 데려와 거리를 두고 관찰하되 서둘러 집에 있는 다른 반려동물들과 어울리게 해서는 안 된다.

구매 대신 입양을 권한다.

인터넷 분양

어떤 사람들은 자기 고양이의 후손을 남기고자 인터넷을 통해 새끼를 분양하는데 집에서 태어난 고양이들은 성장 환경이 단순하고 깔끔해 건강이 양호한 편이다.

반려동물 가게에서 구매

고양이의 건강 등이 보장되는 신용이 있는 곳을 선택하기 바란다.

고양이의 품종 ▬▬

모든 고양이는 저마다의 특성이 있는데 단모종 고양이는 대부분 근육형이거나 호리호리한 형으로 활동량이 많은 편이다. 반면 장모종 고양이는 중량감 있는 형이 많아 비교적 동작이 느리고 게으르다. 제각각 특색이 있으니 어떤 고양이를 선택할지는 키울 사람의 취향에 따르면 된다.

외모

고양이를 고를 때는 살집이 있고 활동력이 강하며 활달한 성격의 고양이를 고르는 것이 좋은 선택의 기준이 될 수 있다. 어린 고양이를 고를 때는 눈이 맑고 투명한지, 눈곱은 없는지, 코는 촉촉한지, 분비물이나 콧물이 흐르지는 않는지 살핀다. 또한 귀는 깨끗하고 냄새가 없어야 하는데 유난히 흑갈색의 귀지가 많다면 귀 진드기에 감염됐을 가능성이 높다.

건강한 고양이를
가족의 구성원으로 맞아야 한다.

피모皮毛는 반드시 윤기 있고 부드러워 털이 빠진 곳이나 부스럼이 없어야 한다. 항문은 주위의 피부와 털이 깨끗해 다른 대소변이 묻어 있으면 안 된다. 하지만 이런 고양이를 찾기는 어렵다. 이는 고양이를 선택하기 위한 기본적인 원칙일 뿐이다. 건강한 고양이와 그렇지 못한 고양이를 구별하는 안목을 가져야 자신의 반려묘를 효율적으로 돌볼 수 있다.

전문적 검사

고양이 입양 전에 우선 수의사에게 검사를 받아 사람과 동물이 모두 걸릴 수 있는 전염병이나 벼룩, 기생충 등은 없는지 확인하는 것이 좋다. 물론 반려동물 가게에서는 오랫동안 거래하던 동물병원이 있을 것이다. 하지만 그들 사이에 협력 관계가 있을 수도 있고, 고의로 질병을 숨길 가능성도 배제할 수 없기 때문에 공평하게 제3의 수의사가 검사를 진행해야 객관적으로 진단할 수 있다. 이상의 단계를 모두 거치면 고양이는 당신 가정의 일원이 돼 다정한 가족으로 지낼 수 있다.

ⓒ 오, 나의 고양이

우선 당신이 마음속에 그려오던 고양이를 고르게 된 것과 고양이가 이렇게 좋은 가정을 갖게 된 것을 축하한다. 처음 새끼 고양이를 기르게 된 애묘인은 고양이가 무엇을 먹는지, 하루에 얼마나 먹는지, 어떤 일상용품을 준비해야 하는지 등의 문제에 대해 그리 잘 알지 못한다. 그래서 병원에 검사하러 갔을 때 비로소 고양이가 충분히 먹지 못했다든지 잘못된 음식을 먹었다든지 하는 문제가 있었음을 알게 된다. 심지어 어떤 사람은 고양이가 적게 먹어야 크게 자라지 않는다고 오해하기도 한다. 하지만 새끼 고양이는 어린아이와 같아서 활동력이 왕성하기에 필요한 열량도 상대적으로 높은 편이다. 또한 영양 섭취에 균형이 잡혀야 고양이의 발육에 장애가 발생하지 않는다.

고양이의 음식 ▬▬

고양이의 주식은 크게 시중에서 판매하는 건사료와 통조림으로 나뉜다. 건사료는 다양한 브랜드에서 생산되고 있으며, 대부분 새끼 고양이, 어른 고양이, 나이 든 고양이용으로 구분된다. 몇몇 브랜드는 젖을 갓 뗀 어린 고양이, 편식하는 어른 고양이, 위장이 민감한 고양이용 등의 사료를 만들기도 하므로 고양이의 연령이나 상황에 따라 적당한 사료를 선택하면 된다. 새끼 고양이는 2개월~1세의 고양이를 가리키며, 어른 고양이성묘는 1~7세, 나이 든 고양이노령묘는 7~10세 이상을 말한다. 보통 새끼 고양이는 6주 후면 신체기관의 성장이 완성되고 위장도 고체 음식을 먹는 데 익숙해지므로 이 시기에 건사료로 바꿔주면 된다.

또한 새끼 고양이에게 필요한 열량은 어른 고양이의 3배 정도라서 새끼 고양이 전용 사료가 아니면 영양 불균형과 발육장애가 나타날 수 있다. 다만 새끼 고양이의 위는 성묘에 비해 훨씬 작기 때문에 소량으로 여러 번 나눠 주는 것이 좋다. 1세 이후에는 성묘용 사료로 바꿔줘야 한다. 일반 고양이의 평균 수명은 약 14~16세로, 7세 이후부터 고양이의 몸은 점점 쇠퇴하기 시작한다. 그러므로 7세 이후의 고양이는 서서히 나이 든 고양이용 사료로 바꿔주는 것이 좋다. 브랜드마다 나이 든 고양이의 연령에 대한 설정은 다르지만 대부분 큰 차이는 나지 않는다.

많은 애묘인이 필자에게 종종 물어온다. "고양이에게는 건사료가 좋아요, 통조림이 좋아요? 아니면 건사료와 통조림을 섞어주는 게 좋아요? 음식의 맛을 자주 바꿔줘야 고양이가 좋아할까요?" 사실 고양이가 잘 받아들이고, 영양 성분이 충분하며, 몸에서 잘 소화나 흡

수되면서 안정적인 체중을 유지할 수 있는 음식이라면 모두 괜찮다고 할 수 있다. 건사료와 통조림은 각각의 장단점이 있으며 다음 페이지에 둘의 차이를 정리해놓았다. 애묘인은 고양이가 음식을 받아들이는 정도나 자신의 경제적 형편, 편리성 등을 고려해 고양이에게 먹일 음식을 결정하면 된다.

고양이의 하루 필요 열량

건사료를 먹이는 고양이라면 사료 포대에 표시된 양에 따라 주면 된다. 모든 사료 포대에는 개월月齡, 월령과 체중에 따라 매일 먹을 그램 수가 정확히 표시돼 있다. 하지만 가늠하기 어려운 애묘인이라면 작은 저울을 준비한 뒤 어린 고양이는 매일 먹을 양을 재서 3~4회, 어른 고양이는 매일 먹을 양을 재서 2~3회로 나눠 주면 된다. 만약 하루에 1회만 먹일 경우 어떤 고양이들은 한꺼번에 많이 먹어 위장에 부담을 주기 십상이다. 또한 공복 시간이 길어져도 고양이가 구토를 할 수 있으니 식사 횟수를 늘리도록 해야 한다.

건사료

장점

❶ 건사료는 비교적 단단하면서도 쉽게 부스러져 고양이가 잘 씹을 수 있으며 치석도 덜 생기는 편이다.

❷ 통조림보다 저렴하고 보존 기간도 비교적 길다.

❸ 각 단위 중량의 영양가가 매우 높고 같은 열량이라면 건사료의 분량이 통조림보다 적다. 다시 말해 고양이가 1g의 건사료를 먹을 때 통조림은 수십 배의 양을 먹어야 열량이 같아진다.

단점

❶ 건사료는 수분 함량이 적다.

❷ 매일 섭취하는 양이 지나칠 경우 쉽게 뚱뚱해질 수 있다.

보관

건사료는 보존 기간이 길지만 직사광선을 피하고 상온에서 보관해야 한다. 또한 공기와의 접촉을 막고 밀봉한 상태로 두는 것이 좋다. 이런 사항을 잘 지키지 못하면 사료가 산화해 맛이 변할 수 있다. 사료를 밥그릇에 오래 두면 냄새나 맛이 저하된다. 또한 고양이의 침이 사료에 닿으면 쉽게 부패하므로 고양이가 먹다 남긴 건사료는 하루가 지나면 버리도록 한다.

통조림

장점

❶ 통조림은 수분 함량이 많아 고양이가 통조림을 먹을 때 충분한 수분을 보충할 수 있다.

❷ 통조림은 건사료보다 맛이 좋아 대다수 고양이는 통조림을 더 좋아한다.

단점

❶ 원가가 건사료보다 높고 보존 기간이 비교적 짧다.

❷ 각 단위 중량의 영양가가 건사료보다 낮아 훨씬 많은 양을 먹어야 같은 열량을 맞출 수 있다.

❸ 수분 함량(약 75~80%)이 높아 건사료보다 쉽게 부패한다. 개봉하지 않은 통조림은 보존 기간이 비교적 길지만 일단 개봉하면 냉장고에 보관해도 이틀을 넘기지 않는 것이 좋다.

❹ 치아에 잘 끼어 건사료보다 치석이 생기기 쉽다.

보관

통조림은 개봉한 뒤 밀폐 용기에 옮겨 담아야 산화를 막을 수 있다. 여름에는 특히 보관에 주의해야 한다. 통조림은 쉽게 변질되므로 고양이가 먹고 20~30분이 지나도 잔반이 있다면 더 이상 먹지 않겠다는 뜻이니 버리도록 한다. 또한 고양이는 찬 음식을 그리 좋아하지 않으므로 냉장 보관한 통조림은 조금 따뜻하게 데운 뒤 먹이자. 따뜻해진 음식은 냄새가 좋아질 뿐만 아니라 입맛을 돋게 한다.

먹이 주는 방법 1

우선 고양이의 체중에 따라 먹어야 할 총량을 찾는다. 예를 들어 2개월 된 새끼 고양이의 체중이 0.5~1.5kg이라면 하루에 총 40~50g을 섭취하면 된다.

작은 저울을 이용해 하루에 먹을 총 사료의 양을 잰 뒤 3~4회 분량으로 나눈다.

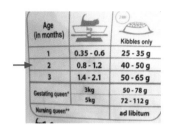

먹이 주는 방법 2

옆의 표에 따라 고양이의 연령과 매일 필요한 열량을 확인한다.

고양이의 실제 체중에 따라 하루에 필요한 열량을 계산한다.
예) 태어난 지 2개월 반, 0.9kg의 새끼 고양이
0.9kg × 250kcal = 225kcal/일

연령	매일 필요한 열량 (체중 1kg당 필요량)
10주령(2개월 반)	250 kcal/kg
20주령(5개월)	130 kcal/kg
30주령(7개월 반)	100 kcal/kg
40주령(10개월)	80 kcal/kg
10개월 반~1세	70~80 kcal/kg

Step3
사료 포대에 '445kcal/100g'이라고 표시되어 있다면, 이는 사료 100g의 열량이 445kcal라는 의미이다. 이를 기준으로 고양이가 매일 필요로 하는 사료 총량을 계산할 수 있다.

붉은 선의 표시는 100g당 약 445kcal라는 의미이다. 각 사료 포장지의 표시된 것을 확인한다.

예) 태어난 지 2개월 반, 0.9kg의 새끼 고양이, 하루에 필요한 열량은 225kcal
225kcal ÷ 445kcal × 100g = 50.5g/일 : 하루 먹일 사료의 양
50.5g의 사료를 3~4회로 나눠 먹인다.

고양이 사료 바꾸기

고양이는 음식이 바뀌는 것을 매우 싫어한다. 사료를 바꿀 때 어린 고양이에게서 흔히 나타나는 부적응 현상은 설사痢疾, 이질이다. 설사가 지속될 경우 탈수 현상이 생기기 쉽다. 따라서 어린 고양이의 사료를 꼭 바꿔야 한다면 순서에 따라 서서히 바꾸는 것이 좋다. 이를테면 먼저 먹던 사료 4분의 3에 새 사료 4분의 1을 섞어 먹이다가 점차 먼저 먹던 사료를 4분의 1로 줄이고 새 사료를 4분의 3으로 늘리는 것이다. 마지막으로 완전히 새 사료로 바꿔주면 되는데, 이 모든 과정을 최소 일주일 정도에 걸쳐 조절하면 된다. 다만 고양이에게 좋은 사료가 따로 있는 것이 아니라 적응할 수 있는지 없는지가 중요하다. 일단 고양이가 사료에 적응하면 그것이 바로 좋은 것이다. 보호자가 마음대로 사료를 바꿀 경우엔 고양이의 설사나 구토를 유발할 수도 있다.

사료 교체 순서도

새로운 사료 4분의 1   새로운 사료 4분의 2   새로운 사료 4분의 3   모두 새 사료로 교체

고양이의 밥그릇/물그릇

새로 온 어린 고양이에게는 작고 얕은 밥그릇과 물그릇을 준비해주는 것이 중요하며 깊고 입구가 좁은 밥그릇은 피해야 한다. 또한 밥그릇은 먹을 때 밀려서 도망가지 않도록 미끄럼이 방지되는 것이 좋다. 물그릇은 항상 물이 가득차 있어야 하며 자주 깨끗한 물로 바꿔줘야 한다. 밥그릇은 세균이 자생하기 쉬우므로 매일 깨끗이 씻고 소독하는 것이 중요하다. 밥그릇이 깨끗하지 않을 경우 고양이의 위장에 문제가 생기기 쉽다.

도자기 재질

장점
스테인리스 재질처럼 세균이 쉽게 번식하지 않으며 무게가 무거워 고양이가 먹을 때 잘 움직이지 않는다.

단점
상대적으로 가격이 비싸고 깨지기 쉬우며 고양이가 찰과상을 입을 수도 있다.

플라스틱 재질

장점
상대적으로 가격이 저렴하다.

단점
세균이 생기기 쉬우며 고양이가 식사를 할 때 쉽게 움직인다.

스테인리스 재질

장점
세균이 번식하기 어렵다.

단점
무게가 가벼워 고양이가 식사할 때 쉽게 움직인다.

고양이의 피모(披毛)

고양이는 대부분 해마다 봄과 가을이면 두 번의 털갈이를 한다. 보통 봄과 여름에는 더위를 이길 적합한 털로 바꾸고, 가을과 겨울에는 추위를 이길 두꺼운 털로 바꾼다.

주기적으로 고양이 털을 빗겨준다.

빗(브러시)

털갈이를 하는 고양이는 평소보다 훨씬 많은 양의 털이 빠지기에 반드시 빗질을 해줘야 한다. 빗질을 제대로 해주지 않을 경우 종종 털 뭉치hairball, 헤어볼를 토해내곤 한다. 그러므로 털갈이를 할 때는 매일 고양이 털을 빗겨주는 것이 좋다.

단모종이든 장모종이든 고양이 털은 주기적으로 빗겨줘야 털이 엉키거나 모구증* 발생을 줄일 수 있다. 또한 빗질을 통해 피부 혈액순환도 촉진하고 털이나 피부도 윤기 있고 건강하게 만들 수 있다. 그러려면 적당한 빗을 선택하는 일이 매우 중요한데 시중에서 흔히 볼 수 있는 날카로운 갈퀴빗은 그리 추천하지 않는다. 이런 빗은 고양이를 아프게 해 나중에는 털 빗는 것조차 싫어하게 될 수도 있다. 장모종 고양이는 슬리커 브러시**를, 단모종 고양이는 털이 부드러운 솔 브러시를 사용하는 것이 바람직하다. 빗질에 대해 더 자세히 알고 싶다면 수의사나 전문 미용사에게 도움을 청해보자.

* 毛球症, 헤어볼과 같은 말로 털이 위나 장으로 들어가 마치 실타래처럼 뭉치는 증상을 가리킨다.
** slicker brush, 사각형 판에 가는 핀이 촘촘히 박힌 빗

헤어볼 치료제

헤어볼 치료제는 위장에 들어간 헤어볼이 위장 내에 정체되어 문제를 일으키지 않도록 배설을 촉진하는 변비 치료제다. 고양이 혀에는 오돌토돌한 돌기가 있어 스스로 털을 빗을 수 있다. 이렇게 털을 핥는 과정에서 빠진 털들이 위장으로 들어가게 되는데 사실 양이 적을 경우 뚜렷한 증세가 없다. 다만 털이 뭉치거나 많이 빠지게 되면 위장을 막는 모구증이 생겨 고양이가 구토를 하거나 변비에 걸린다.

그렇다면 새끼 고양이에게도 헤어볼 치료제를 먹여야 할까? 심각하게 털이 빠지는 피부병에 걸리지 않았다면 생후 6개월 이후부터 헤어볼 치료제를 먹이면 된다. 사실 매일 털을 빗는 습관이 있다면 언제 헤어볼 치료제가 필요한지 관찰할 수 있다. 예를 들어 평균적인 양만큼 털이 빠진다면 일주일에 2~3번씩 먹이고, 털이 아예 빠지지 않을 때는 먹이지 않아도 된다. 털이 심각하게 많이 빠진다면 매일 손가락 한 마디 정도의 헤어볼 치료제를 먹인다. 만약 이미 변비가 생겼다면 손가락 두 마디 정도로 늘려 매일 2번씩 먹인다.

고양이 화장실 ▬

모래 상자라고도 하는 고양이 화장실의 크기나 깊이는 고양이의 체형을 고려해야 하며, 고양이 모래와 화장실을 놓을 공간은 탄력적으로 선택하면 된다. 어린 고양이의 경우 화장실은 비교적 작고 얕아야 하며 과자나 종이 상자로 대신해도 되지만 자주 청소해 깨끗하게 유지해야 한다. 화장실을 사용하는 깃은 고양이의 친성이라 따로 훈련이 필요 없다. 다만 화장실은 조용하고 은밀한 곳에 놓아두되 밥그릇이나 물그릇과 지나치게 가까우면 안 된다.

평판형/개방형 고양이 화장실
▬

시중에 나온 평판형의 고양이 화장실은 사방이 얕은 것도 있고 높은 것도 있다. 단, 둘레가 높은 고양이 화장실이 모래가 덜 튄다.

장점
고양이가 들어가고 나오기 쉬우며 세척하기도 편하다.

단점
고양이가 모래를 차면 밖으로 튀기 쉽고 발에 모래를 묻혀 나올 수 있다. 또한 배설물의 냄새가 쉽게 퍼진다.

좌변식 고양이 화장실
▬

장점
고양이 모래가 튀거나 딸려 나오지 않는다.

단점
좌변식 고양이 화장실에 익숙해질 때까지 시간을 들여 고양이를 훈련시켜야 한다.

거름망 고양이 화장실
▬

장점
청소하기 간편하다.

단점
고양이의 용변에 부스러지는 우드펠릿*을 사용하는데 큰 입자를
좋아하지 않는 고양이에겐 적합하지 않다.

● wood pellet, 나무 톱밥으로 만들어 원기둥형 등으로 압축해 가공한 친환경 원료

고양이 모래 ▬

시중에서 판매하는 고양이 모래는 입자가 굵거나 얇은 것 등 다양한 선택이 가능한 여러
재질의 종류가 있다. 집에서 사용하기 편하고 고양이에게 적합한 모래를 고르는 것이 중요
하다. 어린 고양이는 고양이 모래를 먹을 수 있으니 주의한다.

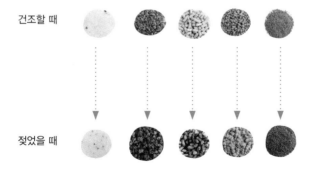

고양이마다 고양이 모래에 소변을 본 뒤의 반응과 특성이 다르므로 적당한 고양
이 모래와 고양이 화장실을 선택해야 한다.

크리스털 모래

장점

❶ 탈취력이 매우 좋다.

❷ 수분을 잘 흡수하며 향기가 좋다.

❸ 가루가 없으며 고양이가 묻혀 나가는 일이 거의 없다.

단점

❶ 장기간 사용하면 고양이 모래의 흡착력이 떨어진다.

❷ 고양이 모래가 응고되지 않아 소변을 본 양과 횟수를 확인하기 어렵다.

❸ 보통 불에 타지 않는 쓰레기로 분리해 처리해야 한다.

두부 모래

장점

❶ 두부 모래는 독특한 향기가 있어 탈취 효과가 있다. 흡수가 빠르며 응고력이 뛰어나다.

❷ 무게가 가볍고 친환경적이라 직접 변기에 버려 흘려보내거나 일반 쓰레기로 버려도 된다.

단점

❶ 가격이 비싼 편이다.

❷ 향이 독특하여 고양이가 싫어할 수도 있다.

❸ 보관을 잘못하면 벌레가 생길 수 있다.

우드펠릿 모래

장점

❶ 나무의 천연 향이 있어 탈취 효과가 있고, 벤토나이트 모래보다 가볍다.

❷ 소변이 닿으면 가루 형태로 분해된다. 응결되는 우드펠릿도 있는데 흡수력이 매우 좋다.

❸ 친환경적이며 처리한 고양이 모래 양이 적을 경우 직접 변기에 넣고 흘려보내면 되고, 양이 많으면 가연성 쓰레기로 처리하면 된다.

단점

❶ 사용 시간이 길어지면 응고력과 탈
   취력이 떨어진다.

❷ 부스러지는 우드펠릿이 고양이 털
   에 붙기 쉽다(특히 털이 긴 고양이
   일수록).

❸ 우드펠릿의 품질과 탈취력이 가격
   에 따라 차이가 난다.

❹ 거름망 화장실을 사용해야 흩어지
   는 우드펠릿을 아래로 걸러낼 수
   있다.

펄프 모래
━━

장점

❶ 친환경적이고 가연성 쓰레기로 버
   릴 수 있다.

❷ 소변의 흔적이 남아 있어 소변을
   본 횟수를 검사할 수 있다.

❸ 가루가 날리지 않으며 고양이 화장
   실 밖으로 떨어진 모래들을 쉽게
   청소할 수 있다. 무게가 비교적 가
   벼워 살 때 운반이 용이하다.

단점

❶ 탈취의 효과가 제한적이라 방향제
   와 함께 사용하는 것이 좋다.

❷ 응고 효과가 떨어진다.

벤토나이트 모래
━━

장점

❶ 탈취력이 매우 좋다. 무게가 있고
   입자가 작아 분변의 냄새를 잘 덮
   는다.

❷ 응고되면 단단하게 뭉쳐져 오염되
   지 않은 고양이 모래와 경계가 뚜
   렷이 보여 청소가 간편하다.

❸ 촉감이 실제 모래에 가까워 고양이
   들이 좋아한다.

단점

❶ 입자가 작아 고양이 발에 묻어 나
   오기 쉽고, 청소하기 어려우며 가루
   도 잘 생긴다.

❷ 무거워서 살 때 운반이 불편하다.

❸ 모래 양이 적으면 부착력이 떨어지
   며, 고양이 화장실 안이나 고양이
   털에 붙을 수 있다.

고양이의 거주 환경 ▰▰▰

고양이에게 안전하고 편안하며 비와 바람, 추위를 막을 수 있는 환경을 마련해주는 것은 애묘인의 기본 의무다. 유해한 식물로 고양이가 해를 입을 수 있기 때문에 집 안에 식물을 두는 것도 피해야 한다. 또한 대다수 고양이는 플라스틱 제품이나 선형線形 물체를 유난히 좋아해서 실수로 그것을 삼켜 심각한 장폐색이 발생하기도 한다. 이런 경우 치료가 상당히 어려우며 비용도 많이 든다. 그러므로 위험의 가능성이 있는 물품은 안전한 곳으로 옮겨놓는 것이 좋다.

고양이에게 캣타워는 좋은 운동 장소다.

운동 공간

고양이는 본래 움직이기를 좋아하고 호기심이 많아 어떤 사물이든 큰 관심을 보인다. 실제로 어린 고양이를 얌전히 있게 하는 것만큼 어려운 일도 없다. 고양이에게는 이런 운동 욕구를 채워주는 것만큼이나 안전하게 움직일 수 있는 공간을 마련해주는 것도 중요하다. 고양이는 높은 곳에 있는 것을 좋아하는데 이는 환경의 변화를 파악할 수 있어야 안심이 되기 때문이다. 캣타워를 사용하면 높은 곳에서 뛰어내리고 싶어 하는 고양이의 욕구를 만족시키면서 옷장 같은 곳에서 뛰어내리는 위험을 줄일 수 있다. 또한 캣타워에 고양이가 발톱으로 긁을 수 있는 스크래처 기능도 함께 있으면 운동량을 늘려 고양이가 비만이 될 가능성을 낮출 수 있다.

탁자 등에 액세서리를 놓아두는 것도 주의해야 하는데 특히 유리 제품을 조심해야 한다. 간혹 집 안 가구 위를 뛰어다니다 실수로 부딪칠 경우 망가진 액세서리에 고양이가 부상을 입을 수도 있기 때문이다.

고양이 화장실을 놓는 위치

고양이 화장실은 조용하고 은밀한 곳에 위치하는 것이 좋다. 고양이는 배설할 때 위험에 대비하지 못해 시끄럽거나 사람들이 오가는 곳에서는 안심하지 못하기 때문이다. 또한 고양이 화장실은 밥그릇, 물그릇과 지나치게 가까이 두면 안 된다. 고양이 소변이 튀어 밥그릇이나 물그릇을 오염시킬 수 있다.

고양이 모래는 매주 1회씩 교환해주는 것이 좋다. 사용한 고양이 모래는 쏟아내고 세균이 생기지 않도록 고양이 화장실을 씻고 소독해 새로운 고양이 모래를 깔아준다. 이렇게 고양이 화장실을 씻고 소독하는 일은 매우 중요한데 어떤 고양이들은 화장실이 지저분하면 다른 곳에서 용변을 보거나 깨끗하게 청소할 때까지 참기도 한다. 고양이 화장실을 소독할 때 페놀이나 콜타르 성분이 들어간 소독제를 피해야 한다. 또한 고양이 모래를 다른 재질로 바꿀 때는 점진적으로 교체하는 것이 좋다. 단번에 고양이 모래를 바꿀 경우 어떤 고양이들은 받아들이지 못하고 집 안 곳곳에 대소변을 보기도 한다. 고양이 화장실의 위치를 바꿀 때도 마찬가지로 조금씩 움직여 바꾸는 것이 좋다. 갑자기 위치가 바뀔 경우 고양이가 원래 화장실이 있던 자리에서 용변을 볼 수 있기 때문이다.

실내 온도 차

고양이의 가장 적당한 거주 환경의 온도는 25~29℃ 정도다. 그래서 여름에는 바람이 통하고 시원해야 고양이가 높은 온도로 더위 먹는 것을 피할 수 있다. 여름에 온도가 높으면 고양이는 발바닥 땀샘에서 땀이 나는데 이때 탈수를 방지하려면 적당히 수분을 보충해주는 것이 좋다. 겨울에는 실내를 따뜻하게 유지해야 하는데 온도가 지나치게 낮을 경우 호흡기질환 등에 걸리기 쉬우므로 따뜻하고 조용한 곳에서 잘 수 있는 환경을 만들어줘야 한다.

고양이에게는 편안하고 조용히 잘 곳을 마련해줘야 한다.

고양이의 이동 ▬▬

고양이를 사거나 입양할 때는 반드시 적당한 이동 가방혹은 이동장을 준비해야 긴장한 고양이가 도망가는 것을 막을 수 있다. 이 가방은 동물병원이나 미용실에 갈 때에도 유용하다. 종류가 다양해 보호자나 고양이 취향에 맞춰 선택할 수 있다.

다만 긴장을 잘하는 고양이는 나가려고 버둥댈 수 있으므로 부드러운 재질의 이동 가방은 추천하지 않는다. 일반적으로 위에서 여는 이동 가방을 선택하면 고양이를 넣거나 잡는 데 편리하다. 만약 장거리 여행을 간다면 대형 이동 가방을 골라야 고양이가 편안히 지낼 수 있다. 단, 처음 이동 가방으로 동물병원이나 미용실로 이동한 고양이는 다음 외출에서 이동 가방을 거부할 수도 있으니 유념하도록 한다.

D 고양이의 재발견

고양이는 청결을 좋아한다

고양이는 돌기가 있는 혀로 온몸의 털을 빗으며 오염 물질도 함께 제거한다. 더불어 이렇게 몸 전체에 자신의 냄새를 남겨야 고양이는 스스로 안심할 수 있다. 하지만 지나치게 많은 털을 삼키면 헤어볼을 토하기도 한다. 이런 모구증은 생리적인 현상이지만 빈번하게 헤어볼을 토할 경우 체력이 많이 소비되며 식도와 위에 부담을 준다. 그렇기 때문에 보호자가 주기적으로 빗질을 해줘 빠지는 털들을 제거해주는

고양이는 혀로 자신의 털을 핥는다.

게 좋다. 고양이는 용변을 본 뒤 분변이 묻어 있으면 바로 몸을 깨끗하게 하려 한다. 또한 고양이는 식사를 한 뒤에도 깔끔하게 핥아내는 동작을 하기도 한다.

하루의 3분의 2를 쉬거나 잔다

고양이마다 활동에 차이가 있지만 대다수는 잠자는 것을 좋아한다. 평소 사용하는 에너지를 최대한 줄였다가 먹잇감을 잡을 때 최대치의 에너지를 쓰기 위해서다. 집고양이는 먹잇감을 사냥하지 않기 때문에 에너지를 비축할 필요는 없지만 잠을 자는 습관은 여전히 남아 있다. 고양이는 하루에 약 16시간을 자는데, 이는 포유류의 수면 시간 중 가장 길다. 게다가 고양이는 야행성 동물이라서 활동 시간이 한밤에서 새벽까지라서 낮에는 대개 잠을 잔다.

고양이는 수면과 휴식으로 하루의 3분의 2를 보낸다.

고양이는 대부분 독립적이라 집 안 어느 구석에서든 잘 자는데 보호자가 원한다면 고양이 침대를 구입해도 되는데 꼭 필요한 것은 아니다. 어린 고양이에겐 단단한 종이 상자 안에 신문지 몇 장을 깔고 그 위에 담요를 얹어주면 좋은데 신문지는 주기적으로 갈아준다. 이렇게 해야 어린 고양이가 비교적 편안히 지낼 수 있으며 바람이나 뜻밖의 부상을 막을 수 있

다. 한 가지 주의할 점은 고양이가 침대에 있을 때 먹이를 주면 안 된다는 것이다. 무심코 먹이를 줄 경우 침대와 주변이 엉망진창이 될 수 있기 때문이다. 보호자가 외출할 때는 충분한 물과 음식을 놓아둬야 하고, 고양이는 24시간 정도 혼자 보낼 수 있다. 만약 그보다 더 긴 시간 동안 외출한다면 반드시 이웃이나 아는 사람에게 매일 고양이가 먹을 음식과 물을 갈아주고 고양이 화장실을 청소해달라고 부탁해야 한다. 이렇게 하면 병에 걸릴 가능성도 낮아진다.

고양이 특유의 그르렁대는 소리

처음 고양이를 입양한 애묘인은 집 안에서 고양이의 매우 특별한 소리를 듣게 된다. 고양이는 입을 벌리지도 않았는데 이 갑갑한 소리는 대체 어디서 나오는 것일까? 혹시 고양이가 아픈 것은 아닐까? 사실 이 그르렁대는 소리는 후두에서 나온 것으로 공기를 진동하며 나타나는 현상이다. 이는 고양이에게 본능적이고 자발적인 행동으로 유아기 때부터 그르렁거리는 소리를 낼 수 있다.

보통 고양이는 안심이 되고 편안할 때 그르렁 소리를 내는데 간혹 병원 진료대 위에 있으면 두려움으로 온몸을 떨면서 같은 소리를 내기도 한다. 또한 골절로 통증을 느껴 머리부터 발끝까지 그르렁대기도 한다. 그러므로 고양이가 꼭 마음이 놓일 때만 그르렁 소리를 내는 것은 아니라고 봐야 한다.

꾹꾹이

고양이는 두 앞발을 번갈아가며 밟는 행동꾹꾹이을 할 때가 있는데 이는 새끼 고양이였을 때 젖을 빨던 행동에서 비롯된 것이다. 다 자란 고양이가 이런 행동을 하는 것은 어미젖을

꾹꾹이는 유아기 때 젖을 빨던 행동에서 비롯됐다.

빨던 때를 떠올려야 안심이 되기 때문이다. 따라서 고양이가 보호자에게 이런 행동을 한다면 일종의 애교를 부리는 것이라 할 수 있다. 어떤 고양이들은 입으로 보호자의 피부나 옷을 빨기도 하는데 이는 피부와 옷의 감촉이 어미의 젖과 매우 비슷하기 때문이다. 필자는 심지어 자기 배를 문지르고 빠는 고양이를 본 적도 있다. 아마 그때의 고양이는 한창 행복감에 젖어 있었을 것이다.

고양이의 가정교육

청결하고 똑똑한 고양이는 실내에서 키울 때 개처럼 많은 문제를 일으키지 않는다. 그들은 쉽게 가정생활에 적응하기에 당신의 아파트가 아무리 좁아도 즐겁게 지낼 수 있다. 다만 고양이에게 필요한 기본적인 것들 가운데 위생과 긁기 위한 도구는 매우 중요하다.

어린 고양이는 특별히 시간을 할애해 교육을 시켜야 하는데 그 시기가 빠를수록 좋다. 보통 고양이는 3~4주령이면 고체 음식을 먹기 시작하므로 이때 화장실에 가는 법을 가르쳐야 한다. 그러려면 고양이 화장실을 어린 고양이가 쉽게 갈 수 있는 곳에 둬

고양이가 배변하는 자세

야 하며 용변을 본 뒤 고양이 모래로 잘 덮어줘야 한다. 일단 어린 고양이가 대소변을 보고 싶은 자세를 취하면 바로 고양이 화장실로 데려간다. 고양이가 쪼그려 앉아 꼬리를 살짝 들고 멍한 표정을 짓고 있으면 화장실에 가고 싶다는 뜻이다.

고양이가 실수로 다른 곳에 용변을 봤다면 절대로 자기 분뇨 냄새를 맡도록 강요해서는 안되며 대소변을 치우고 소독해 냄새를 제거해야 한다. 고양이는 깨끗한 것을 좋아하기에 배변 훈련에 금세 성공할 수 있다. 다만 나이가 많은 고양이들은 깜빡하거나 조절이 안 되서 실수를 할 수도 있으므로 그럴 때 보호자는 인내심을 발휘해야 한다.

복종

반려묘가 자신의 이름에 익숙해지도록 만들면 좋다. 그러기 위해 일정한 시간에 밥을 주거나 털을 빗겨주며 이름을 부르면 고양이를 아이처럼 훈련시킬 수 있다. 이런 훈련을 통해 고양이는 밥을 달라는 시늉을 하기도 하는데 표현이 좋을 경우 상을 주고 칭찬하는 것을 잊으면 안 된다. 고양이가 가장 좋아하는 음식을 주는 것도 좋다. 다만 고양이가 그런 동작을 하고 싶이 하지 않을 경우 억지로 시킬 필요는 없다.

대신 고양이에게 나쁜 습관이 있으면 반드시 고쳐줘야 한다. 예를 들어 고양이가 사람을 물거나 달려들면 가볍게 들어 바닥에 내려놓은 뒤 엄격한 목소리로 "안 돼!"라고 말해준다. 보통 외부와 접할 기회가 많아지면 고양이의 반사회적인 행동도 줄어든다. 이런 반항적인 고양이에게는 스크래처를 주는 것도 좋다.

긁기

고양이의 발톱은 모든 애묘인에게 골칫거리로 고양이들은 소파, 탁자, 벽 등 집 안 곳곳에 발톱 자국을 내고 다닌다. 그 때문에 가구를 바꾸는 애묘인들이 적지 않다. 하지만 고양이에게 발톱으로 긁는 것은 본능으로 보호자가 아무리 혼을 내도 고양이는 그 이유를 잘 이해하지 못한다.

사실 고양이가 가구를 긁는 행동은 자신의 구역을 표시하기 위해서며 다른 고양이들에게 "여기는 내 거야!"라고 말하는 것과 같다. 앞서 언급했듯이 고양이의 발 패드에는 땀샘이 있어 특별한 냄새를 분비하기 때문에 가구를 긁을 때 발톱 자국뿐만 아니라 자신의 냄새도 함께 남긴다. 또한 고양이가 가구를 긁는 것은 오래된 발톱을 바꾸고 좀더 날카롭게 다듬기 위해서기도 하다. 이런 고양이에게 마음껏 발톱으로 긁을 수 있는 스크래처를 선물해주면 좋다. 스크래처는 납작하고 평평한 골판지 재질, 삼노끈 재질, 양탄자 재질, 노끈으로만 칭칭 감은 기둥 등 종류가 다양하다. 스크래처는 고양이를 훈련할 때 사용하면 효과가 좋다.

집에 스크래처를 두면 고양이가 가구를 긁어 발톱 자국을 남기는 일이 크게 줄어든다.

고양이 낚싯대는 고양이와 보호자 사이의 교감을 증가시킨다.

고양이의 놀이

고양이 낚싯대나 장난감 등은 모두 고양이의 운동량과 보호자의 교감을 증가시키는 최고의 제품이다. 실제로 많은 사람이 고양이 낚싯대를 고양이 혼자 가지고 놀도록 놔두기도 하는데 이럴 경우 재미도 없을뿐더러 위험하기도 하다. 고양이가 막대에 달린 털 뭉치나 깃털을 삼켜 심각한 장폐색이 발생할 수도 있다. 따라서 고양이 낚싯대는 반드시 보호자가 움직여 고양이가 흥미를 느끼고 끊임없이 달려들게 해야 한다. 그래야만 고양이의 운동량도 늘어난다.

건강에 도움이 되는 다양한 운동

고양이의 운동량이 부족할까 봐 걱정할 필요는 없다. 고양이는 대부분 놀이를 통해 운동의 효과를 누리며 무궁무진한 즐거움을 맛본다. 탁구공 하나, 뛰어들었다가 뛰어나올 수 있는 상자 하나만 있어도 고양이는 재미있게 논다. 실내에서 키우는 고양이는 평소 스크래처만 준비해도 운동을 시킬 수 있다. 물론 보호자가 짬을 내어 함께 놀아준다면 더할 나위 없이 좋을 것이다.

그러나 고양이를 데리고 산책하기란 개와 산책하는 것만큼 쉽지 않다. 대다수 성묘는 산책을 좋아하지 않을뿐더러 억지로 시켜도 별 효과가 없다. 정말 산책을 시키

목줄을 쥐고 고양이와 산책하기

고 싶다면 새끼 고양이가 젖을 막 뗀 뒤부터 훈련을 시작해야 하는데 천천히 걸으며 고양이가 산책의 즐거움을 느끼도록 한다. 또한 처음에는 실내에서 진행하다 점차 공원으로 나가야 하며 나중에 인도로 다닐 수 있게 해야 한다. 목줄은 재질이 가볍고 길이가 충분히 길면서 목걸이가 달린 것이 좋다. 다만 고양이는 저마다 개성이 다르기에 어렸을 때부터 유난히 긴장을 한다든지 외부의 변화에 특히 민감하다면 훈련을 강요하지 않는 것이 좋다.

고양이의 이갈이

어린 고양이는 태어난 뒤부터 바로 유치가 나기 시작해 2개월이 가까우면 건사료를 씹을 수 있게 된다. 어미 고양이도 새끼의 치아가 자라 젖을 깨물면 점차 못 물게 해 젖을 끊는다. 4개월 전에 보는 치아는 모두 유치며, 이후 이 치아들이 점차 빠지고 영구치가 난다. 이갈이를 하다 보면 피가 나기도 하는데 이는 7~8개월까지 지속되며 잇몸이 붉게 붓거나 식욕 부진에 빠지기도 하지만 모두 정상적인 현상이다.

그런데 어째서 우리는 고양이의 빠진 유치를 본 적이 없을까? 이는 대다수 고양이가 빠진 유치를 삼켜버리기 때문이다. 크게 상관은 없지만 걱정이 된다면 전문 수의사에게 검사를 받아보자. 혹시 빠지지 않는 유치도 있을까? 물론 있다. 영구치가 자라는 방향 등에 영향을 줄 수 있으니 8개월에도 유치가 있다면 수의사에게 발치해달라고 해야 한다.

고양이를 안는 법

사랑하는 고양이를 안아주는 것은 매우 좋은 일이지만 주의할 사항이 있다. 고양이를 안을 때는 반드시 온몸을 받쳐줘야 하며 목이나 겨드랑이를 잡고 들어올리면 안 된다. 어떤 고양이들은 공중에 반쯤 떠 있는 상태를 싫어하며 불안감을 느껴 보호자를 물기도 한다. 그러므로 고양이를 안을 때는 고양이의 몸과 자신의 팔뚝을 밀착시켜 감싸듯 안아 고양이가 안정감을 느끼도록 해야 한다. 어린 고양이를 안을 때는 특히 더 조심해야 하는데 갈비뼈가 매우 부드러워 거칠게 안으면 내상을 입을 수 있기 때문이다.

어미 고양이는 새끼를 옮길 때 목덜미를 물지만 사람은 큰 해가 없다 해도 이런 동작을 피해야 한다. 다만 고양이가 지나치게 심한 장난을 치거나 말썽을 부리면 잠시 손을 뻗어 멈출

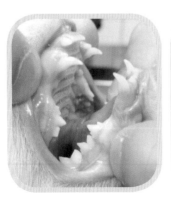

◀◀ 고양이의 유치는 영구치보다 작고 날카롭다.

◀ 손으로 고양이의 목덜미를 잡는 행동을 하지 않는다.

수는 있다. 하지만 고양이가 골절 같은 부상을 당한 경우 이런 동작은 삼가는 것이 좋다.

고양이를 안기 전에 먼저 안심할 수 있도록 쓰다듬는다

Step1

고양이는 자기가 신뢰하는 사람이 아니면 누군가 안아주는 것을 좋아하지 않는다. 그러므로 고양이를 안기 전에 좋은 관계를 맺어야 한다. 이를테면 안기 전에 먼저 고양이를 쓰다듬어 안정을 시킨 다음 안아주기를 시도한다.

고양이를 안을 때는 먼저 몸을 일으키되
배나 꼬리를 건드려서는 안 된다.

손으로 고양이의 상반신을 안는다

Step2

고양이를 일으켜 한 손으로는 두 앞발을 잡되 손가락은 고양이 가슴 앞에 둬 안심을 시킨다. 이때 고양이가 누군가의 손길이 닿으면 싫어하는 배나 꼬리 등을 만지지 않는다. 사싯 고양이가 발버둥칠 수 있다.

고양이의 하반신을 받친다

Step3

다른 손으로는 고양이의 두 뒷발을 잡아 손바닥으로 고양이 엉덩이를 받쳐야 한다. 그런 다음 고양이의 몸이 사람의 몸에 바짝 밀착되도록 안정적인 자세를 찾는다.

고양이가 자신의 몸에 바짝 붙게 한다

Step4

두 팔로 감싸안아 고양이의 등과 엉덩이가 사람 팔뚝에 기대게 해 붕 뜨는 느낌이 없게 한다. 고양이가 다소 발버둥칠 경우 손으로 앞발을 잡고 팔뚝으로 몸을 눌러 보듬어준다.

사람의 몸에 밀착시켜 고양이가
안정될 수 있게 한다.

고양이를 품에 앉힐 때
고양이를 안는 다른 방법도 있는데 우선 손바닥을 고양이 앞발 뒤 가슴 부위에 두고 오른손으로 엉덩이를 받친다. 그런 다음 고양이의 앞발을 사람의 어깨에 얹고, 고양이를 팔뚝에 앉게 한다.

고양이는 사람의 손과 발을 잘 문다

고양이는 완벽한 육식성 동물로 먹이사슬에서 포식자의 역할을 맡고 있다. 그렇기에 어려서부터 사냥을 시작하는데 이는 본능이자 부모나 형제를 대상으로 훈련해온 결과로 놀이를 통해 무는 힘을 조절하도록 배운다. 그러나 고양이가 사람의 집에서 키워지면서 이런 학습과 훈련 대상이 사라졌고, 이제 남은 대상은 사람뿐이다. 그 때문에 고양이를 키우는 보호자들은 종종 투덜댄다. "얼마나 함부로 무는지 몰라. 갑자기 달려들어 내 발도 문다니까!" 사실 이는 사냥을 배우기 위한 과정으로 지극히 정상적인 현상이다. 고양이에게 사람의 발은 사냥을 할 때 시야에 잘 들어오는 범위 가운데 하나다. 사람의 발이 움직이면 고양이는 사냥감이 움직인다고 생각해 큰 흥미를 느낀다.

그러므로 어릴 때부터 사람을 물면 안 된다고 훈련시켜야 한다. 뭣 모르고 자주 손으로 고양이와 놀아주면 고양이는 '손은 물어도 되는 것이구나'라고 기억한다. 아직 어린 고양이

가능한 한 손과 발로 고양이와 노는 것을 피한다.

라도 세게 물면 상처를 입을 수 있다. 고양이와 놀 때는 손에 쓴맛이 나는 것을 발라 고양이가 그 맛을 맛보고 자연스럽게 손을 물지 않도록 훈련시켜야 한다. 손 대신 장난감으로 훈련시킬 수 있다. 고양이 낚싯대 등으로 고양이의 주의를 끌면 그것이 자신의 사냥감이라고 인식하게 되며, 고양이의 운동과 놀이에 대한 욕구를 만족시킬 수 있을 뿐만 아니라 사람을 무는 일도 줄어들어 사람과 고양이 사이는 한결 좋아진다. 물총도 어린 고양이를 교육하는 좋은 도구인데 고양이가 사람의 손이나 발을 물 때 등에 물총을 쏘면 고양이가 놀라서 무는 동작을 멈춘다. 이를 여러 차례 반복하면 사람의 손발을 무는 행동과 물총에 맞은 나쁜 기억이 함께 연상돼 다시는 그런 행동을 하지 않는다.

혹시라도 당신의 손발을 물 때 큰 소리로 화를 내거나 지나친 신체 반응을 보이면 고양이는 함께 놀아준다고 오해하며, 오히려 계속 물려고 할 수 있다. 이때 큰 소리 대신 고양이가 놓아달라고 할 만큼 엄격한 목소리로 경고한 뒤 방을 나가는 것이 좋다. 잠시 상대하지 않으면 고양이는 무는 것이 노는 것이 아님을 알고 점차 이런 행동에 흥미를 잃는다. 만약 고양이에게 신체적인 체벌을 내리면 자칫 당신과 고양이 사이의 신뢰 관계에 금이 갈 수 있다. 실제로 어떤 고양이들은 사람의 체벌에 더 공격적인 성향을 보이기도 한다.

고양이의 가구 긁기 ▰▰▰

고양이는 집 안의 벽과 가구를 긁어 발 패드의 땀샘 분비물로 그곳에 냄새를 남겨 자신의 구역을 표시한다. 다시 말해 고양이가 발톱으로 긁는 것은 본능적인 행동이라서 막을 방

고양이 스크래처를 놓는 방향은 고양이의 기호에 따라 결정한다.

법이 없다. 따라서 고양이가 가구를 긁기 전 하루라도 빨리 스크래처에 익숙해지도록 훈련
시켜야 한다. 그렇지 않으면 당신이 아끼는 가구가 모두 엉망진창이 될 수도 있다.

고양이가 발톱을 세우지 못하도록 수술을 하는 나라도 있지만 오스트리아나 영국에서는
불법이며 뉴질랜드도 금지하고 있다. 사실 이런 수술은 그리 보편적이지 않으며 사람의 입
장에서는 편하겠지만 고양이에게는 지나치게 잔인한 일이다.

고양이의 이식증(異食症) ▬▬

"호기심이 고양이를 죽인다"라는 말을 들어본 적 있는가. 누가 한 말인지 참 적절한 표현이
다. 실제로 어린 고양이는 모든 사물에 끊임없이 호기심을 보인다. 마치 어린아이처럼 고양
이는 작은 것(방울, 단추, 노끈, 고무줄 같은)은 무엇이든 입안에 집어넣는다. 또한 고양이들
은 대부분 플라스틱 맛을 병적으로 좋아하는데 보호자가 비닐봉지나 비닐로프 등을 가지
고 고양이와 노는 것은 매우 위험한 일이다.

일단 고양이가 이런 플라스틱 제품을 좋아하게 되면 점차 욕심이 커져 플라스틱 바닥까지
갉아먹다 심각한 장폐색에 걸리기도 한다. 그 때문에 고양이는 구토를 하거나 식욕이 감퇴
하고 체중이 줄어든다. 실제로 고양이는 플라스틱을 가지고 놀다 문제가 자주 발생하며 목
숨을 잃기도 한다. 하지만 고양이는 한 번 혼이 나고도 똑같은 행동을 반복한다.

또한 적지 않은 고양이들이 섬유에 대한 애착을 보이므로 재봉실이나 털실, 스웨터 등 섬
유방직물은 되도록 고양이가 만질 수 없는 곳에 두는 것이 좋다. 섬유에 대한 고양이의 애
착은 사냥 본능이라고 한다. 야생 고양이가 작은 새를 사냥할 때 깃털을 다 뽑아야 먹기 편

노끈 종류의 이물질은 고양이에게
생각보다 더 심각한 상처를 입힌다.

◀◀ 고양이는 전선을 잘 물기 때문에 고양이가 만질 수 없도록 전선 정리를 하는 것이 좋다.

◀ 이식증이 있는 고양이가 가장 좋아하는 비닐봉지

하기 때문이다. 고양이가 스웨터나 양탄자를 무는 것은 어렸을 때 물던 어미젖의 촉감과 비슷하기 때문이란 말도 있다. 또는 고양이가 체내에 섬유질이 부족해 비슷한 맛이 나는 물체를 찾는 것이라고도 한다. 어쨌든 보호자는 '고양이가 물기만 하지 먹지는 못할 거야' 라든지 '먹어도 토해내거나 빼낼 수 있겠지'라고 쉽게 생각해서는 안 된다. 털 뭉치나 실타래 같은 이물질은 위장에 심각한 상처를 남길 수 있다.

고양이의 항문으로 노끈이 배출된다 해도 함부로 잡아당기면 안 된다. 장 속 상황이 어떤지 잘 모르고 잡아당길 경우 장에 더 큰 상처를 입힐 수 있다. 만약 노끈의 길이가 지나치게 길면 짧게 자른 뒤 고양이를 데리고 동물병원에 가서 검사를 받는 것이 좋다.

뿐만 아니라 고양이는 전선도 잘 깨물고 노는 편이다. 전선이 가볍고 손쉽게 움직일 수 있어 고양이의 관심을 끌기 때문이다. 전기용품의 콘센트가 꽂혀 있을 때 고양이가 무심코 전선을 깨물 경우 감전의 위험이 있을 수 있다. 그러니 쓰지 않는 콘센트는 가능한 뽑아두고, 길이가 긴 전선은 정리하거나 가구 뒤에 숨겨 고양이가 찾지 못하게 해야 한다. 또한 전선을 보호하는 두꺼운 플라스틱 관으로 감아두는 것도 고양이의 감전을 막을 수 있는 좋은 방법이다.

고양이의 습성을 알고 거주 환경의 안전에 주의를 기울여야 당신과 고양이 모두 불필요한 수고와 의료비를 아낄 수 있다. 절대로 요행을 바라거나 자신에게는 이런 일이 일어나지 않을 것이라고 속단해선 안 된다. 고양이는 항상 새로운 것을 찾아내려고 하는 호기심이 있기에 종종 당신이 생각지도 못한 순간에 사고를 치거나 위험에 빠질 수 있다. 이런 고양이를 막거나 큰 소리로 혼내기보다는 미리 손을 써서 예방하고 참을성 있게 가르치는 것이 훨씬 좋은 방법이다.

사람이 먹는 음식이 고양이에게 미치는 영향

많은 애묘인이 "선생님, 고양이도 사람이 먹는 음식을 먹을 수 있나요?"라고 묻곤 한다. 하지만 사람이 먹는 음식 대부분이 고양이에게는 위험할 수 있다. 어떤 음식은 고양이가 조금만 먹어도 중독 증상을 보이거나 심각할 경우 목숨을 잃기도 한다. 또한 사람이 먹는 음식에 들어가는 조미료도 고양이에게는 부담이 될 수 있다. 그러므로 다음에 소개하는 음식들은 고양이가 먹지 않도록 특별히 주의해야 한다.

파, 양파, 부추

이런 종류의 채소에는 고양이의 적혈구를 파괴하는 성분이 함유되어 있어 빈혈과 이질, 혈뇨, 구토와 발열 등을 일으킨다. 심각할 경우 고양이가 사망에 이를 수도 있으니 절대로 먹여선 안 된다.

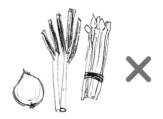

닭뼈, 생선뼈

닭뼈와 생선뼈는 뾰족한 모서리가 목구멍이나 소화관을 찌를 수 있으며 심하면 소화관에 구멍을 낼 수도 있다. 그러므로 음식물 쓰레기는 뚜껑이 있는 쓰레기통에 버려야 한다. 자칫 고양이가 삼켜 심각한 상처를 입을 수도 있다.

초콜릿

초콜릿에 함유된 테오브로민theobromin과 카페인caffeine은 고양이가 많이 섭취할 경우 급성 중독에 빠질 수 있다. 초콜릿 중독은 소화관과 신경, 심장에 이상을 일으킬 수 있으며 심각하면 죽음에 이를 수 있다.

간

오랫동안 고양이에게 닭의 간을 먹이면 칼슘이 부족해지고 보행에 장애가 생길 수 있다. 또한 닭의 간에는 비타민A가 풍부해 과다하게 섭취할 경우 뼈의 발육에 이상이 생길 수 있다.

포도
포도는 고양이의 신장 기능을 저하시킬 수 있으며 특히 포도 껍질은 매우 위험하다. 건포도 역시 신장 기능을 저하시킬 수 있다.

오징어, 문어, 새우, 게, 조개류
고양이가 이런 종류의 음식을 오랫동안 날것으로 먹을 경우 체내 비타민B_1의 흡수를 막을 수 있다. 체내에 비타민B_1이 부족해지면 식욕 저하와 구토, 경련, 보행 이상 등이 나타날 수 있으며 심할 경우 뒷다리가 마비될 수 있다. 또한 송어, 대구, 가자미, 잉어 등의 생선회도 비타민B_1의 흡수를 막아 마비를 일으킬 수 있다. 그러니 고양이에게는 이런 종류의 음식을 날것으로 주지 않는 것이 좋다.

건어물, 김, 명태포
고양이가 좋아하는 음식인 건어물과 김, 명태포는 칼슘과 마그네슘, 인 등의 많은 미네랄을 함유하고 있다. 하지만 이런 성분이 고양이 요도결석의 원인이 될 수 있다. 그러므로 고양이에게 이런 음식은 조금만 줘야 한다. 또한 시금치와 우엉에도 다량의 옥살산oxalic acid이 함유되어 있어 요도결석이 생길 수 있으니 주의하는 것이 좋다.

커피, 홍차, 녹차
커피와 홍차, 녹차에는 카페인이 함유되어 있어 고양이에게 먹일 경우 설사와 구토, 다뇨증에 시달릴 수 있으며 심하면 심장과 신경계통에 이상이 나타날 수 있다.

우유

영화를 보면 흔히 고양이가 우유를 먹는 장면이 나오는데
이는 매우 잘못된 예시다. 대다수 고양이는 2개월 이후에
는 유당불내증乳糖不耐症이 생겨 우유를 마시면 설사를 한
다. "우리 고양이는 괜찮던데요"라고 말하는 사람도 있을
것이다. 하지만 이는 단순한 행운으로 오랫동안 우유를 먹
은 고양이는 물에 흥미를 잃게 돼 수분 섭취가 줄어들어
신장에 이상이 생길 수 있으니 주의해야 한다.

알코올이 함유된 음료

고양이가 실수로 술을 마실 경우 혈액 속에 알코올이 흡수될
수 있으며 허용량을 초과하면 뇌와 신체의 세포를 파괴해 구토
와 설사, 호흡곤란, 신경계통 이상을 유발할 수 있다. 심각하면
고양이가 기절하거나 죽음에 이를 수도 있다. 일반적으로 고양
이가 술을 마신 뒤 30~60분 이내에 이상 증상이 나타나며, 소
량이라도 고양이에게는 위험하므로 절대로 알코올이 함유된
음료는 먹이면 안 된다.

실내 식물 분재가 고양이에게 미치는 영향 ▬▬▬

개와 고양이는 속이 불편하거나 뱃속의 헤어볼을 토해내려 할 때 풀을 먹는다는 말이 있
다. 그러나 고양이가 모든 식물을 먹을 수 있는 것은 아니다. 어떤 것들은 먹을 경우 위장에
문제가 생길 수 있으며 중독될 수도 있다. 고양이의 안전을 생각한다면 분재는 고양이 손
이 닿지 않는 곳에 두는 것이 좋다. 만약 고양이에게 정말 풀을 먹이려 한다면 고양이풀을
준다. 고양이에게 독이 되는 식물은 최소 7백 종이 넘으며 다음에 소개하는 것들은 그중
집에서 키우기 쉬운 분재들이다.

백합

백합은 고양이에게 매우 위험한 식물로 어떤 부위든 해가 될 수 있지만
특히 뿌리를 조심해야 한다. 고양이가 백합을 먹으면 구토와 더불어 침
을 많이 흘릴 수 있고 정신과 식욕에 변화가 생길 수 있다. 특히 섭취한
뒤 72시간 안에 신장 기능이 쇠약해질 수 있다.

은방울꽃
어느 부위를 먹든 고양이에게는 독이 될 수 있는데 특히 뿌리가 위험하다. 고양이가 실수로 먹게 될 경우 구토와 많은 침이 흐르고, 설사와 복통이 일어날 수 있으며 심하면 심장박동이 지나치게 느려질 수 있다. 훨씬 심각할 경우 간질이 나타나거나 죽음에 이를 수도 있다.

에피프렘넘*과 담쟁이덩굴
식물 전체가 고양이에게 위험하며 잎과 줄기에 독이 있다. 고양이가 먹으면 구강에 자극이 되고 염증과 두통이 생길 수 있다. 또한 침이 과도하게 분비되거나 음식물을 삼키기 어려워지며 복통, 설사, 구토, 신장질환과 신경계질환이 발생할 수 있다.

● Epipremnum aureum, 흔히 스킨답서스라고도 한다.

진달래
모든 부위가 고양이에게는 독성이 될 수 있다. 고양이가 먹을 경우 구토가 지속되고 흡인성 폐렴에 걸릴 위험도 있다. 심지어 간질이나 전신 무력증 같은 신경계질환이 발생할 수도 있다.

소철
모든 부위가 고양이에게 독이 되는데 특히 씨앗이 위험하다. 고양이가 먹으면 금세 구토와 설사가 나타나며 보행을 조절하기 어렵고 정신 혼미나 간질이 발생할 수도 있다. 결국 간 기능 저하로 사망하게 된다.

포인세티아(poinsettia)
고양이가 줄기나 잎을 먹으면 입에 극심한 통증이 생기거나 구토와 설사가 나타날 수 있다.

ⓔ 두 번째 고양이 맞이하기

첫 번째 고양이를 잘 키운 애묘인들은 종종 충동적으로 한 마리를 더 입양하거나 길에서 만난 유기묘를 무작정 집에 데려온다. 하지만 이런 결정을 내리기 전에 집에 있는 첫 번째 고양이의 건강과 안전을 고려해본 적이 있는가? 새로운 고양이에게 전염병이 있을 경우 원래의 고양이에게 위협이 될 수도 있는데 꺼림칙하지 않은가? 혹시라도 후회하게 되지는 않을까? 이제 새로운 고양이를 키우는 문제에 대해 함께 이야기해보자.

첫 번째 고양이를 지켜라 ▰▰▰

이는 당연한 불변의 진리다. 전염병이 있는 고양이를 데려와 원래 고양이를 위협해서는 안 된다. 실제로 많은 사람이 이런 실수를 저지르며 자기 눈앞에 있는 고양이에게 아무런 해가 되지 않는다고 생각하지만 이런 착각은 전혀 생각지도 못한 결과를 가져온다. 전문 수의사라 해도 육안으로는 고양이에게 전염병이 있는지 정확히 판단할 수 없다. 테스트 시약으로 검사를 의뢰해야 하는데 고양이 전염병, 고양이 백혈병feline leukemia, 고양이 면역결핍 바이러스 Feline Immunodeficiency Virus, FIV, 원충성 파이로플라스마Piroplasma, 심장사상충Dirofilaria immitis, 코로나바이러스Corona Virus 등이 그 예로 오랜 시간을 두고 격리하면서 관찰해야 한다.

케이지에 격리하는 것만으로는 완벽하지 않으며 고양이들끼리 전혀 접촉할 수 없게 해야 한다.

새로운 고양이는 집에 데려가기 전 우선 동물병원에서 상세한 검진을 받고, 데려온 후에도 원래 고양이와 충분한 공간을 두고 격리해야 한다. 일단 새로운 고양이에게 피부 진균증Dermatophytosis, 귀 진드기, 옴scabies, 벼룩, 원충성 파이로플라스마, 콕시듐Coccidium, 선충Nematodes, 線蟲, 고양이 상부 호흡기 감염 Feline Upper Respiratory Infection 같은 매우 심각한 전염병이 있다는 결과가 나오면 바로 치료해야 한다. 또한 키우던 고양이와 적어도 1개월 이상 완벽히 격리하고, 키우던 고양이에게도 예방접종을 해야 한다.

만약 안타깝게도 새로운 고양이가 이미 고양이 백혈병이나 고양이 면역결핍 바이러스 같은 치사율이 높은 전염병에 걸린 사실이 밝혀졌다면 입양을 신중히 고려해야 한다. 또한 집에 데려왔다면 키우던 고양이와 죽을 때까지 완전히 격리해야 한다. 키우던 고양이가 예방접종을 했다고 해서 감염을 막을 수는 없다. 예방접종의 효과는 100%가 아니며 오랫동안 다량의 병원체를 접촉하면 아무리 건강한 고양이라 해도 감염을 피하기 어렵다.

검사 결과가 모두 양호하다 해도 모든 질병에는 잠복기가 있어서 검사로 당장 알 수 없기 때문에 새로 온 고양이를 키우던 고양이와 함께 둬서는 안 된다. 반드시 1개월 이상 격리하고 일주일에 한 번씩 기본적인 건강검진을 진행해야 한다. 대다수 고양이 보호자는 고양이가 격리되는 것을 싫어하기 때문에 키우던 고양이와 새 고양이를 함께 생활하도록 하는데 이에 대한 대가는 엄청날 수 있다. 얻는 것보다 잃는 것이 더 많을 수 있으니 신중하게 선택해야 한다.

격리

의학적 전문용어로서의 정확한 '격리'의 개념을 아는 사람은 많지 않다. 격리에는 '직접 격리'와 '간접 격리' 두 가지 종류가 있다. 직접 격리는 접촉을 완전히 차단하는 것으로, 새로 온 고양이가 원래 키우던 고양이와 직접적으로 어떤 접촉도 하지 못하게 하면 된다. 문틈이나 케이지를 사이에 두어도 안 되며 반드시 독립된 공간에 있어야 하고 격리된 공간도 가깝지 않아야 한다.

간접 격리는 새로 온 고양이와 접촉할 수 있는 모든 사람과 사물을 차단하는 것으로 고양이 화장실, 물그릇, 밥그릇, 수건, 이동 가방, 빗 등도 함께 쓰면 안 된다. 또한 새로 온 고양이를 안은 뒤에는 바로 손을 씻고 옷을 갈아입는 등 더 엄격하게 관리해야 한다. 그래야만 격리의 효과를 높일 수 있다.

새 고양이가 옮길 수 있는 전염병

상부 호흡기 감염

고양이 상부 호흡기 바이러스는 입양한 유기묘에게서 흔히 나타나는 질병으로 그중에 칼리시바이러스와 헤르페스바이러스가 이 전염병의 80%를 차지하고 있다. 또한 앵무병 클라미디아Chlamydia psittaci에 함께 감염되는 것도 어린 고양이에게서 종종 볼 수 있는 상부 호흡기 감염 원인균이다. 원래 키우던 고양이에게 5종 백신을 모두 접종했다고 해도 짧은 시간에 다량의 독성 바이러스와 접촉하면 심각한 전염병에 감염될 수 있다. 그럴 경우 고양이는 재채기와 눈물, 가벼운 발열과 식욕부진 등의 증세를 겪게 된다.

병에 걸린 어린 고양이의 침과 눈 분비물에는 다량의 바이러스가 있어 직접적인 접촉이나 재채기, 사람과의 간접적인 접촉만으로도 원래 키우던 고양이에게 감염될 수 있다. 이 질병은 전체 치료 과정만 2~3주가 걸린다.

상부 호흡기 감염에 걸린 고양이는 눈과 코에서 고름이 분비된다.

고양이 면역결핍 바이러스

고양이 면역결핍 바이러스는 고양이가 레트로바이러스retrovirus에 감염된 이후 신체의 면역 기능이 점차 저하되면서 후천성 면역결핍증후군acquired 'secondary' immunodeficiency disease에 걸리는 것이다. 현재는 혈액검사를 통해 결과를 알 수 있다. 어떤 사람들은 고양이 면역결핍 바이러스가 혈액을 통해서만 감염된다고 생각해 고양이들끼리 싸우지만 않으면 괜찮을 것이라고 착각한다. 이는 잘못된 방역 개념으로 키우던 고양이를 이런 바이러스의 위험에 노출시키지 않도록 해야 한다. 임상 실험에서도 두 고양이가 싸우지 않았음에도 한 마리가 다른 한 마리에게 면역결핍 바이러스를 전염시킨 사례를 본 적이 있다. 면역결핍 바이러스는 침으로도 전염되기 때문이다. 또한 고양이 잇몸에 염증이 있어 피가 날 경우 털을 핥는 동안에 감염될 수도 있다.

고양이 면역결핍 바이러스는
흔히 고양이들끼리 싸우고 물면서 전염된다.

고양이 백혈병

고양이 백혈병은 고양이가 백혈병 바이러스에 감염된 것으로 입이나 코의 직접적인 접촉을 통해 감염이 이뤄진다. 그 때문에 고양이 사이에서 쉽게 감염되며 특히 4개월 이하의 새끼 고양이들은 감염의 위험성이 크다. 현재는 혈액검사를 통해 결과를 알 수 있으며 감염된 고양이는 림프종lymphoma, 백혈병, 골수와 면역 억제 등의 증세가 나타난다. 다행히 이런 질병을 예방하기 위한 접종이 보편화되었고, 외국에서 수입하는 고양이들 역시 음성 판정을 받고 들여오기에 실제로 고양이 백혈병에 걸리는 사례는 많지 않다.

고양이 범백혈구 감소증

고양이 범백혈구 감소증Feline panleukopenia이란 흔히 말하는 고양이 전염성 장염으로, 구토와 설사 증상이 빈번히 나타나며 심할 경우 혈변, 탈수가 발생하고 죽음에 이르기도 한다. 고양이 전염성 장염은 보통 고양이를 낳는 계절에 많이 걸리고, 1세 이하 혹은 예방접종을 하지 않은 어린 고양이들이 위험한 편이다. 성묘도 감염될 수 있는데 어린 고양이보다 면역력이 상대적으로 좋아 위장 증세가 가볍거나 아예 증상이 나타나지 않는 경우도 있다. 하지만 성묘도 예방접종을 하지 않으면 이 질병으로 사망할 수 있으니 가볍게 여겨선 안 된다.

전염성 복막염

전염성 복막염Feline Infectious Peritonitis, FIP은 치사율이 매우 높은 전염병인데 주로 체내에 존재하는 코로나바이러스가 돌연변이를 일으켜 발병하며 드물게 전염을 통해 나타난다. 초기에는 어떤 검사로도 확인할 수 없으며 고양이에게서 발작성 발열 증상이 나타난 뒤 점차 몸이 마르고 복부가 팽창되거나 복부에서 이상한 덩어리가 만져질 수도 있다. 확인이 쉽지 않은 까닭에

복막염에 걸린 고양이는 복부가 팽창되고 등이 마른다.

전염성 복막염의 사망률은 100%에 가깝다. 조기 검진이 쉽지 않은 상황에서는 격리만이 원래 키우던 고양이를 보호할 수 있는 유일한 방법이다.

새 고양이가 옮길 수 있는 피부 질환 ▬▬▬

피부 진균증

새로 온 고양이에게서 아직 탈모나 비듬 등의 병소가 나타나지 않은 경우 조기에 검진하기 어렵다. 일단 탈모나 비듬이 생기면 바로 피모 현미경검사나 세균 배양 검시를 진행해야 한다. 새로 온 고양이를 격리하지 않고 바로 원래 있던 고양이들과 어울리게 했다면 모든 고양이를 함께 치료해야 한다. 치료 과정은 4~6주가 걸린다.

옴

옴은 체외 기생충으로부터 감염되는 피부병으로 고양이는 가려움과 비듬, 홍역에 시달리게 된다. 감염 초기에는 피모 현미경검사로 확인이 어려우며 대부분 귓가에 비듬과 탈모가 먼저 생긴다. 만약 고양이를 제때 격리하지 못했다면 여러 마리가 연이어 감염될 수 있다. 그러므로 모든 고양이는 함께 치료를 받아야 한다. 게다가 옴 특효약은 태어난 지 1~2개월 정도 된 고양이에게는 눈을 멀게 하는 부작용을 일으킬 수 있다.

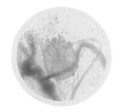

새 고양이가 옮길 수 있는 체외 기생충 ▬▬▬

귀 진드기

새로 사온 순종 새끼 고양이는 대부분 귀 진드기에 감염돼 있다. 이 질병은 치료하는 데 많은 인내심을 필요로 한다. 귀 진드기에 막 감염됐다면 검사로 알아낼 수 있으며, 4주 정도 귀에 약을 넣어야 한다. 새로 온 고양이가 귀 진드기에 감염됐는데 키우던 고양이와 격리하지 않았다면 모든 고양이가 감염될 가능성이 높다.

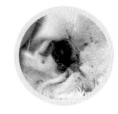

벼룩

어미 벼룩은 한 번에 5백 개의 알을 낳는데 이 알들은 붙는 성질
이 없어 어디에나 떨어지며 먼지와 함께 굴러다닌다. 또한 부화되
지 않은 상태로 일상적인 환경에서 1~2년 동안 있다가 온도나 습
도 등이 적합해지면 그제야 부화한다. 그러므로 새 고양이를 집에
들이기 전에 수의사에게 벼룩 감염이 있는지 검사를 받는 것이
좋다. 만약 감염 증상이 있다면 우선 체외 기생충 약을 뿌린 뒤
키우던 고양이와 격리해야 하며, 그렇지 못할 경우 온 집 안이 벼
룩 천지가 될 수 있다. 제거하는 데만도 1~2년의 시간이 소요된다.

새 고양이가 옮길 수 있는 체내 기생충

고양이 심장사상충

이런 질병에 걸릴 확률은 높지 않지만 새로 온 고양이가 심장사상충에 감염됐다면 집 안
에 폭탄이 있는 것이나 마찬가지다. 다른 고양이에게 감염되는 것은 시간문제라고 할 수
있다. 원래 키우던 고양이가 정기적으로 심장사상충 예방약을 복용하지 않았거나 새 고양
이가 6개월령을 넘지 않았다면 심장사상충 검사를 하는 것이 좋다.

콕시듐

고양이의 장을 괴롭히는 이 기생충은 건강한 고양이에게는 큰
위험이 되지 않지만 저항력이 약한 어린 고양이거나 나이 든 고
양이, 병든 고양이는 장염에 걸릴 수 있다. 게다가 이런 기생충은
일단 고양이 무리에 들어오면 제거하기 쉽지 않고 반복적으로 전
염되기 쉽다. 그러므로 새로 온 고양이를 격리하는 동안 최소한
매주 1회씩 분변의 기생충 검사를 해야 한다. 또한 감염될 경우
2주 정도 약을 복용해야 한다.

원충성 파이로플라스마

원충성 파이로플라스마는 고양이에게 흔히 나타날 수 있는 만성 설사의 원인이지만 증상이 꼭 나타나는 것은 아니다. 다만 분변에서 이것이 발견되었다면 다른 고양이에게 감염될 가능성이 크다. 전통적인 분변검사로는 확인하기 어려우나 현재 전문적인 검시 시약이 개발돼 90% 이상의 정확도를 보인다. 일단 원충성 파이로플라스마에 감염되면 발작성 전염병이 급속도로 퍼지게 되며 치료가 쉽지 않다. 약을 복용하는 전통적인 치료법을 활용하면 약 2주 정도의 치료 기간이 걸린다.

선충

선충은 사람들에게도 익숙한 회충, 십이지장충 종류의 장내 기생충으로 특별히 심각한 증세를 유발하지는 않지만 사람과 고양이 모두 감염될 수 있는 공통 전염병이다. 그러므로 새로 온 고양이를 격리하는 동안 완벽한 구충을 실시해야 한다.

PART

3

고양이 영양학

Ⓐ 고양이에게 필요한 기본 영양소

고양이는 사람이나 개처럼 단백질과 지방, 탄수화물, 비타민, 무기질 등의 5대 영양소를 모두 섭취해야 한다. 다만 고양이는 완전 육식성 동물이기에 소화 흡수와 영양 요구량이 사람과 개와 비교했을 때 조금 차이가 있다.

고양이의 기본적인 영양 요구량은 사람과 개와 비교했을 때 조금 차이가 있다.

고양이는 육식동물이라서 단백질과 지방을 주로 섭취하지만 약간의 탄수화물도 필요하며 소화시킬 수 있다. 고양이의 특수한 영양 요구량은 고양이의 조상들이 거친 환경 속에서 작은 동물을 사냥해 목숨을 유지했기 때문이다. 당연히 그들의 몸도 점차 육식에 적합하게 바뀌어갈 수밖에 없었다. 그런데 고양이는 어떻게 많은 양의 단백질을 섭취하면서 고암모니아혈증hyperammonemia 같은 병에 걸리지 않을 수 있을까? 다음에 소개하는 고양이의 독특한 신진대사와 영양 요구량을 알아보자.

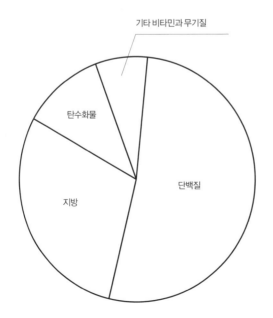

기타 비타민과 무기질

탄수화물

단백질

지방

◀ 고양이 기본 영양소의 비율은 단백질이 55%, 지방이 38%, 탄수화물이 9~12%, 기타 등으로 나뉘는데 고양이의 생활환경에 따라 조금씩 차이가 날 수 있다.

고양이 특유의 신진대사 및 영양 요구량

❶ 고양이 구강엔 디아스타제Diastase, 소화 효소가 모자라 많은 양의 탄수화물을 소화할 수 없다.

❷ 고양이는 위의 용량이 작아 개처럼 음식물을 저장할 수 없으며, 조금씩 여러 차례에 걸쳐 식사를 해야 한다.

❸ 고양이의 몸은 섭취하는 단백질을 꾸준히 처리해 포도당을 만들어내며, 이를 에너지로 사용한다.

❹ 고양이는 아르기닌arginine이나 타우린taurine 같은 필수 아미노산이 결핍되면 질병에 걸리기 쉽다.

❺ 고양이는 비타민A와 니코틴산을 합성하지 못하기 때문에 반드시 음식물에서 섭취해야 한다.

단백질

고양이에게 단백질은 중요한 영양소로, 체내에서 합성할 수 있는 비필수 아미노산과 체내에서 합성하지 못하고 음식물로 섭취해야 하는 필수 아미노산이 있다. 고양이는 신선한 육류를 섭취함으로써 아르기닌이나 타우린 같은 필수 아미노산을 얻어 에너지를 발산한다. 특히 고양이는 단백질을 소화하고 흡수하는 데 적절한 체내 시스템을 가지고 있다. 많은 양의 단백질을 포도당에너지으로 전환할 수 있을 뿐만 아니라 단백질을 많이 먹는다고 고암모니아혈증에 걸리지 않는다. 이것이 고양이가 사람이나 개보다 더 많은 단백질을 필요로 하는 이유이기도 하다. 반대로 고양이에게 단백질 섭취가 부족할 경우 필수 아미노산 결핍으로 심각한 질병에 걸릴 수도 있다. 이를테면 고양이는 한 끼라도 아르기닌이 함유된 음식을 먹지 않으면 고암모니아혈증이 생길 수 있다. 이런 상황이 심각할 경우 목숨을 잃을 수도 있다. 또한 타우린이 결핍되면 심장질환과 망막병변, 생식기질환에 걸리기 쉽다.

고양이는 사람과 개보다 단백질 필요량이 월등히 높으며,
결핍될 경우 질병에 걸리기 쉽다.

지방

지방은 사람에게 비만과 질병을 일으키는 원인이 될 수 있지만 고양이에겐 지방 함량이 높은 음식이 도움이 된다. 고양이가 먹는 대부분의 음식은 지방 함량이 25~45%에 이른다. 그렇다면 이렇게 많은 지방이 고양이의 몸에서 어떤 작용을 할까?

❶ 지방은 고양이 체내에 저장됐다가 에너지가 필요할 때 지방세포가 분해되면서 에너지원으로 바뀐다.

❷ 지방 1그램은 단백질과 탄수화물보다 2배가 많은 열량을 제공한다.

❸ 음식으로 섭취하는 지방은 몸에서 합성할 수 없는 필수 지방산을 제공한다.

❹ 지방은 음식의 풍미를 더하며, 고양이의 입맛을 돋운다.

❺ 지방은 지용성 비타민의 흡수를 돕는다.

❻ 지방은 피하나 내장기관 주변에 저장된다. 내장기관 주변의 지방은 장기를 보호하는 작용을 해 외부 압력에도 크게 다치지 않는 방패막이 된다. 특히 피하지방은 단열 보호 작용을 한다.

고지방 음식은 고양이를 비만으로 만들기 쉽다.

지방은 고양이에게 중요한 에너지의 원천이긴 하지만 지나치게 많이 먹이면 안 된다. 특히 중성화 수술을 한 고양이는 주의해야 한다. 게다가 높은 열량과 밀도의 지방은 입맛을 돋워 자칫하면 비만의 원인이 될 수 있다.

탄수화물

많은 애묘인이 고양이는 육식동물이라 탄수화물을 먹지 않아도 될 것이라 생각한다. 물론 고양이의 영양원 대부분은 단백질과 지방으로, 그것만으로도 충분한 포도당과 에너지를 합성해 몸을 움직일 수 있다. 하지만 혹시 이런 사실을 알고 있는가? 야생고양이들이 설치류나 조류를 사냥한 뒤 먹으면 먹잇감 위에 적은 양의 탄수화물이 남아 있어 그것까지도 먹게 된다. 그 때문에 고양이의 체내는 자연적인 진화를 통해 탄수화물을 소화할 수 있게 됐다. 고양이가 임신을 했거나 새끼에게 젖을 먹이는 경우 소량의 탄수화물을 먹으면 새끼 고양이에게 안정적인 영양을 줄 수 있어 새끼 고양이가 건강하게 자랄 수 있다. 즉, 소량의 탄수화물은 고양이의 건강에 도움이 된다.

하지만 고양이는 침에 디아스타제가 부족하기 때문에 전분을 분해해 포도당으로 만들 수 없다. 또한 고양이의 간은 글루코키나아제*가 부족해 많은 양의 탄수화물을 소화하지 못한다. 그러 이유로 탄수화물을 과다 섭취할 경우 장에 세균이 과다하게 발생해 소화불량을 일으키거나 설사를 할 수 있다.

● glucokinase, 간에서 합성되는 효소

비타민

고양이가 필요로 하는 비타민의 종류는 다른 포유동물들과 조금 차이가 있다. 그렇다면 고양이가 필요로 하는 비타민에는 어떤 것들이 있는지 알아보자.

우선 비타민A, D, E, K를 포함한 지용성 비타민이 필요하다. 그중에서도 비타민A와 D, E는 고양이에게 없어서는 안 될 영양분이다. 이것들은 고양이의 몸에서 합성할 수 없어 음식을 통해 얻어야 한다. 비타민 K도 꼭 필요한데 장내 세균총을 통해 충분한 양의 비타민K를 합성할 수 있다.

고양이는 육식성인데다 비타민A는 동물의 조직(특히 내장)에 존재하기 때문에 다른 동물의 조직을 섭취해야 비타민A가 결핍되지 않는다. 하지만 비타민A를 과다 섭취할 경우 고양이의 관절이 뻣뻣해지거나 기형이 생기고 마비가 올 수 있다.

또한 고양이는 사람과 달리 햇볕을 쬔다고 몸에서 비타민D가 합성되지 않는다. 그러므로 고양이는 충분한 육식성 음식(지방이 풍부한 물고기, 육류, 달걀노른자 등)을 먹어야 한다. 이외에도 비타민E는 항산화 작용을 하는데 시중에서 파는 고양이 사료에 비타민E가 첨가돼 있어 지방의 산화를 막는다. 비타민E는 씨앗이나 일부 곡물의 배아, 식물성 기름과 녹색채소를 섭

고양이는 햇볕을 통해 비타민D를 얻을 수 없다.

취해 얻을 수 있다.

수용성 비타민에는 비타민B와 C가있다. 고양이는 사람과 달리 체내의 포도당을 비타민C로 합성할 수 있기 때문에 꼭 음식을 통해 섭취해야 하는 건 아니다. 그러나 비타민B는 반드시 음식을 통해 섭취해야 하는 수용성 비타민으로 대부분 육류와 콩류, 곡류를 통해 얻을 수 있다. 하지만 비타민B$_{12}$는 예외로 동물성 음식을 통해서만 얻을 수 있다.

비타민B군은 단백질과 지방, 단수화물의 대사에 있이 매우 중요한 역할을 한다. 이를테면 비타민B1은 탄수화물을 사용해 에너지로 전환한 뒤 지방과 지방산, 몇몇 아미노산의 대사에 관여한다. 따라서 비타민B$_1$이 부족하면 뇌전증 같은 중추신경계의 기능에 영향을 준다. 그런데 식물에서 유래한 비타민B$_3$나이아신은 대부분 고양이 몸에서 흡수할 수 없지만 동물에서 유래한 비타민B$_3$는 몸에서 흡수할 수 있다.

이외에도 개는 음식물의 트립토판tryptophan 같은 필수 아미노산을 비타민B$_3$로 합성할 수 있다. 하지만 고양이는 음식물을 통해 얻어야 한다. 그 때문에 고양이는 비타민B$_3$의 요구량이 개보다 4배나 높다. 뿐만 아니라 단백질이 포도당으로 바뀌는 과정에서 비타민B$_6$가 필요한데 고양이의 비타민B$_6$ 요구량 또한 개보다 많다. 이처럼 비타민은 고양이의 몸에서 여러 가지 역할을 하기 때문에 질병이 생기는 걸 줄이려면 날마다 충분한 비타민을 섭취하는 것이 매우 중요하다.

무기질

무기질은 동물 체중에서 아주 적은 양을 차지하지만 목숨을 유지하고 건강을 지키기 위한 매우 중요한 요소다. 이를테면 무기질은 어린 고양이가 성장하는 과정에서 치아의 형성과 골격의 발달에 관여하는 중요한 영양소다. 어떤 무기질이든 섭취가 지나치거나 모자라면 고양이에게 신경계나 혈액 이상 같은 발달장애가 나타날 수 있다.

사람에게 균형 잡힌 영양소를 먹는 것이 몸에 중요한 것처럼 고양이도 마찬가지다. 다만 고양이는 영양에 관한 요구량이 사람과 조금 다를 뿐이다. 어떤 영양소는 섭취가 지나치거나 모자라면 몸에 위협이 될 수 있다.

B 단계에 맞는 고양이 영양 요구량

고양이의 하루 필요 열량 ▰▰▰

고양이는 각 연령 단계마다 적당한 열량을 섭취하는 것이 매우 중요하다. 그것에 따라 몸이 필요로 하는 열량이 다르기 때문이다. 예를 들어 건강한 고양이는 정상적인 활동을 하면서 몸의 에너지를 사용하는데 특히 날씨가 추우면 체온을 올리기 위해 몸을 떨면서 에너지를 소모한다. 고양이는 몸이 아플 때도 질병의 대사 과정에서 에너지를 사용한다. 그러므로 고양이는 반드시 음식

고양이는 활동하면서 자신의 에너지를 소모한다.

을 통해 기본 필요 열량을 섭취해야 한다. 만약 고양이가 식사량이 부족하거나 음식을 제때 섭취하지 못하면 체내 근육과 지방을 소모하면서 에너지를 만든다. 이럴 경우 고양이는 점점 마르는데 이런 악순환은 결국 고양이를 죽음에 이르게 할 수도 있다.

과체중인 고양이는 지방 제외 체중으로 하루 필요 열량을 계산해야 한다.

하루 필요 열량 계산하기 ▰▰▰

일반적으로 집에서 키우는 고양이는 음식에서 얻는 열량 대부분을 기초대사를 유지하는 용도로, 다시 말해 휴식기 에너지 요구량Resting Energy Requirement, RER으로 사용한다. 또한 이 열량을 운동과 소화, 체온 조절에도 사용한다.

어떤 단계의 고양이든 대사 기능과 체형(뚱뚱하거나 마르지 않게)을 적당히 유지하고, 질병에 잘 걸리지 않으려면 하루 필요 열량을 정확히 계산하는 것이 중요하다. 고양이는 사람과 마찬가지로 체지방량이 체중의 20~25%가 적당하다.

그러므로 열량을 계산할 때는 현재 고양이의 체중이 아닌 표준 체중으로 계산해야 한다.

예를 들어 체지방 40%의 비만 고양이가 있다면 필요한 열량을 계산할 때 지방 제외 체중으로 계산해야 비만을 예방할 수 있다

1. 표준 체중의 계산

6.8kg인 고양이의 신체충실지수●가 5/5 또는 9/9라면 체지방량은 40~45%로 추정할 수 있다. 따라서 고양이의 지방 제외 체중lean body mass 은 55%다(6.8kg×0.55 = 3.7kg). 이상적인 신체 상황에서(20%의 지방량) 3.7kg의 지방 제외 체중은 고양이 체중의 80%를 차지한다. 이를 계산하면 다음과 같다. 3.7kg×100/80 = 4.7kg. 이것이 바로 이 고양이의 표준 체중이라 하겠다.

2. RER(휴식기 에너지 요구량) 계산

$RER^{kcal/day}$ = $(체중_{kg})^{0.75} \times 70$

또는

$RER^{kcal/day}$ = $(체중_{kg} \times 30) + 70$

고양이의 RER을 계산한 뒤에는 반드시 고양이의 연령과 활동 상태, 중성화 수술 유무에 따라 상태 참조값을 선택하고, 거기에 RER을 곱해야 고양이의 열량 요구량 또는 하루 필요 열량Daily energy requirement, DER을 계산할 수 있다. 하지만 하루 필요 열량의 상태 참조값은 수의사와 상의한 뒤 결정하는 것이 좋다.

● Body Condition Score, BCS나 보디 컨디션 스코어라고도 한다. 반려동물의 비만 정도를 숫자로 구분해 평가하는 것으로 5단계 또는 9단계 등 두 가지 방법이 있는데 숫자가 커질수록 비만도가 높다.

어린 고양이의 음식 ▬▬▬

이 단계는 마침 젖을 끊은 새끼가 어린 고양이로 자라 중성화 수술을 하게 되는 때다. 새끼 고양이는 3~4주 정도까지 어미젖이나 고양이 전용 분유를 통해 열량을 얻는다. 젖을 막 끊을 때의 어린 고양이는 액체를 먹는 게 습관이 돼 고체 음식을 잘 먹지 못한다. 이럴 경우 물에 불린 사료나 이유식 캔을 죽처럼 만들어주면 된다. 5~6주령의 새끼

젖을 끊으려는 어린 고양이는 어미 고양이와 함께 고체 음식을 먹는 법을 배워야 한다.

고양이는 비교적 고체 음식을 잘 먹을 수 있게 되는데 이때 열량을 30%까지 늘려야 한다. 또한 고양이가 6~9주령이 되면 젖을 완전히 끊고, 고체 음식을 먹게 해야 한다.

성장기에 들어간 어린 고양이의 음식에는 많은 양의 단백질이 필요하다.

어린 고양이가 젖을 끊으면 성장하기 위해 많은 양의 단백질과 지방이 필요하다. 몸의 근육과 털, 뼈 등을 합성해야 하기 때문에 단백질과 지방 함유가 높은 열량의 음식이 적합하다. 또한 젖을 끊고 난 뒤의 어린 고양이는 장내의 유당분해효소가 줄어들어 우유를 먹이면 설사 증상이 나타난다. 유당뿐만 아니라 탄수화물류도 지나치게 많이 주면 안 되는데 많은 양의 탄수화물을 소화하거나 흡수하지 못하기 때문이다.

성장기의 어린 고양이가 6개월 정도 자라면 중성화 수술을 계획해야 한다. 또한 중성화 수술을 한 고양이는 반드시 음식량을 주의해야 한다. 중성화 수술 뒤에는 하루 필요 열량이 20% 정도 낮아지기 때문이다. 만약 이 무렵에 예전처럼 고열량의 음식을 먹이면 비만이 되기 쉽다. 고양이는 보통 10개월쯤 되면 성녀기의 체중에 이른다. 이때, 어린 고양이의 음식을 어른 고양이의 음식으로 바꿔줘야 체중을 조절하기 쉽다.

어른 고양이

어른 고양이는 성장 발달이 이미 성숙
단계에 이르러 더 이상 성장기처럼 고
열량이 필요하지 않다. 이 단계의 고
양이가 섭취하는 음식물은 주로 건강
유지와 질병을 예방하는 데 초점을
맞춘다.

음식은 건식이나 습식 모두 각각의 장
단점이 있으므로 고양이의 기호에 따
라 선택하는 것이 좋다. 하지만 건식

어른 고양이의 음식물은 주로 건강 유지와 질병을 예방하는 데
초점을 맞춘다.

사료에는 탄수화물의 함량이 높은 편이라 고양이가 아무 때나 식사를 하는 습관이 있다
면 비만이 되지 않도록 주의해야 한다. 또한 음식량도 고양이의 체중에 영향을 줄 수 있기
에 적당한 양을 섭취해야 한다.

나이 든 고양이(노령묘)

고양이는 몇 살이 돼야 나이 든 고양이라고 할 수 있을까? 대부분의 사람들은 고양이가
7~8세가 되면 노년기에 들어선다고 생각한다. 하지만 실제로 체지방과 근육 감소를 포함한
고양이의 신체대사와 소화 흡수는 11세가 넘어야 변화가 생긴다.

열량과 단백질, 지방 함량이 높으면서도 소화와 흡수가 잘
되는 음식이 나이 든 고양이에게 적합하다.

나이 든 고양이는 단백질과 지방의 섭취가 부족하면 근육감소증에 걸릴 수 있으며, 사망의 위험성도 높아진다. 또한 이런 소화 흡수 기능의 약화는 다른 비타민과 무기질의 결핍을 불러올 수 있다. 그렇기 때문에 나이 든 고양이는 단백질과 지방을 어른 고양이보다 더 많이 섭취해야 한다.

나이 든 고양이에게는 열량과 단백질, 지방 함량이 높으면서도 소화와 흡수가 잘되는 음식이 적합하다. 다만 이미 비만인 나이 든 고양이의 경우 이런 식단이 어울리지 않다. 나이 든 고양이의 체중이 지나치게 무거우면 관절질환과 다른 노년 질환(당뇨 등)에 걸릴 가능성이 높아진다. 또한 신장질환이 없는 나이 든 고양이라면 음식이나 섭취 면에서 단백질의 함량을 제한할 필요가 없다. 영양불량과 체중 감소가 고양이의 몸에 미치는 악영향이 더 크기 때문이다.

임신이나 수유 중인 어미 고양이

암컷 고양이가 임신했을 경우 자신뿐만 아니라 태아의 성장도 신경 써야 하기 때문에 고열량이 필요하다. 이 시기의 고양이는 많은 양의 단백질과 풍부한 필수 지방산을 섭취해야 한다.

하지만 암컷 고양이는 체중이 지나치게 많이 나가거나 적게 나가지 않도록 주의해야 한다. 이를테면 영양불량인 암컷 고양이는 임신이 어려우며, 새끼를

임신과 수유 중인 어미 고양이의 식사는 자신에게 필요한 열량을 유지할뿐만 아니라 태아의 성장에도 신경 써야 한다.

낳더라도 저체중이거나 기형일 수 있다. 반면 비만인 암컷 고양이가 임신을 하면 사산死産을 하거나 제왕절개 수술을 할 가능성이 높다. 그러므로 이 단계의 암컷 고양이는 체중 관리에 매우 주의해야 한다.

임신하거나 수유 중인 고양이의 식사는 대부분 성장기의 어린 고양이가 섭취하는 양만큼 주는 것이 좋다. 뿐만 아니라 임신한 고양이는 성년기보다 20~50%의 열량이 더 필요하다. 그러므로 성장기에 있는 어린 고양이의 열량 요구량을 섭취하게 해야 한다. 특히 수유기의 고양이는 모든 연령 중 가장 높은 열량 요구량을 필요로 한다. 충분한 영양과 열량이 있어

야 새끼 고양이를 건강하게 키울 수 있기 때문이다.

여기서 중요한 점은 태아의 발육과 젖을 먹는 새끼 고양이의 성장에 필요한 동물단백질의 필수 아미노산과 지방산을 섭취해야 한다는 것이다. 그러므로 어미 고양이의 식단은 절대로 채식 위주로 구성해선 안 된다. 그럴 경우 새끼 고양이가 자칫 영양불량의 위험에 빠질 수도 있다. 고양이에게 적절한 영양소가 배분된 식단은 매우 중요하다. 어느 단계에 있든 고양이는 반드시 영양이 적절하고 균형 잡힌 음식을 먹어야 건강하게 생활할 수 있다.

PART

4

고양이 진료
야옹아, 병원 가자!

Ⓐ 병원에서의 삼각관계

고양이가 아플 때 수의사와 고양이의 관계가 형성되는데 수의사와 당신, 고양이가 원만한 관계를 유지해야 모두 함께 웃을 수 있다. 지금부터 이 관계에 대해 이야기해보자.

수의사와 당신, 고양이 사이에 원만한 관계를 유지해야 고양이의 건강에 도움이 된다.

수의사

대부분의 수의사는 전문적인 훈련을 받고 풍부한 경험을 쌓았으므로 충분히 믿고 따를 만하다. 다만 고양이를 동물병원에 데려가기 전 해당 질병의 전문가가 있는지 미리 확인해 두면 서로에게 편하다. 그러기 위해 인터넷이나 매체, 고양이를 키우는 친구 등을 통해 몇 곳을 선정한 다음 먼저 전화로 상담하거나 직접 방문해 동물병원과 수의사에 대해 알아보는 것이 좋다.

고양이를 잘 아는 수의사라고 해서 만능은 아니지만 고양잇과 질병에 대해 전반적으로 인지하고 이해하고 있는 것만은 분명하다. 간혹 특수한 사례를 접하게 됐을 때 수의사가 다른 전문병원이나 수의사에게 진료 받기를 권하기도 하는데, 이는 그 수의사의 실력이 부족해서라기보다는 전문성을 존중하고, 고양이의 생명을 위하기 때문이다.

애묘인

지금 이 책을 보고 있는 당신의 태도에 따라 고양이의 삶과 죽음이 결정될 수도 있다. 사람은 누구나 같을 수 없으며 저마다 개성과 교양, 대화하는 방식이 다른데, 어쨌든 당신이 고양이와 병원에 진료를 받으러 온 것은 수의사에게 도움을 구하기 위해서임을 잊어서는 안된다. 그러므로 일단 병원을 선택했다면 신뢰하는 마음으로 수의사의 치료 방식을 존중해야 한다. 의문이 있거나 수의사의 진단에 동의하지 않는다 해도 그 자리에서 수의사의 전문적 지식과 자존심을 짓밟는 행동을 해서는 안 된다. 어찌됐든 수의사는 수의학 분야에서 훈련을 받은 사람으로, 당신이 인터넷을 통해 본 몇 줄의 문장보다 훨씬 많은 지식을 알고 있기 때문이다.

의료에는 다양한 방식이 있으며 수의사는 고양이의 상태에 따라 최적의 방식을 선택한다. 그런데 당신이 신뢰하지 못하겠다는 태도를 보이거나 돈 쓰기를 아까워하면 수의사는 최소한의 치료 방법만을 선택할 수밖에 없다. 그럴 경우 가장 효율적인 치료를 받을 기회를 놓칠 수도 있다.

또한 어떤 애묘인들은 진찰을 기다릴 때 고양이를 밖으로 끄집어내거나 이동 가방에 넣은 채 다른 고양이들과 인사를 시킨다. 이런 행동은 고양이에게 불안감을 조성해 막상 검사를 시작하면 수의사의 말을 잘 듣지 않는 부작용을 낳기도 한다.

고양이

고양이의 성질은 누구보다 당신이 정확히 알고 있다. 그러므로 수의사에게 이런 사항을 알려주면 수의사가 당신의 말에 따라 검사 방식과 세부 사항 등을 정할 수 있다. 간혹 진찰할 때 수의사가 지나치다 싶을 정도로 고양이를 세게 붙잡고 있는 경우가 있다. 다소 잔인하고 불편해 보여도 이는 수의사뿐만 아니라 당신과 고양이를 보호하기 위한 조치다. 간단하게 진찰만 하려다 수의사나 당신, 고양이 모두 상처투성이가 될 수 있기 때문이다.

또한 고양이도 사람처럼 성질이 있기에 평소 순하다고 해서 안심할 수 있는 것은 아니다. 언제든 안면을 바꾸고 화를 낼 수 있기 때문이다. 고양이가 화를 내거나 성질을 부린다고 꼭 수의사가 거칠게 다뤘다든지 기술이 부족해서 그런 것은 아니다. 그저 잠깐의 감정적 반응일 뿐이니 수의사가 고양이를 다룰 줄 모른다고 무시해선 안 된다.

동물병원에 온 고양이 대부분은 매우 놀라고 당황하기 때문에 갑작스러운 소리나 행동에도 크게 긴장해 사람들에게 공격적으로 변하기도 한다. 그러므로 병원이 시끄러워 제대로 진료하기 어렵더라도 수의사는 천천히 부드럽게 진찰해 외부의 영향을 받지 않도록 해야 한다. 또한 고양이에게 잘 협조하고 있다고 칭찬하면서 따뜻한 말로 안심시키는 것이 중요하다.

Ⓑ 진료 전 준비

고양이를 데리고 동물병원에 가기 전 보호자가 점검해야 할 것들이 있다. 고양이의 어느 부위에 어떤 증상이 나타나는가? 증상이 복잡하고 다양하다면 미리 고양이의 증상을 기록하는 것도 동물병원에서 진료 과정이 원활하게 이뤄지고 시간을 낭비하지 않는 한 방법이다. 또한 고양이의 총체적인 증상을 빠짐없이 설명하면 수의사가 검사할 항목이나 진단 과정을 꼼꼼하게 결정할 수 있다.

증상 ▰▰▰

관찰된 모든 이상한 모습은 일종의 증상이라 할 수 있다. 고양이에게 어떤 차이가 있는지를 알려면 평소 세심하게 관찰하고 기록해놓는 것이 중요하다. 기록이 자세할수록 수의사의 진단에도 도움이 된다. 간혹 고양이가 이상한 행동을 하는데, 그 모습이 항상 나타나는 것이 아니라면 동영상으로 촬영해놓는 것이 좋다. 막상 병원에 도착하면 그런 모습을 보이지 않는 고양이가 많기 때문이다. 게다가 당신은 전문적으로 수의학을 공부한 적이 없기에 그런 증상에 대해 정확히 설명하기 어려울 수 있다.

병의 흔적 보관 ▰▰▰

고양이의 몸 어딘가에 평소와 다른 분비물이나 배설물이 있을 경우 일단 모두 수집하는 것이 좋다. 정상적이지 않은 오줌과 분변, 토사물, 정체를 알 수 없는 분비물과 액체 등이 이런 수집 대상에 포함된다. 특히 몸에 이상 분비물이 묻은 경우 그 상태로 유지하는 것이 좋다. 어떤 보호자는 급한 마음에 고양이에게 묻은 분비물을 깨끗이 닦아내는데 그럴 경우 수의사가 증상을 제대로 추측하기 어려울 수 있다. 이를테면 고양이가 피부병에 걸린 게 아닌지 의심된다면 동물병원에 데려가기 전 미리 목욕을 시키면 안 된다. 목욕으로 피부에 있던 병소나 증상이 없어질 수 있기 때문이다.

이동 가방

어떤 질병을 치료할 때는 마취가 필요하기도 한데 마취에서 회복되는 과정에서 고양이가 흥분하기도 한다. 평소 온순했다 해도 과도한 긴장으로 도망가려 하거나 공격적인 행동을 할 수 있다. 어떤 보호자는 자기 고양이는 순하다며 직접 안고 차를 타거나 걸어오기도 하는데 이는 큰 착각일 수 있다. 순간적으로 고양이가 도망가거나 위험에 빠지지 않도록 이동 가방을 이용하는 것이 좋다.

수건

진찰할 때 고양이를 제압할 수 있는 도구로는 큰 목욕 수건이 좋다. 예를 들어 진료대에 수건을 깔아주면 고양이가 바닥의 냉기로부터 차단되어 조금이나마 긴장을 풀 수 있다.

예방접종 수첩 혹은 건강 기록

초진을 받는 고양이에게 이는 매우 유용한 자료다. 수의사는 이를 통해 고양이의 예방접종 기록과 과거 병력, 전염병 검사 등을 확인하는 데 큰 도움이 된다. 또한 고양이가 어떤 약에 과민 반응을 보이는지, 과거 어떤 심각한 질병을 앓았는지, 고양이의 선천적 결점이 무엇인지 등을 기록한 것을 진료 전 수의사에게 알리면 불필요한 약물 사용이나 검사를 하지 않아도 된다.

현금과 서류

동물병원에서 필요한 비용은 종종 보호자의 예상을 뛰어넘을 수 있으니 현금을 좀더 넉넉히 준비하는 것이 좋다. 또한 고양이가 입원해서 관찰이나 치료가 필요한 경우 병원은 보증금이나 등록 관련 서류를 요구하기도 한다. 동물병원에 동물이 버려지는 경우가 적지 않기 때문이다. 그러니 고양이를 입원시킬 때는 병원의 규정을 이해하고 협조해야 한다.

전화 확인　▦

병원에 가기 전 먼저 전화로 진료 시간이나 수의사의 일정 등을 확인하고 예약하는 것이 좋다. 수의사의 신뢰성이라든지, 전문성, 진료 예약 시간, 정기적 휴일이나 휴식 시간 등을 확인하지 않으면 헛걸음을 할 수 있다. 또한 수의사에게 다른 업무가 있거나 휴업해서 진찰을 제때 받지 못하는 경우도 있다. 치료할 수 있는 골든타임을 놓치면 고양이에게 큰 위험이 될 수도 있으니 진찰을 받기 전에 반드시 전화로 미리 확인해보자.

신중한 병원 선택　▦

진찰을 받기 전에 먼저 동물병원과 관련된 자료를 모아 그 병원의 특기 사항이나 진료 시간, 병원 환경에 대한 평가, 수의사의 진료 태도와 의술, 도덕성 등을 확인하는 것이 좋다.

ⓒ 예방접종

치료보다 예방이 더 중요하다는 것은 누구나 다 아는 상식이다. 하지만 당신 곁에 있는 고양이는 언제 예방접종을 했는가? 혹시 당신이 소홀히 하지는 않았나? 잘못된 정보로 예방접종에 대해 오해하고 있지는 않은가? 어떤 동물이든 흔히 보는 전염성 질병에 걸릴 수 있으며, 이로 인해 생존 경쟁에서 도태될 수도 있다. 그래서 많은 과학자들이 질병 감염을 예방할 수 있는 백신 개발 연구에 매진하고 있다. 사실 예방은 질병 감염을 억제하는 가장 훌륭한 수단으로 고양이가 질병으로 아프거나 사망하는 위험을 막아준다. 다음에 소개하는 내용은 흔히 볼 수 있는 예방접종에 관한 설명이다.

고양이 5종 백신

고양이 5종 백신은 고양이가 가장 흔하게 걸릴 수 있는 다섯 가지 전염병을 예방할 수 있는 백신이다. 상부 호흡기 감염의 원인균들인 헤르페스바이러스, 칼리시바이러스, 클라미디아와 전염성 장염인 고양이 범백혈구 감소증, 약으로 치료가 어려운 고양이 백혈병이 그 다섯 가지 전염병이다. 이 중 고양이 상부 호흡기 감염에 걸리면 어린 고양이의 경우 결막염과 비염, 설염, 구강궤양이 나타나는데 상태가 심각하면 폐렴에 걸려 죽을 수 있다. 어른 고양이가 예방접종을 하지 않은 상태에서 감염되면 증상이 더 위중해 침이 흐르고 호흡이 어려워지며 식욕이 사라진다. 또한 고양이 범백혈구 감소증에 걸리면 구토와 설사, 발열, 식욕 감퇴, 탈수가 동반된 심한 위장염에 시달리면서 결국 사망에 이를 수도 있다.

광견병 예방접종

매우 중요한 법정 전염병으로 매년 1회씩 예방접종하도록 규정하고 있다. 접종을 하지 않을 경우 법적인 처벌을 받을 수 있다. 지방자치단체의 보조로 접종할 수 있으니 시기를 놓치지 말자. 사랑하는 고양이에게 정기적으로 광견병 예방접종을 하는 것은 광견병의 확산을 방지하는 효과적인 방법이다.

고양이 3종 백신

고양이 3종 백신은 클라미디아, 고양이 백혈병을 제외한 고양이 전염성 비기관지염*, 범백혈구 감소증, 칼리시바이러스를 예방하는 주사다. 5종과 3종 가운데 어떤 백신을 접종하는 것이 더 좋은지 정해진 답은 없다. 최근 5종 백신을 맞은 뒤 주사 부위에 부종이 생긴다는 말 때문에 일부 보호사들은 3종 백신을 선택하는 경우가 많아졌다. 다민 3종 백신에는 고양이 백혈병 백신이 포함되어 있지 않은데, 사실 이 질환은 고양이가 흔하게 걸릴 수 있는 전염병이다. 그러니 3종 백신만 접종한 고양이라면 유전자 재조합 백혈병 백신을 3년에 1회씩 추가 접종하는 것이 좋다.

● Feline Viral Rhinotracheitis, FVR, 헤르페스바이러스가 바로 발병 원인이다.

전염성 복막염 예방접종

전염성 복막염은 치사율이 가장 높은 전염병으로 발작성 발열, 식욕부진, 복부 팽만이나 복부 안 덩어리, 흉수胸水, 호흡곤란이 나타나며 척추의 근육이 점차 줄어든다. 심하면 만성 설사와 구토 증세를 보이며 일단 발병하면 생존 가능성이 매우 낮다. 전염성 복막염의 원인은 정확히 규명되지 않았는데 대다수 학자는 장 속 코로나바이러스가 돌연변이를 일으켜 감염되는 것이라 생각하고 있다.

따라서 고양이가 코로나바이러스에 감염되면 백신을 접종해도 체외가 아닌 체내에 존재하는 코로나바이러스는 억제할 방법이 없다. 단, 예방접종을 하기 전 코로나바이러스 항체 검사를 받는 것을 추천한다. 결과가 음성이면 접종할 경우 보호 효과가 있지만 양성일 때는 접종해도 효과가 분명하지 않다. 그렇다고 해서 특별한 부작용이 있는 것은 아니니 보호자와 수의사가 접종 여부를 결정하면 된다.

고양이 예방접종의 종류

	3종 백신	5종 백신	단일 백신
고양이 범백혈구 감소증	○	○	
고양이 전염성 비기관지염	○	○	
칼리시바이러스	○	○	
클라미디아 폐렴		○	
고양이 백혈병		○	○
광견병			○
고양이 전염성 복막염			○

고양이 예방접종 과정표

연령	3종 백신 검사 항목	5종 백신 검사 항목
2개월	고양이 면역결핍 바이러스/백혈병 검사 3종 백신(1) 유전자 재조합 백혈병(1)	고양이 면역결핍 바이러스/백혈병 검사 5종 백신(1)
3개월	3종 백신(2) 유전자 재조합 백혈병(2)	5종 백신(2) 광견병
4개월	3종 백신(3) 코로나바이러스 검사 전염성 복막염 백신(1)	코로나바이러스 검사 전염성 복막염 백신(1)
5개월	전염성 복막염 백신(2) 광견병	전염성 복막염 백신(2)
	주의 사항: 1년 뒤 매년 정기적으로 3종 백신, 광견병 및 전염성 복막염 백신을 접종한다. 유전자 재조합 백혈병 백신은 3년에 1회씩 접종한다.	주의 사항: 1년 뒤 매년 정기적으로 5종 백신, 광견병 및 전염성 복막염 백신을 접종한다.

접종 계획

아직 어린 고양이들은 어른 고양이에 비해 저
항력이 낮아 쉽게 병원체에 감염돼 병에 걸
리며 심각할 경우 사망하기도 한다. 고양이가
막 대이났을 때 어미 고양이의 초유를 먹으
면 그 안의 면역항체가 새끼 고양이의 체내에
저항력을 형성해 질병 감염 위험도가 낮아진
다. 이렇게 초유에 들어 있는 항체를 이행항체

고양이의 예방주사는 대퇴부(넓적다리)에 맞는다.

maternal antibody, 移行抗體라고 하는데 이 항체는
고양이의 출생 50일 이후부터 서서히 줄어든다. 생후 2개월쯤 예방접종을 하기 시작해 고
양이의 저항력을 지속적으로 보호해줘야 한다.

예방접종은 몇 번 해야 하나?

기본 예방접종은 고양이가 처음 항원과 접촉했을 때(예방 백신 안의 바이러스) 몸에서 특
수한 항체를 만들어내 대항하기 시작한다. 하지만 최초로 생겨난 항체는 그 항체역가*가
낮은 편이며, 시간이 길어지면 몸의 면역체계가 점차 항원을 잃어버린다. 그러므로 1개월 뒤
에는 반드시 2차 백신을 접종해야 하며 이때 몸은 격렬한 면역 반응을 보인다. 그렇게 생겨
난 항체역가는 높은 기준에 도달해 이후에 침입할 수 있는 병원체에 대항하게 된다.

그러나 기간이 길어지면 저항력이 서서히 약해지므로 반드시 한 차례씩 보강 접종을 통해
면역체계의 기억을 새롭게 상기시켜야 한다. 흔히 접종하는 5종 백신이나 3종 백신, 전염성
복막염 등은 모두 이런 접종 과정을 따르길 바란다. 단, 광견병의 예방접종은 1회면 충분
하다. 다시 정리하자면 흔히 추천하는 접종 과정은 다음과 같다.

고양이가 2개월이 됐을 때 1차 5종 백신(혹은 3종 백신)을 접종하고, 3개월이 됐을 때 2차
5종 백신(혹은 3종 백신) 및 광견병 백신을 접종한다. 또한 3개월 반이 됐을 때 채혈을 통
해 코로나바이러스 항체가 음성인지 확인하고 1차 전염성 복막염 백신을 접종한다. 이후
고양이가 죽기 전까지 매년 1회씩 5종 백신(혹은 3종 백신)과 광견병 및 전염성 복막염 백
신을 정기적으로 보강 접종한다.

● antibody titer, 抗體力價, 항원과 반응하여 침전 응집물을 만드는 항체의 농도

예방접종을 하면 질병에 감염되지 않을까?

질병에 대한 예방접종의 저항력은 100%가 아니다. 다만 질병 감염에 대한 저항력이 향상되는 것만은 분명하다. 고양이 백혈병이나 고양이 면역결핍 바이러스, 고양이 범백혈구 감소증 같은 어떤 질병들은 치사율이 매우 높고, 발병하고 나면 치료할 수 있는 특효약이 없다. 그러니 고양이가 건강할 때 서둘러 예방접종을 해야 질병에 감염될 수 있는 위험도를 낮출 수 있다. 또한 매년 정기적으로 보강 접종해야 고양이 몸의 저항력을 유지할 수 있다.

예방접종할 때 주의할 점

예방접종은 어디에서 할까?

예방접종을 포함한 모든 의료 행위는 합법적인 자격을 갖춘 수의사가 진행해야 한다. 출처나 성분, 효과가 분명하지 않은 백신을 반려동물 가게에서 접종하지 않도록 한다. 예방접종의 효과는 평소에는 드러나지 않다가 병원체와 접촉한 뒤에야 확인할 수 있기 때문에 수의사가 접종한 것만이 전문성을 보장할 수 있다. 그리고 예방접종 수첩에 기록해 이후 체계적으로 접종 일정을 관리하는 것이 좋다.

접종하기 전에 검사를 해야 하나?

예방접종을 한 직후에는 오히려 몸의 저항력이 떨어질 수 있으므로 접종하기 전 미리 건강 상태를 확인해야 한다. 만약 고양이가 재채기나 구토 등 부적응 현상을 보일 경우 예방접종을 권하지 않는다. 예방접종을 하기 전 수의사는 기본적인 건강검진을 해야 하는데 여기에는 청진, 문진, 시진, 촉진, 분변검사, 피모 검사 등의 항목이 포함된다. 이런 검사를 받아 고양이가 건강하다는 확인을 한 뒤 예방접종을 하는 것이 좋다. 또한 이제 막 집에 온 고양이에게는 바로 예방접종을 하지 않는 것이 좋다. 우선 고양이가 새로운 환경에 적응한 다음 동물병원에서 예방접종을 해야 환경 변화로 인한 면역력 저하를 피할 수 있다.

부작용은 없을까?

예방접종을 하면 2~3일 정도 식욕이 떨어지거나 기분이 우울해지는 등의 증상을 겪는 고양이가 적지 않다. 어떤 고양이들은 체온이 약간 올라가기도 하는데 이는 모두 가벼운 과민 증상이다. 하지만 이런 증상이 5일 이상 지속되면 수의사와 상담해야 한다. 고양이가 예방접종을 한 당일 안면에 부종이 생기거나 구토를 하고 설사를 하면 급성 과민 증상이므로 바로 병원에 가서 진찰을 받아야 한다.

예방접종은 낮에 해라?

부작용이 염려된다면 낮에 예방접종을 하는 것이 좋다. 특히 처음 예방접종을 한 어린 고양이의 경우 어떤 부적응 반응이 나타날지 알 수 없다. 이럴 경우 낮에 예방접종을 하면 충분한 시간 동안 관찰할 수 있고, 부적응 반응이 나타날 때 바로 병원에 데려갈 수 있다. 반면 병원이 문을 닫기 전인 저녁에 예방접종을 하면 한밤중에 문제가 생겨도 수의사의 도움을 받기 어려워진다.

예방접종을 한 뒤에 목욕해도 될까?

예방접종을 하고 일주일 정도는 고양이에게 자극을 주지 않는 것이 좋다. 그러므로 고양이를 데리고 외출한다든지, 미용실에 가서 목욕을 시키는 것도 삼가야 한다. 이 기간에 어린 고양이는 면역력이 저하됐다가 며칠이 지나야 서서히 상승하기 때문이다. 만약 이때 병원균과 접촉할 경우엔 고양이가 병에 걸릴 가능성이 높다.

외출하지 않는 고양이도 예방접종 해야 하나?

내 고양이는 밖에 나가지도 않는데 매년 정기적으로 예방접종을 해야 하는지 의문이 들 수 있다. 그러나 고양이는 어떻게든 집 밖을 나갈 확률이 높다. 일단 외출을 한 경우 감염의 가능성은 언제든 있는데 굳이 위험을 감수할 필요가 있을까? 어떤 고양이는 창문을 두고

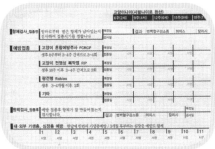

고양이 건강수첩

예방접종을 하기 전 먼저 고양이에 대한
기본 검사를 해야 한다.

지나는 유기묘와 인사를 하기도 하는데 이 역시 감염의 가능성이 있다. 보호자의 옷이나
손, 신발 등에도 병원균을 옮겨올 수 있다. 그러니 정기적인 예방접종을 통해 고양이를 건
강하게 키워야 한다.

※ 예방접종과 관련된 내용은 대만 실정에 기반을 둔 것으로 우리나라에선 적용되지 않는 부분이 있
  으니 참고만 하기 바란다.

Ⓓ 고양이 기본 검사

고양이도 사람처럼 정기적으로 건강검진을 받는다면 각종 질병을 조기에 발견할 수 있다. 통증이 생긴 뒤 질병의 존재를 깨달았을 땐 이미 늦는 경우가 많다. 반면 조기에 발견하면 제때 진단과 치료가 이루어질 수 있으며, 약물이나 식이요법 등의 방식으로 질병의 진행 속도를 늦추거나 낮게 할 수 있다. 행여 있을지 모를 위험을 미리 방지하는 것이다.

많은 애묘인이 길에서 데려온 유기묘나 이제 막 입양한 순종 새끼 고양이와 함께 병원을 찾아와 건강검진을 받는다. 하지만 이 건강검진이란 것도 포함하는 내용이나 비용이 제각각이라 미리 확인하지 않거나 수의사가 검사 전에 충분히 설명해주지 않으면 나중에 불필요한 분쟁이 생길 수도 있다. 그러니 건강검진을 하기 전에 미리 관련 사항이나 비용을 자세히 확인해야 한다.

일반적인 이학적 검사 ▬▬

시진(視診)

시진이란 간단히 말해 눈으로 관찰하는 것으로 고양이가 진료실에 들어온 순간부터 이동 가방에서 나오고, 보호자가 안아 체중을 재고, 진료대 위에 누울 때까지 수의사는 이미 시진을 하고 있다. 고양이의 전체적 외형이나 피모 상태, 걸음걸이, 표정, 피부색, 정신 상태, 특이한 분비물의 유무 등도 살핀다. 수의사가 전문적인 훈련을 받는 데는 상당한 기간이 필요하며 시진 역시 상당한 경험이 쌓여야 가능하다. 실제로 경험이 풍부한 수의사는 진료하는 동안에도 끊임없이 당신의 고양이를 관찰한다. 내분비샘에서 평소와 다른 분비물이 나온다면 이는 눈, 코, 귀 같은 기관들이 어느 정도 자극을 받았거나 감염으로 염증이 생겼다는 뜻이다. 만약 고양이 생식기 쪽에서 특이한 분비물이 배출된다면 자궁에 고름이 찼다든지 질에 염증이 발생한 것이다. 이상 분비물이 배출되면 고양이 털 주변에 묻게 되는데 이 역시 시진을 통해 확인할 수 있다. 그러니 진찰을 받기 전 미리 고양이를 씻

고양이 외부 눈 검사

고양이 외부 코 검사

기거나 닦으면 안 된다. 자칫 질병의 중요한 실마리를 없앨 수도 있다.

외적인 상태를 살펴보면 고양이의 영양과 수분 섭취, 정신 건강 등을 알 수 있다. 경험이 많은 수의사는 고양이의 겉모습만 봐도 질병의 위중 여부, 탈수 증상, 영양상 문제가 없는지 대강 파악할 수 있다. 이런 단서를 바탕으로 의사는 질병에 대한 첫 판단을 내리게 된다.

또한 피부와 점막mucous membrane, 粘膜의 색깔도 시진에서는 매우 중요한 부분이다. 창백한 점막은 빈혈이나 혈액 관류량이 부족하다는 뜻이며, 누런 피부는 황달이 있다는 증거다. 이는 출혈이나 용혈*, 간질환이 있을 수 있음을 의미한다. 보랏빛을 띠는 혀는 산소 포화도가 부족하다는 뜻으로 심폐 기능에 문제가 있을 수 있다. 이런 발견들을 통해 의사는 진단의 범위를 줄이고 보다 심층적인 검사를 진행할 수 있다.

● 溶血, 적혈구 속에 있는 헤모글로빈이 외부로 유출되는 현상

귀를 젖혀 과다한 분비물이
있는지 확인한다.

의사는 촉진으로 질병의 수많은
단서를 얻을 수 있다.

촉진(觸塵)

수의사는 뛰어난 손재주를 갖추고 있어야 하는데 이는 풍부한 경험과 꾸준한 연습을 통해서만 얻을 수 있다. 질병의 진단 초기, 고양이를 손으로 더듬는 것은 매우 중요하다. 경험이 많은 수의사는 촉진을 통해 뼈 관절의 질병과 표재성 종양, 체내 혹, 부은 방광, 변비로 축적된 분석糞石, 대변돌 등을 확인할 수 있다. 또한 신장의 크기나 형태, 비장脾臟, 지라의 붓기 여부도 알 수 있다.

표면적인 촉진으로 혹이 만져진다면 수의사는 혹의 경도를 비롯해 안에 액체가 있는지, 통증을 유발하는지, 뜨겁게 느껴지는지 등의 정보를 종합해 질병에 대한 1차적 판단을 내리며 좀더 심층적인 검사의 수단으로 활용한다. 혹이 비교적 부드럽고 안에 액체가 있을 경

우 주사기로 액체를 뽑아내 도말검사*를 실시한다. 또한 혹이 단단할 때는 가는 바늘로 샘플을 채취해 도말검사를 하거나 직접 수술용 칼로 잘라내기도 한다. 혹은 의료 기기로 조직 샘플 검사를 한 뒤 더욱 심층적인 절제 검사를 실시해 종양이 양성인지 악성인지를 판단한다. 고양이가 절뚝거리며 걸을 때도 의사는 촉진을 통해 통증 부위와 골절 가능성을 판단한다. 만약 뒷발을 절뚝거린다면 촉진으로도 무릎뼈 탈구인지 고관절 탈구인지 등을 1차적으로 판단하고 필요한 방사선 조영 부위와 자세를 결정할 수 있다.

복강을 세밀하게 촉진하면 질병에 대한 더 많은 단서를 찾을 수 있다. 붓고 단단한 방광은 고양이의 배뇨에 장애가 있다는 뜻이며, 단단하고 큰 분변으로 가득찬 장은 변비 가능성이 높다. 불규칙하게 비대해진 신장은 다낭신 혹은 신장 종양일 수 있고, 반대로 작게 축소되고 단단한 신장은 말기 신장병일 가능성이 높다. 중성화 수술을 하지 않은 암컷 고양이를 촉진했을 때 비대해진 내강 구조 혹은 자궁이 만져지면 자궁에 고름이 찼거나 임신을 했을 수 있다. 경험이 풍부한 수의사는 출산 20일 전에도 태아 수를 촉진으로 알아낼 수 있다.

장의 촉진으로는 분변과 이물질을 구분할 수 있으며 장 중첩의 가능성도 확인할 수 있다. 복강 안을 촉진했을 때 이상한 덩어리가 만져지면 종양이나 건식 전염성 복막염일 수 있다. 촉진으로 부은 비장을 확인했다면 종양이나 골수외조혈extramedullary hematopoiesis, 骨髓外造血, 혈액기생충, 비장 울혈** 등일 가능성이 높다.

- 塗抹檢査, 세균 검사로 슬라이드글라스에 도말하여 염색한 표본을 현미경으로 관찰하는 방법
- 鬱血, 정맥이 주위 압력으로 좁아지거나 혈액이 굳어 막히면서 장기나 조직에 혈액이 고이는 증세

청진(聽診)

소리는 진단에서 매우 중요한 역할을 한다. 특히 촉진이 어려운 흉강의 경우 더욱 그렇다. 고양이가 내는 소리를 귀로 직접 듣는 것 외에도 청진기로 활용해 심층적으로 청진한다. 이를테면 심장박동 소리나 호흡소리, 장 연동음 등을 청진으로 확인할 수 있다. 고양이가 내는 소리는 몇몇 질병과 관련이 있을 수 있다. 또한 호흡기 계통, 심장, 장 등의 기능이 정상적인지 판단하는 근거가 되기도 한다. 의사가 청진을 잘 활용해도 진료할 때 큰 도움이 된다. 고양이가 직접 낼 수 있는 소리는 재채기와 기침, 천식, 통증으로 인한 큰 소리 등이다. 재채기는 코 안에 이물질이 있거나 비염에 걸렸을 때 혹은 코가 예민할 때 나타나는 증상으로 상부 호흡기 감염의 가능성이 있다. 또한 기침은 기관지가 자극을 받거나 염증이 생긴 것으로 바로 구토가 이어지면 흡인성 폐렴에 걸렸거나 인후가 위산의 자극을 받았다고 볼 수

있다. 천식으로 나는 소리는 기관지 협착, 과민성 천식, 만성 기관지염 등의 가능성이 높다. 고양이가 아파서 큰 소리를 내는 경우는 사실 매우 보기 드문데 고양이는 고통을 참아내는 힘이 매우 강하기 때문이다. 만약 고양이가 정말 극심한 통증으로 소리를 지른다면 매우 심각한 질병에 걸렸을 확률이 높다. 이를테면 비후성 심근증●으로 동맥혈전증●●이 생길 경우 하반신 마비가 올 수 있으며 매우 날카롭고 구슬픈 비명을 지른다. 하지만 고양이가 내는 소리만으로는 정확한 판단을 내리기 어려운 경우가 많다.

청진기의 사용은 제대로 된 훈련과 경험이 필요하다. 전문적인 작은 동물 심장 전문의는 심장의 잡음이 나는 부위까지 정확히 찾아낼 수 있다. 이는 심장병의 조기 발견에 매우 중요하며 심장 청진으로 정상적이지 않은 심장 소리(심장 잡음)나 심장박동을 발견했다면 실제로 심장병일 가능성이 있다. 이런 청진을 바탕으로 의사는 한 발 더 나아가 흉강 방사선 촬영과 심장 초음파검사를 권할 수 있다.

● hypertrophic cardiomyopathy, 좌심실 비후를 유발할 만한 대동맥판 협착증이나 고혈압과 같은 다른 증세 없이 좌심실 벽이 두꺼워지는 심장질환
●● Arterial thrombosis, 동맥에 혈전이 생기는 것

◀◀ 청진으로 1차 진단을 한다.
◀ 고양이의 입을 벌리면 치아를 볼 수 있을 뿐만 아니라 구강의 냄새도 맡을 수 있다.

후진(嗅診)

후진이란 코로 냄새를 맡아 진단할 자료를 수집하는 것이다. 고양이는 질병에 걸렸을 때 몸에서 정상적이지 않은 냄새를 풍긴다. 이를테면 지루성 피부염seborrheic dermatitis이나 요독증 uremia, 당뇨 등의 질병은 특정한 냄새가 있어 후진만 해도 1차적인 판단을 내릴 수 있다.

고양이의 신장 기능이 쇠약해지거나 요독증에 걸리면 입에서 암모니아 냄새가 난다. 또한 당뇨에 걸린 고양이가 당뇨성 케톤산증Diabetic ketoacidosis, 당뇨의 급성 합병증까지 걸리면 입에서 케톤 냄새가 난다. 뿐만 아니라 고양이가 치주질환에 걸리거나 구강 염증이 생기면 구취

가 매우 심해 썩은 냄새가 나기도 한다. 반면 지루성 피부염에 걸리면 고양이의 피부에서 진한 기름 냄새가 난다.

문진(問診)

사실 문진만큼 의사에게 어려운 일은 없지만 문진은 모든 치료 과정에서 가장 중요한 부분이다. 상세한 문진을 통해 의사는 어떤 문제가 있는지를 발견할 수 있고, 진단의 범위를 줄일 수 있으며, 고양이 상태에 대해 훨씬 정확히 알 수 있다.

문진할 때 가장 두려운 상대는 뭘 물어도 잘 모르겠다고 하는 보호자다. 아무리 뛰어난 의사라 해도 고양이 보호자가 협조하지 않으면 고양이의 질병을 파악하지 못한다. 보호자가 주는 자료가 자세할수록 진찰하는 시간과 비용을 절약할 수 있다. 물론 수의사가 당신이 하는 말을 있는 그대로 듣는 것은 아니다. 많은 애묘인이 숨기거나 오해하고 있는 부분이 있기 때문이다. 수의사는 보호자의 말을 바탕으로 정리하고 분석하며 궁금한 점을 집중적으로 묻는다.

일반적인 실험실 검사

체온 검사

체온을 잴 때 보통은 수은온도계를 사용하는데 그 항문 체온계를 잘 처리해야 질병이 전염되는 것을 방지할 수 있다. 이렇게 항문으로 체온을 재면 분변도 함께 검사할 수 있다. 일반적으로 고양이의 체온은 39.5℃ 이하로, 체온을 잴 때 버둥대거나 심하게 긴장하면 40℃를 넘을 수도 있다. 임상에서 수의사가 가끔 체온이 39℃ 이상인 고양이에게 열이 난다고 하는 경우가 있는데 개에게는 맞는 말이지만 고양이에게는 아닐 수도 있으니 주의해야 한다.

고양이의 체온 검사

분변검사

보통 항문으로 체온을 잴 때 항문 체온계에 분변이 소

량 묻어나올 수 있는데 이것을 슬라이드글라스에 직접
묻혀 현미경으로 관찰하면 기생충 감염이나 특수한 세
균이 있는지 확인할 수 있다. 또한 세균이 과도하게 증식
하고 있는지, 소화에는 문제가 없는지 등도 알 수 있다.
다만 이 검사의 단점은 샘플의 양이 적을 경우 병원체가
없다는 결과가 나올 수 있다는 것인데, 질병에 감염되지
않았다고 단언할 수는 없다..

현미경으로 하는 분변검사

피모 현미경검사

이는 피부병 진료를 할 때 가장 기본이 되는 중요한 검사
로, 현미경으로 피모를 관찰했을 때 확인할 수 있는 질
병은 곰팡이, 옴, 모낭충 등이다. 수의사는 대부분 지혈
겸자로 직접 병소를 채취하거나 주변의 털을 슬라이드글
라스에 놓고 KOH 용액Potassium hydroxide, 수산화칼륨 용액을
몇 방울 떨어뜨린 뒤 커버슬립으로 덮고 현미경으로 관
찰한다. 이렇게 해도 병원균을 검출하지 못할 경우 수의
사는 생체검사용 도구로 병원病原이 되는 피부 조직을 직
접 채취하기도 하는데 대다수 애묘인은 이런 방식을 선
호하지 않는다.

검이경으로 하는 귀 안쪽 검사

검안경 · 검이경검사

특수한 검안경ophthalmoscope, 檢眼鏡이나 검이경Otoscope, 檢
耳鏡으로 눈이나 귀를 검사하는 것은 귀 진드기를 진단
하는 데 매우 큰 도움이 된다. 수의사는 검이경을 통해
움직이고 있는 기생충 등을 관찰할 수 있으며 귀 안에
이물질이나 염증, 혈종血腫, 고름 등을 확인할 수 있다. 검
안경으로는 동공의 축소와 확대를 관찰할 수 있으며 안
검과 결막, 공막, 각막, 수정체의 미세한 변화를 알아볼
수 있다.

검안경검사

Ⓔ 고양이 심층 검사

지금부터 소개할 검사들은 모두 정밀하고 값비싼 의료 기기의 보조가 필요하다. 따라서 검사를 진행하기 전에 미리 비용을 확인해야 한다. 동물병원의 수가 많은 만큼 검사 비용도 다소 차이가 날 수 있는데 의심이 된다면 병원을 옮겨도 된다. 같은 초음파검사 기계라도 몇 백만 원에서 1억 원이 넘는 것도 있기에 검사 비용은 차이가 날 수밖에 없다. 따라서 검사하기 전 미리 이런 상황을 정확히 파악해야 불필요한 의료 분쟁을 줄일 수 있다. 심층적인 건강 검사는 만 1세 이후 매년 1회씩 실시할 것을 권한다. 또한 의사는 마취가 진행되기 전에 고양이의 상태에 따라 필요한 검사 항목을 판단해야 한다.

혈구계수기   ▬▬▬

혈구계수기●의 데이터는 적혈구, 백혈구, 혈소판을 포함하며 고양이에게 염증이나 빈혈이 없는지, 지혈 기능에 문제가 없는지 등을 확인할 수 있다. 이는 전문적인 검사를 할 때 가장 중요하고도 기초적인 부분이라 하겠다.

예전에는 사람이 직접 측정해 수치가 정확했지만 번거로웠기 때문에 현재는 전자동 의료 기기를 활용한다. 고양이의 혈구는 사람의 것과 약간 차이가 있어 사람에게 쓰는 혈구계수기를 사용하면 수치상의 오차가 발생한다. 따라서 당신의 고양이가 사람에게 쓰는 혈구계수기로 검사를 받을 경우 수치상의 정확도가 떨어질 수 있다. 검사 비용이 다소 고가더라도 정확한 측정을 위해 수의사들이 사용하는 의료 기기를 사용하도록 하자.

● hemacytometer, 血球計數器, 혈구 수 또는 그 밖의 입자 수를 측정하는 계량기

혈청생화학검사   ▬▬▬

대다수 동물의 혈청생화학검사는 사람을 위한 의료 기기를 사용한다. 이 검사를 통해 고양이의 간 기능과 신장 기능, 췌장 기능, 콜레스테롤, 트라이글리세라이드triglyceride, 중성지방, 요산 등을 검사할 수 있다. 일단 고양이에게 심각한 증세가 나타났다든지 병세가 깊다면 수의사는 혈구계수기로 혈구 수를 측정하고 혈청생화학검사를 할 것을 권한다. 이 두 가지는 임상 진료에서 가장 기본이 되는 검사다. 혈청생화학검사는 항목이 매우 다양한데

고양이의 피를 뽑아 혈액검사를 한다.

일반적으로 병원에선 몇몇 항목을 선택해 통상적인 검사를 하거나 일반적인 검사에서 발견되는 이상 증세를 바탕으로 검사 항목을 선택한다.

ALT(GPT)

ALTalanine aminotransferase, 알라닌아미노 전이효소는 대부분 간세포 안에 존재한다. 고양이의 간에서는 매일 일정량의 간세포가 재생되는데, 이는 간세포가 일정 부분 파괴되고 새로 만들어지는 일이 반복되고 있다는 뜻이다. 이 과정에서 ALT의 효소가 혈액순환에 의해 방출된다. 고양이의 정상적인 ALT는 20~107이다. 만약 수치가 107을 넘는다면 간이 어느 정도 손상됐다는 증거로 간세포의 손실이 정상적인 범위를 넘어선 것이다. 하지만 수치가 높다고 해서 곧바로 간 기능장애나 간 기능부족이라고 판단하지는 않는다. 이땐 영상학적 진단과 샘플 추출을 통한 병리조직검사가 이뤄져야 할 것이다. 만약 고양이가 간경화에 걸렸다면 이미 간세포가 부족하다는 것으로 이때 ALT는 정상적인 수치로 돌아온다. 따라서 수치에 근거한 판단은 믿을 만한 수의사의 전문적인 영역이라 할 수 있다.

AST(GOT)

ASTaspartate aminotransferase, 아스파르테이트아미노 전이효소는 주로 간세포와 근육세포에 존재한다. 정상적인 수치는 6~44 정도인데 만약 근육이나 간이 상처를 입으면 이 수치가 빠르게 상승한다.

BUN

이는 혈중요소질소Blood urea nitrogen, BUN라고도 한다. 몸속에 들어온 단백질은 간을 거쳐 질소 함유 화합물이 되는데 이것이 바로 혈중요소질소다. 혈중요소질소는 혈액과 함께 순환하다 신장에서 배설한다. 신장 기능에 문제가 생기면 BUN은 혈액순환 중에 대량으로 축적된다. 이런 질소 함유 화합물은 신체 조직에 유해하기에 BUN 수치가 상승하면 신장 기능장애로 판정한다. 혈액 속의 BUN이 상승하는 것을 질소혈증azotemia, 窒素血症이라고도 하는데, 여기에 구토 같은 합병증이 오면 이를 요독이라고 한다. BUN의 정상적인 수치는 15~29 정도다. 만약 BUN이 지나치게 낮다면 이 역시 기뻐할 일은 아니다. BUN은 간을 거쳐 진환된 것이기에 수치기 지나치게 낮다면 간 기능장애일 수 있다.

크레아티닌

크레아티닌Creatinine은 신장을 통해 배설되는 일종의 대사 폐기물로 신사구체 여과율과 관련이 있다. 그 때문에 크레아티닌으로 신장 기능이 좋은지 나쁜지를 확인할 수 있다. 일반적으로 신장에 문제가 생기면 BUN은 눈에 띄게 상승하지만 크레아티닌은 천천히 상승한다. 반대로 신기능 부전을 회복시키고자 수액 치료를 하면 BUN은 빠르게 하강하는 반면 크레아티닌은 완만하게 하강한다. 그래서 어떤 이들은, BUN 수치 감소는 수액 치료의 효과를, 크레아티닌 수치 감소는 신장 기능 단위의 실질적 개선을 의미하다고 보기도 한다.

리파아제

이는 일종의 지방분해효소로 주로 췌장 세포에 존재한다. 혈액 속의 리파아제Lipase가 상승하면 췌장 세포가 손상됐을 가능성이 높다. 리파아제의 췌장 특이성은 아밀라아제amylase보다 높아 정상적인 수치는 10~195 IU/L 정도다. 이 수치가 많이 올라가면 췌장이 어느 정도 손상됐다고 판단한다.

글루코오스

글루코오스Glucose는 사람들에게도 익숙한 혈당을 말하며 정상적인 수치는 75~199 정도다. 혈당이 지나치게 낮을 경우 저혈당이 되며 250이 넘을 경우 당뇨일 가능성이 있다.

TBIL

총빌리루빈total bilirubin이라고도 하며, 혈액 속 빌리루빈®은 나이 많은 고양이의 파괴된 적혈구에서 만들어진다. 이것은 간에서 만들어져 담즙으로 배출되는데 일단 간 기능이 심각하게 훼손되면 빌리루빈이 혈액 속에 쌓여 조직 안을 노랗게 물들이는데 이를 흔히 황달이라고 한다. 하지만 빌리루빈만으로 간 기능을 평가하는 검사를 할 순 없으며 대신 간질환의 심각한 정도를 가늠하는 지표로 삼을 수 있다. 간 기능 검사 항목으론 보통 담즙산과 암모니아 수치가 활용된다.

● bilirubin, 헤모글로빈이 분해되어 생기는 쓸개즙 색소의 하나

알칼리성 인산분해효소(ALKP·AP·ALP)

주로 간세포와 담도의 상피세포에서 만들어진다. 간담질환으로 담즙 배출에 문제가 생기면 혈액 속 알칼리성 인산분해효소 농도가 높아진다. 고양이는 알칼리성 인산분해효소의 반감기가 매우 짧아 어느 정도이든 수치가 상승하는 것만으로도 저마다 임상적 의미가 있다. 다만 성장기의 아기 고양이는 조골세포가 매우 많은 알칼리성 인산분해효소를 만들어내기 때문에 그 정상 수치도 꽤 높은 편이다.

혈청담즙산(SBA, Serum Bile Acid)

이 수치는 간 기능 검사에 가장 유용하게 쓸 수 있는 항목이다. 정상적인 상황에서 혈청 속 담즙산은 농도가 매우 낮은데 이는 장간순환腸肝循環이 아주 효과적으로 담즙산의 재흡수와 재이용을 진행하기 때문이다. 다만 식사를 마치고 난 뒤에는 담낭이 수축되면서 많은 양의 담즙이 장 속으로 들어가 담즙산의 농도도 눈에 띄게 올라간다. 하지만 앞서 언급한 효과적인 재흡수 작용으로 담즙산 대부분은 간세포에 흡수되며, 극히 일부가 빠져나가 체순환을 함께 한다. 그러므로 혈청 속 담즙산 수치는 아주 살짝 잠시 동안 올라갈 뿐이다. 아무것도 먹지 않을 때 농도의 2~3배 정도라고 할 수 있다. 보통 눈에 띄게 간 기능장애나 담도 폐쇄, 간문맥 단락이 생기면 혈청 속 담즙산 농도가 올라가게 되며, 식사 뒤에는 수치의 변화가 더욱 또렷해진다.

암모니아(NH3)

체내의 단백질대사 산물 가운데 가장 독성이 높은 물질이다. 간 기능이 정상일 때는 혈액 속 암모니아가 BUN이라고도 부르는 독성이 없는 혈중요소질소로 전환돼 신장을 통해 배설된다. 하지만 간 기능이 심각하게 손상되거나 간문맥 단락이 생기면 혈중 암모니아의 농도가 올라갈 뿐만 아니라 뇌전증 즉, 간성뇌증 같은 심각한 신경질환이 나타날 수도 있다.

대칭 디메틸 아르기닌(SDMA)

단백질이 분해된 뒤의 산물로 혈액순환 중 신장을 통해 배설된다. SDMA 검사는 간 기능

을 확인하는 새로운 지표로 활용되고 있는데 다른 검사들보다 좀더 빨리 신장질환을 발견할 수 있다. 이를테면 혈액 속 SDMA 농도는 신장 기능이 40%만 손상이 되도 오르지만 크레아티닌 농도는 간 기능이 75% 손상돼야 그 수치가 오른다. 그러므로 SDMA 검사를 할 경우 보다 빨리 신장질환을 찾아낼 수 있다.

칼륨이온(K+)

고양이의 몸에 꼭 필요한 원소로, 대개 육류를 섭취하면서 얻는다. 칼륨이온은 세포 안에서 삼투압을 유지하는 주요 이온이자 신경전달물질 분비와 근육 수축에 있어 없어서는 안될 이온이다. 따라서 고양이에게 칼륨이온이 부족하면 지나치게 잠을 많이 잔다든지, 우울해하거나 근육이 무력해지는 등의 증상이 나타날 수 있다. 특히 고양이가 계속 목을 제대로 가누지 못한 채 고개를 숙이고 있다면 저칼륨혈증이 아닌지 의심해봐야 한다. 혈액 속의 칼륨이온은 신장에서 재흡수되고 배출되는데 그중에서도 칼륨이온의 배출은 비교적 중요한 역할을 맡고 있다.

예를 들어 무뇨나 과뇨 같은 급성 신장 손상과 요도폐쇄가 일어나면 소변이 배출되지 못해 칼륨이온도 몸 밖으로 배출될 수 없게 된다. 이럴 경우 심각한 고칼륨혈증이 발생해 근육 마비와 부정맥이 생길 수 있다. 하지만 고양이가 만성 신장질환을 갖고 있을 때는 소변이 농축될 수 없어 소변 양이 크게 늘어나며(다뇨), 많은 칼륨이온이 소변과 함께 몸 밖으로 배출돼 저칼륨혈증을 일으키기도 한다. 고양이의 정상적인 칼륨이온 수치는 $3.5{\sim}5.1mEq/L(3.5{\sim}5.1mmol/L)$이다.

인산염(Phospate, P, Phos)

고양이의 몸에 꼭 필요한 광물질 영양소로, 본래 인은 자연계에 폭넓게 분포돼 있어 결핍이 일어나는 경우가 드물다. 육식에도 풍부한 인이 포함돼 있어 고단백질의 음식일수록 인의 함유량이 높다. 인은 주로 세포의 구성물질을 만들거나 생리활성을 조절하고, 에너지대사에 참여하는 등의 기능을 맡고 있다. 따라서 인이 결핍되면 성장이 느려지고, 세포의 칼륨이온과 마그네슘 이온 손실이 늘어나 세포 기능에 영향을 미친다. 뿐만 아니라 인이 부족하면 심각한 저인산혈증으로 용혈과 호흡부전, 신경증, 저칼륨혈증, 저마그네슘혈증 등이 생길 수 있다.

또한 신장질환이 있으면 인산염이 소변을 따라 몸 밖으로 배출될 수 없어 고인산혈증이 생길 수도 있다. 고인산혈증의 가장 큰 위험은 칼슘과 관련된 호르몬 조절에 영향을 미치거나 저칼슘혈증Hypocalcemia을 함께 일으킨다는 것이다. 저칼슘혈증은 신경의 흥분을 증가시키고, 경련이나 뇌전증(간질) 등의 현상을 일으키기 쉽다. 그런데 고인산혈증은 고칼슘혈증도 함께 일으킬 수 있다. 혈청인 수치에 혈청칼슘 수치를 곱해 60보다 크면(Phos × Ca > 60) 심근이나 횡문근, 혈관, 신장 등과 같은 연조직이 비정상적으로 석회화(칼슘화)되기 쉽다. 그중에서도 신장은 가장 손상을 입기 쉬워 신장 기능이 더 손상을 입거나 병변이 생길 수 있다.

임상에서 널리 활용되는 혈청생화학검사에서는 고양이의 혈청인 정상 수치를 3.1~7.5mg/dL로 보고 있다. 하지만 정상적인 어른 고양이의 혈청인 농도는 2.5~5.0mg/dL이 적당하다. 왜냐하면 앞서 말한 수치에는 골격 발달이 활발한 어린 고양이들의 통계도 포함되어 있기 때문이다. 그러므로 고양이의 만성 신장질환을 관리할 때는 혈청인 수치를 가능하면 4.5mg/dL 이하로 낮춰야 한다.

알부민(Albumin, ALB)

거의 모든 혈장 단백질plasma protein이 간에서 합성되며, 여기서 이뤄지는 대사의 50% 이상이 알부민을 만드는 일이다. 따라서 간 기능이나 영양이 나쁘면 저알부민혈증이 생길 수 있다. 그런데 알부민은 신장이나 장에서 빠져나가기도 한다. 이를 각각 '단백 상실성 신장질환', '단백 상실성 장질환'이라고 부른다. 또한 혈액에서 알부민의 농도가 올라가면 탈수가 일어난다.

칼슘(Calcium, Ca)

칼슘은 여러 정상적인 생리작용에 있어 핵심적인 역할을 맡고 있다. 특히 근육의 기능 유지와 신경전달이라든지 효소의 활성화, 혈액 응고, 근육 수축(골격근, 평활근, 심근 포함) 등에서 없어서는 안 될 원소다. 또한 세포 안의 정보 전달과 세포의 정상적인 기능 유지에도 꼭 필요하다. 고양이의 몸에서는 위장과 신장, 골격 등 세 가지 신체기관이 칼슘이온의 일정한 유지를 맡고 있다. 그런데 만성 신장질환 말기이거나 수유와 영양이 나쁘면 저칼슘혈증에 걸릴 수 있다. 또한 만성 신장질환 초기이거나 뼈질환, 부갑상샘 기능항진증, 악성 종양 등이 있으면 고칼슘혈증에 걸리기도 한다.

기계를 이용한 검사

초음파검사

초음파검사는 제때에 신체의 조직별 구조와 상황을 관찰할 수 있는 검사다. 혈청생화학검사를 하기 전 각 기관의 이상 징후를 발견할 수 있는데 조기에 문제를 찾을 수 있는 중요한 검사다. 심장 초음파검사 비용은 상당히 비싼데, 많은 동물병원이 심장병을 진단할 수 있는 의료 기기로 고가의 초음파 기기를 선택하고 있기 때문이다.

초음파검사

X-ray 촬영

건강검진에서 심장과 폐질환과 신장과 방광결석, 척추질환, 뼈 골절, 고관절 발육부전, 기관지 협착 등을 알기 위해 가장 많이 활용하는 검사다. 촬영하는 사진 수와 부위에 따라 비용이 달라지며 특수 현상액으로 촬영할 경우 비용이 추가된다.

X-ray 촬영

내시경

내시경은 다양한 만성질환의 확진 수단으로 많이 활용된다. 이를테면 만성 비염의 경우 비강을 관찰하고 샘플을 추출할 수 있으며, 만성 구토 및 이질의 경우 위장을 관찰할 수 있다. 또한 만성 기관지질환, 흉강질환, 만성 귀질환 등의 관찰과 치료, 샘플 채취 등이 가능하다. 다만 고양이는 마취를 해야 내시경이 가능하다.

내시경

심전도검사

심전도

고양이의 심장질환이 의심될 경우 심전도검사를 통해 어느 정도 진단이 가능하다.

혈압 측정

혈압 측정은 작은 동물에겐 매우 중요한 검사 가운데 하나다. 특히 나이 든 고양이는 평소 정상적으로 보여도 혈압을 측정하면 높게 나올 때가 있는데 이럴 경우 잠복성 질병을 의심할 수 있다. 하지만 고양이는 병원에서 쉽게 긴장하기 때문에 혈압이 높게 측정될 수 있다. 이외에도 심장병이나 신장병, 당뇨, 갑상샘 기능항진증 등에 걸린 고양이도 혈압이 높은 편이다.

컴퓨터 단층촬영

이런 종류의 검사는 사람을 대상으로 하는 하는 병원에선 보편적이지만 수의사는 매우 고가의 의료 기기를 구입해야 하기에 흔하지는 않다. 하지만 최근 들어 몇몇 동물병원에서 컴퓨터 단층촬영기를 도입하고 있는데 검사 비용이 비싼 편이다.

PART

5

고양이 번식
반려묘가 새끼를 가졌어요!

Ⓐ 고양이의 번식

발정한 암컷 고양이의 자세

수컷 고양이는 발정이 나면 소변을 뿜는 행동을 한다.

성 성숙과 발정

고양이가 태어난 지 6개월이 넘어가면 흔히 말하는 성 성숙性成熟 단계에 들어서게 된다. 고양이의 여러 가지 행동과 성격의 변화는 '성性'과 관련이 있다. 하지만 이를 제대로 파악하지 못하면 고양이에게 질병이 있는 것으로 오해해 번식시킬 좋은 기회를 놓칠 수도 있다.

성 성숙

보통 단모종 집고양이는 6개월이 되면 성 성숙 단계에 이른다. 하지만 장모종이나 외국산 단모종 고양이는 성 성숙이 비교적 늦게 와 10개월 이후나 그보다 더 늦을 수도 있다. 일반적으로 혼혈종 고양이가 성 성숙이 빠른 편이다. 오랫동안 번식시키고 싶다면 암컷 고양이는 1세가 지난 이후 교미를 시키면 된다. 이렇게 하면 교배가 비교적 쉬워지고 발정도 안정적인 상태가 된다.

발정 주기

고양이는 계절성 발정 동물로 한 번 발정하면 3~7일 정도 유지된다. 보통 2주에 한 번씩 발정하는데 대부분 봄에서 가을까지 집중돼 있다. 이는 암컷 고양이의 발정과 일조日照 정도와 관련이 있기 때문인데 고양이는 일조 시간이 긴 계절에 발정한다. 그러나 집고양이는 밤에도 조명이 켜져 있어 비번식기인 겨울에도 발정할 수 있다. 다만 수컷 고양이는 기본적으로 정해진 발정 주기가 없고, 암컷 고양이가 발정했을 때 분비하는 페로몬의 자극을 받아 발정이 시작된다.

암컷 고양이가 발정하면 눈에 띄게 애교를 부리며 평소와는 다른 울음소리를 낸다. 또한 몸 앞부분은 바닥에 쭉 펴서 엎드리고, 뒷부분의 엉덩이는 허공으로 바짝 치켜들며, 뒷다리는 페달을 밟는 것처럼 밟아대고, 바닥에서 구르기를 좋아한다. 수컷 고양이가 발정하면 꼬리를 높이 치켜들고 대부분 밖으로 도망치려 하며 집의 가구나 벽 곳곳에 오줌을 뿜듯이 누는 행동을 하는데 이를 흔히 '스프레이 증상'이라고 한다.

종묘(種猫)의 선택

암컷 고양이를 번식시킬 생각이라면 반드시 적당한 종묘를 찾아야 한다. 고양이 가계의 품종을 확인하고 같은 종끼리 교배하는 것이 좋은데 일단 태어날 새끼 고양이를 입양시킬 것인지, 좋은 보호자를 찾을 수 있을지 미리 알아봐야 한다.

종묘가 되는 수컷 고양이는 보통 브리더나 인터넷을 통해 구할 수 있다. 브리더를 통할 경우 비용을 지불해야 하며 인터넷의 경우 태어난 고양이들을 나눠 줘야 할 수도 있다. 두 경우 모두 쌍방의 건강 상태를 살펴 고양이에게 고양이 면역결핍 바이러스나 고양이 백혈병은 없는지, 정기적으로 구충을 하고 예방접종을 했는지 등을 확인해야 한다. 이런 사항을 제대로 알아보지 않고 무턱대고 교배를 시킬 경우 서로 큰 피해를 입을 수 있다.

발정

암컷 고양이의 발정은 어떻게 확인할 수 있을까? 언제 교미를 시키는 것이 좋을까? 암컷 고양이는 발정 초기 평소보다 더 민감하며 몸을 바닥에 문지르거나 뒹굴고 유혹하듯 울어댄다. 하지만 장모종은 단모종 고양이처럼 처절하게 울지 않는데 오히려 매우 긴장한 듯 보이며 극도로 불안해한다. 이런 증상을 확인했다면 미리 브리더나 도움을 줄 친구에게 연락해 암컷 고양이를 교배하러 보낼 준비를 한다.

수컷 고양이는 교배할 때 암컷 고양이의 목덜미를 문다.

교배 시기

암컷 고양이를 교배하러 보냈다면 일단 암컷 고양이를 종묘가 될 수컷 고양이의 집 안 가까이에 놓는다. 암컷 고양이가 수컷 고양이에게 구애를 하면 3~4회 정도 교배를 하거나 암컷 고양이를 아예 3~4일 정도 그곳에 머물게 한 뒤 데리고 온다.

물론 모든 암컷 고양이가 교미를 받아들이는 것은 아니며 특히 환경이 비뀌면 교미를 거부하기도 하는데 서두를 필요는 없다. 어떤 암컷 고양이는 7~8일이 지나서야 환경에 적응해 수컷 고양이를 유혹한다. 또한 성격이 강한 수컷 고양이 중에는 폭력을 써서 교미를 하기도 한다. 고양이는 교미의 자극으로 배란이 일어나는 동물로, 교배하는 과정에서 수컷 고양이의 음경이 암컷 고양이의 몸에서 빠져나오면 그 자극으로 통증을 느껴 배란을 하게 된다.

교배 행동의 확인

교미가 끝난 것일까? 수컷 고양이는 삽입에 성공했을까? 이런 의문점을 풀려면 다음에 소개하는 교배 과정에서 고양이의 행동을 숙지하면 된다.

❶ 암컷 고양이는 바닥에서 뒹굴며 수컷 고양이를 유혹하고 주의를 끈다.

❷ 암컷 고양이는 몸의 앞부분을 바닥에 붙이고 등을 구부리며 엉덩이를 높이 치켜세우는 전형적인 교배 자세를 취한다.

❸ 이때 수컷 고양이는 서둘러 암컷 고양이의 목덜미 피부를 물고 그 몸 위에 올라탄다.

❹ 수컷 고양이는 삽입하기 전 계속 방향을 조정하며 뒷다리로 페달을 밟는 것처럼 밟아댄다.

❺ 수컷 고양이의 음경이 성공적으로 암컷 고양이의 질에 삽입되면 바로 사정하며, 암컷 고양이가 날카로운 소리로 울어댄다.

❻ 수컷 고양이와 암컷 고양이는 신속하게 떨어지는데, 이때 수컷 고양이가 재빨리 숨지 않으면 암컷 고양이의 공격을 받을 수도 있다. 수컷 고양이는 어느 정도 떨어진 거리에서 순진무구한 표정을 짓고 있으며 언제든 떠날 자세를 취한다.

❼ 암컷 고양이는 수컷 고양이를 공격한 뒤 바닥에서 구르고 문지르며 기지개를 켜는 등 편안한 모습을 보인다.

❽ 암컷 고양이는 한쪽 뒷다리를 높이 치켜들고 외생식기를 핥기 시작한다.

❾ 위에서 언급한 행동들은 5~10분 뒤 다시 이뤄지며 여러 번 반복될 수도 있다.

임신 ▩▩▩

암컷 고양이의 임신 기간은 56~71일 정도며 평균 65일이다. 매번 임신할 수 있는 평균적인 태아의 수는 3.88마리(미국 기준)로 체형이 큰 암컷 고양이일수록 임신 가능한 태아 수도 많아진다. 임신했을 때 암컷 고양이의 배란 수나 수정란 수는 태어나는 새끼 수보다 많다. 이는 수정란의 재흡수(수정란이 죽게 될 수 있다)나 태아의 조기 사망 때문으로 고양이에게서 흔히 나타나는 상황이며 별다른 증상이 나타나지 않는다.

새끼 고양이가 58일을 채우지 못하고 태어나게 되면 흔히 사산되거나 허약하다. 반대로 71일을 넘겨 분만하면 태어나는 새끼 고양이가 보통보다 커서 난산難産이 될 수밖에 없다. 그러므로 암컷 고양이가 임신한 지 70일이 넘었는데도 분만의 징조가 없다면 수의사를 찾는 것이 좋다. 일반적으로 나이가 많은 암컷 고양이는 임신할 수 있는 태아 수가 적으며 5세가 넘은 고양이는 번식하지 않는 것이 좋다. 태아 수도 적을뿐더러 난산이나 사산의 위험성이 높기 때문이다.

세계 기록을 보면 14마리의 새끼를 낳은 암컷 고양이도 있다고 하지만 사실 가장 적당한 태아 수는 3~4마리 정도다. 그래야만 어미가 새끼 고양이들을 골고루 돌볼 수 있기 때문이다. 한 번에 지나치게 많이 낳으면 분만 과정에서 모든 기력을 소진할 수밖에 없다. 충분한 양의 젖이 분비돼야 새끼들을 먹일 수 있는데 그 숫자가 많을 경우 어미 고양이는 저칼슘혈증에 걸리거나 젖이 부족해진다. 보호자가 이를 잘 살피지 못하면 새끼 고양이가 일찍 세상을 떠나거나 어미 고양이가 사망할 가능성이 높아진다.

임신했을 때 나타나는 신체와 행동 변화

여기서 소개하는 내용은 일반적인 원칙으로 모든 고양이가 그렇다는 것은 아니다. 그러므

암컷 고양이가 임신하는 평균 태아 수는 3~4마리 정도다.

로 임신 확인은 수의사의 진단이 필요하다.

❶ 임신한 지 3주 정도가 되면 암 컷 고양이의 유두가 붉게 변 한다.

❷ 임신 진행에 따라 암컷 고양이 의 체중도 1~2kg씩 증가한다.

❸ 암컷 고양이의 복부가 점차 커지는데 이때 보호자는 절대 로 촉진을 하면 안 된다. 잘못 하면 태아에게 심각한 상처를 입힐 수 있기 때문이다. 물론 전문 수의사라면 촉진할 수 있다.

❹ 암컷 고양이에게 모성이 생겨 행동이 달라진다.

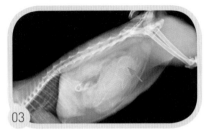

01 / 암컷 고양이는 임신한 지 3주가 되면 유두가 붉게 변한다.
02 / 임신한 암컷 고양이의 배는 대략 45일 정도면 눈에 띄게 커진다.
03 / X-ray 검사로 더 정확하게 태아의 수를 확인할 수 있다.

임신 검사

고양이는 사람처럼 임신 진단 도구를 사용할 수 없기에 초기에는 임신인지 확인하기 어렵다. 그러니 암컷 고양이를 교배하고 20~28일 정도 지나면 직접 동물병원에 찾아가 복부 촉진과 초음파검사를 받아야 한다. 이때 수의사가 임신을 확인할 수 있으며 태아 수도 대략 계산할 수 있다.

임신한 지 46일이 넘으면 X-ray 촬영으로 태아의 수를 확인할 수 있고, 2주에 한 번씩 초음파검사로 태아의 상태를 확인해 출산 예정일을 계산할 수 있다.

상상임신은 임신하지 않은 암컷 고양이가 마치 임신한 것 같은 행동과 몸 상태를 보이는 증상으로, 난소에서 나온 호르몬의 영향으로 발생한다. 복부가 커지고 유두도 붉게 변하지만 실질적인 교배가 없었기에 임신이 아니다. 따라서 고양이의 임신 기간(60일)이 지나면 이런 증상도 자연스럽게 사라진다.

암컷 고양이의 교배에서 출산까지 과정도

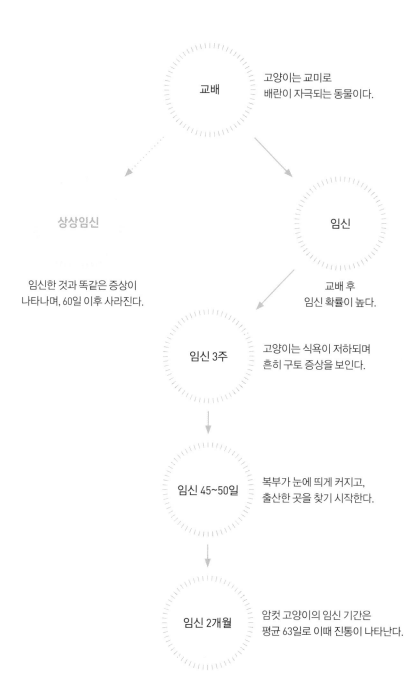

교배

고양이는 교미로
배란이 자극되는 동물이다.

상상임신

임신한 것과 똑같은 증상이
나타나며, 60일 이후 사라진다.

임신

교배 후
임신 확률이 높다.

임신 3주

고양이는 식욕이 저하되며
흔히 구토 증상을 보인다.

임신 45~50일

복부가 눈에 띄게 커지고,
출산할 곳을 찾기 시작한다.

임신 2개월

암컷 고양이의 임신 기간은
평균 63일로 이때 진통이 나타난다.

상상임신을 한 고양이의 증상

❶ 상상임신 3주가 되면 암컷 고양이의 식욕과 몸 상태가 평소와 달라지며, 구토 증상을 보이기도 한다.

❷ 30일 정도 되면 암컷 고양이의 복부가 눈에 띄게 커지며 유두도 커진다. 심지어 젖이 분비되거나 식욕이 좋아지기도 한다.

❸ 새끼를 낳을 곳을 찾으러 다니며 조용하고 안전한 공간을 골라 자리를 잡는다.

임신 기간의 식사

임신 전반기에는 칼로리를 조금씩 늘려 암컷 고양이의 체중을 안정적으로 늘려줘야 하는데 필요한 열량은 '100kcal/kg/일' 정도다. 이때는 보통 어린 고양이용 사료를 암컷 고양이에게 먹이는데 이 사료의 영양 성분이 비율 면에서 균형이 잡혀 있기 때문이다. 또한 미네랄과 비타민도 따로 챙겨줘야 하며 외출이나 목욕을 할 때 암컷 고양이의 긴장을 풀어주는 것이 좋다.

출산

출산 전에 수의사와 먼저 출산 문제를 상담하고 수의사의 응급 전화번호를 기록해놓아야 한다. 암컷 고양이에게는 균형 잡힌 식사를 주고 비타민과 미네랄(의사의 의견에 따라)도 별도로 먹인다. 임신 말기에 태아가 커지면 암컷 고양이는 변비에 걸릴 수 있다. 이럴 때 헤어볼 치료제를 먹이면 되는데 사용량은 반드시 수의사의 지시를 따라야 한다.

최적의 출산 장소

출산예정일이 다가오면 산실産室을 마련하는데 따뜻하고 조용하며 안전한 곳을 선택해야 한다. 상자의 재질은 나무나 두꺼운 종이로 만든 것이 좋으며 위쪽과 한쪽 측면은 비우고 바닥에는 신문지(청소가 쉽고 새끼가 섬유제품에 감기는 위험을 예방)를 깔아준다. 상자

위에는 보온등을 달아주면 좋은데 높이 1mm 이상 위에 달아주도록 한다. 암컷 고양이가 이 상자를 사용하지 않으려고 할 땐 고양이가 선택한 곳에 신문지를 깔고 보온등을 달아주거나 산실을 그곳으로 옮겨주면 된다.

고양이는 1마리에서 9마리까지 새끼를 낳지만 평균 3~5마리를 낳는다. 따라서 고양이의 산실은 낳을 새끼의 수에 맞춰 크기를 정한다. 또한 초산인 암컷 고양이는 새끼가 비교적 작기 때문에 조금 작은 산실을 만들어도 된다.

새로운 생명 맞이하기 ▰▰▰▰

대다수 어미 고양이는 출산할 때 편안하고 순조롭게 새끼를 낳으며 직접 새끼 고양이를 깨끗하게 핥아주고 초유를 먹인다. 하지만 초산인 경우 경험이 많은 고양이에 비해 출산 시간이 긴 편이다. 보통 암컷 고양이의 출산은 3단계로 구분할 수 있다. 전체 출산 과정은 4~42시간 정도 걸리는데 2~3일 만에 새끼를 낳는 고양이도 가끔 있다. 또한 새끼가 태어나는 간격은 10분에서 1시간 정도로, 출산 시간이 길어지면 난산의 조짐은 없는지 주의해서 지켜봐야 한다.

Step1 **어미 고양이에게 출산의 조짐이 나타난다**

편안히 있던 어미 고양이가 간혹 복부를 바라보며 눈에 띄게 불안한 행동을 한다. 그리고 조용하고 적당한 곳을 찾아 출산을 준비한다. 혹은 잘 먹지 않거나 숨을 헐떡이고 야옹야옹 울며 외음부를 핥기도 한다. 또한 계속 왔다 갔다 하며 새끼를 낳을 자리를 마련한다. 이 단계가 보통 6~12시간 정도 지속되며 초산인 암컷 고양이의 경우 길면 36시간까지 걸리기도 한다. 어미 고양이의 체온은 정상 체온보다 약간 낮은데 보통 1.5℃ 정도 떨어진다. 이때 어미 고양이의 자궁이 수축되고 자궁경부가 이완돼 음부에서 태아낭이 보인다.

Step2

암컷 고양이가 힘을 줘 새끼 고양이를 낳는다

이 단계는 보통 3~12시간이 걸리며 길면 24시간 정도 걸리기도 한다. 직장의 온도가 정상으로 상승하거나 조금 높게 나오기도 한다. 다음의 세 가지 조짐이 나타나면 2단계에 진입했다는 뜻이다.

❶ 암컷 고양이가 양막●을 핥아 양수를 쏟아내면 태아의 몸이 보인다.

❷ 복부에 힘을 주는 것이 훨씬 잘 보인다.

❸ 직장의 온도가 정상 범위로 돌아온다.

어미 고양이가 정상적으로 분만해서 첫째 새끼를 낳기 전까지 2~4시간 정도 배에 자주 힘을 준다. 이때 고양이는 기력이 빠지게 되는데 지나치게 힘을 써 새끼를 낳으면 난산의 염려가 있으니 병원에 데려가 검사를 해야 한다.

● 羊膜, 태아를 보호하고 호흡과 영양 작용을 하는 태막의 일부로, 태아를 둘러싼 얇은 막으로 양수가 들어 있다.

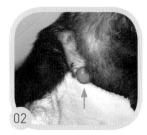

01 / 산실은 조용하고 은밀한 곳에 마련한다.

02 / 난포가 음부에서 드러나면 암컷 고양이가 양막을 핥아 터뜨린다.

03 / 양막이 터지며 새끼 고양이의 다리가 나온다.

Step3

새끼 고양이와 태반, 태막이 함께 배출된다

이 단계에서 태반은 태아와 함께 배출된다. 어미 고양이는 태아를 분만한 뒤 새끼 고양이 몸의 태막을 핥아 걷어내고 태반의 탯줄도 끊어낸다. 또한 새끼 고양이 입과 코, 몸의 액체도 깨끗이 핥아준다. 새끼 고양이는 태어나서 30~40분이 지나면 몸의 털이 마르고 초유를 빨기 시작한다. 어미 고양이는 새끼를 한 마리씩 출산할 때마다 배가 점점 작아진다.

출산하고 2~3주 동안 음부에서 적갈색 진액을 계속 배출하지만 자주 음부를 핥기 때문에 진액을 보기는 힘들다. 어미 고양이의 자궁은 출산 후 28일이면 정상적인 상태를 회복한다. 일단 출산을 하고 나면 어미 고양이는 새끼 고양이 곁에 누워 몸을 오그리고 그 주변을 둘러싸 새끼를 따뜻하게 보호한다. 이때 정상적인 새끼 고양이는 앞발을 어미의 유방 위에 놓고 앞뒤로 유방을 밟아 자극하여 나오는 젖을 빨아먹는다.

01 / 어미 고양이가 양막을 제거하고 힘을 줘 새끼를 출산한다.   02 / 어미 고양이가 새끼 고양이 몸의 양막을 핥고 털을 깨끗이 핥아준다.   03 / 새끼 고양이는 24시간 안에 초유를 먹는 것이 좋다.

고양이 난산 구별법

어미 고양이는 자신의 분만을 의식적으로 조절한다. 그렇기 때문에 어미 고양이는 낯선 환경이나 그 환경 속 긴장 때문에 분만이 늦어질 수 있다. 또한 태아의 위치나 크기, 모체母體의 상태가 분만에 영향을 미치기도 한다. 그러므로 다음과 같은 상황을 만나게 될 경우 병원으로 데려가 제왕절개가 필요한지 확인해야 한다. 제왕절개는 때를 놓치지 않고 어미 고양이와 태아의 생명을 구할 수 있는 방법이다.

❶ 외음부에 정상적이지 않은 분비물(홍록색에 악취가 남)이 있다.

❷ 어미 고양이가 허약해지고 복부에 불규칙적으로 힘을 준 지 2~4시간이 넘었다.

❸ 외음부에서 새끼 고양이나 낭포가 보이는데 15분이 지나도 새끼 고양이가 나오지 못한다.

❹ 양막이 찢어지고 양수가 터졌는데 새끼 고양이가 나오지 못한다.

❺ 어미 고양이가 계속 울면서 외음부를 핥는다.

❻ 출산 예정일이 일주일이 넘었는데 새끼를 낳지 못한다.

❼ 2단계가 3~4시간이 지났는데도 새끼 고양이가 나오지 못한다.

❽ 36시간 안에 모든 새끼 고양이가 나오지 못한다

출산 후 어미와 새끼 고양이

❶ 태아가 태어나고 바로 새끼 고양이 얼굴의 양막을 제거한 다음 깨끗하고 부드러운 수건으로 몸을 닦아준다. 또한 몸을 닦으면서 새끼 고양이의 호흡과 울음을 자극해 스스로 버둥거리도록 해야 한다.

❷ 소독약으로 새끼 고양이의 배꼽과 탯줄을 닦아주고 다시 소독약으로 소독한 무명실로 고양이의 배에서 2cm 떨어진 탯줄에 2개의 매듭을 묶어준다. 이 두 매듭 사이를 가위로 잘라주면 태반이 분리된다. 고양이 배꼽에 남아 있는 탯줄은 며칠 지나면 말라서 저절로 떨어진다. 한 가지 주의할 점은 매듭을 지나치게 배꼽 가까이 묶으면 안 된다는 것이다. 자칫 탈장hernia이 일어날 수 있기 때문이다.

❸ 새끼 고양이의 양막과 양수를 닦아내고도 비강과 기도에 여전히 액체가 남아 있을 수 있다. 이럴 때는 수건으로 새끼 고양이를 감싸고 목덜미를 가만히 받쳐서 잡은 뒤 비스듬히 아래로 기울여 살살 흔들어주면 기도 안의 수분이 쏟아진다. 그러고 나서 다시 코와 입을 닦아주면 되는데 기울이는 시간이 지나치게 길면 안 되며 목덜미도 잘 보호해 새끼 고양이가 다치지 않도록 조심해야 한다.

❹ 새끼 고양이를 돌보는 동안 보온에 신경을 써야 한다. 모든 행동은 새끼 고양이의 활력과 정상적인 울음소리, 호흡을 유지하는 데 맞추도록 한다. 이런 행동은 새끼 고양이 털이 완전히 마르고 나면 멈춘다.

❺ 정상적인 새끼 고양이의 코와 입, 혓바닥은 윤기 나는 붉은색으로, 만약 어두운 붉은색이 나타나거나 움직임이 안 좋다면 바로 병원에 데려가 검사를 받아야 한다.

❻ 마지막으로 새끼 고양이를 어미 고양이의 곁에 두면 어미 고양이가 새끼 고양이를 핥아 젖을 먹도록 자극한다. 새끼 고양이는 태어난 지 24시간 안에 초유를 먹어야 저항력이 높아진다.

01 / 탯줄의 매듭을 묶는 부위는 새끼 고양이의 배에서 2cm 떨어진 곳이 적당하다.

02 / 오른손으로 새끼 고양이의 목덜미를 잡고 머리를 비스듬히 아래로 기울여 살살 흔든다.

산후 조리

출산 뒤에는 어미 고양이의 정신 상태나 식욕도 신경 써야 하지만 따뜻하고 조용한 환경을 만들어주는 것도 매우 중요하다. 또한 어미 고양이가 새끼를 많이 낳은 경우 모든 새끼 고양이가 매일 제대로 젖을 먹고 있는지, 체중에 변화가 있는지도 잘 살펴야 한다. 어미젖이 부족하면 새끼 고양이의 성장 발육에 문제가 생기기 때문이다. 그러므로 출산 뒤에는 어미와 새끼 고양이의 상태를 모두 주의 깊게 관찰해야 한다.

따뜻하고 조용한 산실 유지하기

어미 고양이가 새끼를 낳고 나면 보호자가 새끼를 돌보는 어미를 귀찮게 해서는 안 된다. 새끼 고양이가 보이지 않을 경우 어미 고양이는 두려운 마음에 새끼들을 다른 곳으로 옮겨놓는다. 보통 집고양이는 외부 환경이 부담스럽거나 몸이 불편하다는 이유로 새끼를 잡아먹지 않는다.

어미 고양이의 영양 섭취

보통 어미 고양이는 출산을 한 뒤 24시간 안에 식사를 하는데 임신한 고양이나 새끼 고양이용 사료를 주는 것이 좋으며 물은 마음껏 마시게 해도 된다. 어미 고양이는 출산한 뒤 일주일 내내 산실에서 시간을 보내며 외출하더라도 잠깐뿐이다. 그러므로 고양이 화장실이나 밥그릇, 물그릇  등은 산실과 가까이 둬 어미 고양이가 마음 놓고 사용할 수 있게 해야 한다.

매일 어미와 새끼 고양이의 상태 관찰하기

매일 어미와 새끼 고양이의 상태를 관찰하고 다음과 같은 문제가 발견되면 특별히 주의하거나 병원에 데려가 검사를 받도록 한다.

• **어미 고양이** : 체온 이상(발열 혹은 저체온), 음부나 유선乳腺에 분비물이 있는 경우, 식욕 부진, 허약해지고 정신이 불안정할 때, 젖의 양이 줄어들거나 나오지 않을 경우
• **새끼 고양이** : 체중 감소, 지나치게 울 때, 활동성이 떨어지거나 젖을 잘 먹지 않는 경우

출산 후 저칼슘혈증 조심

어미 고양이는 분만하고 3일에서 17일 사이에 산후 저칼슘혈증에 걸릴 수 있다. 이럴 경우 걸음걸이가 경직되고 몸을 떨거나 경련이 일어나며 구토와 숨을 헐떡이는 증상이 나타난다. 만약 어미 고양이에게 이런 증상이 생긴다면 서둘러 병원에 데려가 혈액 속 칼슘의 농도를 검사해야 한다.

B   고양이의 번식 장애

고양이를 사랑하는 사람들은 자신의 고양이가 예쁜 2세를 출산하기를 바란다. 알다시피 고양이의 수명은 길어야 20년이기에 새로운 생명을 맞아 아름다운 인연이 계속 이어지기를 바라는 것이다. 하지만 사람들의 바람이 늘 뜻대로 이뤄지는 것은 아니다. 기대할수록 임신이 쉽지 않고 더 낳지 않기를 바라는데 자꾸 새끼를 낳는 경우도 있다.

암컷 고양이는 교배한 뒤 바닥을 구른다.

암컷 고양이의 번식 장애

암컷 고양이의 번식 장애를 해결하려면 우선 전체 번식 과정 가운데 어느 단계에서 어떤 문제가 생겼는지를 찾아내야 하며, 수의사의 도움을 받아 함께 노력해야 한다. 출산 경험이 없는 암컷 고양이의 번식 장애를 판단하려면 먼저 적당한 연령에 이르렀는지 고려해야 한다. 단모 혼혈종 고양이는 5~8개월, 순종의 페르시안 고양이는 14~18개월이 되면 발정을 시작한다. 이렇듯 품종에 따라 발정 시기는 상당한 차이가 있다. 고양이는 계절성 발정 동물로 이런 주기는 일조 시간에 따라 조정되는데 보통 14시간 정도 빛이 들면 생식 활동이 가능하다(인공조명도 상관없다)

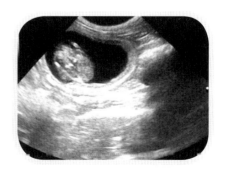

초음파로 보면 3주 정도 된 태아가 보인다.

상상임신의 경우에도 발정하지 않을 수 있

다. 어떤 암컷 고양이는 한 번 발정한 뒤 바로 다른 암컷 고양이나 거세된 수컷 고양이가 올라타 발정이 끝나면서 배란이 되고 상상임신이 되기도 한다. 상상임신은 암컷 고양이의 체내 호르몬이 임신 상태에 머물러 있는 것으로 몸이 잘못 인식해 임신한 것과 같은 증상이 나타나는 현상이다. 실제로 호르몬의 자극으로 유방이 발달하거나 젖이 분비되기도 하는데 이런 경우 발정할 수 없다.

혼자 기우는 암컷 고양이의 경우 갑작스러운 교배에 공격적으로 반항하기도 한다. 수컷 고양이의 음경이 삽입되면 그 자극으로 암컷 고양이는 배란이 일어나는데 배란에 장애가 있다면 교배 행동이 완벽하지 못했다는 뜻일 수 있다. 그러므로 보호자는 전체 교배 과정에서 수컷 고양이의 모든 교배 행동이 완벽했는지 유심히 관찰해야 한다. 암컷 고양이는 교배를 하며 길고 날카로운 소리로 울었는가? 교미 직후 바로 수컷 고양이를 공격했는가? 암컷 고양이가 격렬하게 바닥을 문지르고 구르며 자신의 음부를 핥았는가? 만약 이런 반응이나 행동이 없었다면 이번 교미는 실패했을 가능성이 높다.

만약 교배 행동에 문제가 없었다면 교배 관리에 문제가 없었는지 확인해야 한다. 암컷 고양이의 3분의 1 정도는 한 번의 교배 행동만으로 배란의 자극을 받지 못한다. 다시 말해 교배 횟수가 임신에 중요한 역할을 한다는 것이다. 즉 여러 차례 밀도 있게 교배가 이뤄져야 배란이 성공한다. 말했다시피 고양이는 교미의 자극으로 배란되는 동물이기에 수정률이 상당히 높고 수정에 실패하는 일은 매우 보기 드물다. 만약 수정이 한 번 실패했다면 정확한 원인을 알기 전까지 고양이를 억지로 교배시키지 말아야 한다.

임신 후기 암컷 고양이에게 번식 장애가 생겼다면 유산이나 태아 재흡수가 일어날 수 있다. 이 두 증상 모두 착상 이후에 일어난 것이다. 진단을 위해 가장 흔히 사용하는 방법이 바로 복부 촉진과 초음파검사며, 임신한 지 3~4주 사이에 진행한다.

암컷 고양이는 수컷 고양이가 싫을 경우
수컷 고양이의 교배 행동에 반발한다.

수컷 고양이의 번식 장애 ▨▨▨▨

외생식기 검사를 포함한 1차적 임상검사에서 매우 보기 드문 기계적 장애를 발견할 수 있다. 이를테면 영구적 음경 주름띠 잔존* 같은 것인데 이런 상태에서도 수컷 고양이는 성욕을 느끼기에 암컷을 타고 오르는 행동을 한다. 하지만 정상적인 교배는 불가능하다.

교미에 장애가 생기는 것은 암컷 고양이에 대한 성욕을 잃어버렸기 때문일 수 있다. 예전에 번식에 성공했던 수컷 고양이가 갑자기 성욕을 잃어버렸다면 심리적인 요인이거나 다급함 때문이다. 수컷 고양이는 자신에게 익숙한 환경(자신의 집 같은)에서는 강한 교미 능력을 보인다. 하지만 환경이 낯설어지면 성욕이 억압되며 새로운 환경에 적응한 뒤에야 다시 능력을 선보인다.

첫 교미를 하는 젊은 수컷 고양이가 성격이 강한 암컷 고양이를 만날 경우, 특히 교미 후 암컷에게 엄청난 공격을 받았다면 쉽게 성욕을 잃어버릴 수 있다. 이런 고양이는 이후로 암컷을 가까이하지 않는다. 이를 위한 치료 방법은 온순하고 협조를 잘하는 발정한 암컷 고양이를 선택해 교배를 격려하며 수컷 고양이의 자존심과 자신감을 다시 찾아주는 것뿐이다.

● persistent penile frenulum, 개월 수에 따라 자연스럽게 없어져야 할 음경의 주름 띠가 그대로 있으면 발기부전이나 불임의 원인이 될 수 있다.

수컷 고양이가 불임이 된 원인을 논하기 전 먼저 여러 암컷 고양이(임신 능력이 있다고 증명된 암컷 고양이)와 교미를 하고도 암컷 고양이에게 임신 증상이 없는지, 불임의 문제가 될 만한 부분을 이미 해결했는지, 교배 행동에 다른 의문점은 없는지 등을 미리 확인해야 한다. 또한 교미한 암컷 고양이를 며칠 동안 관찰하며 혈청 프로게스테론(남성호르몬)의 농도를 통해 이미 배란이 됐는지도 확인해야 한다.

교배를 시킬 때 가장 흔히 발생하는 문제가 수컷 고양이를 갑작스럽게 발정한 암컷 고양이와 한곳에 몰아넣는 것이다. 고양이도 사람과 같아 짧게라도 연애 시간이 필요한데 느닷없이 한곳에 있게 하면 암컷 고양이는 격렬한 반항을 하며 수컷 고양이를 공격할 수 있다. 이럴 경우 수컷 고양이는 자존심에 큰 상처를 입게 된다.

이를 방지하기 위한 가장 좋은 방법은 두 고양이를 하나로 연결된 각각의 집에 놓아두는 것이다. 그러면 암컷 고양이는 점차 긴장을 풀고 수컷 고양이의 존재에 적응하게 되며 먼저 수컷 고양이를 유혹하기 시작한다. 암컷 고양이가 수컷 고양이의 주의를 끄는 행동을 할 때 두 고양이를 한 집에 넣으면 교미의 성공 확률이 높아진다. 이때 교배를 하는 집의 크기도 중요한데 집이 지나치게 작으면 수컷 고양이가 교배 행동을 할 수 없으며 교미에 성공하고 난 뒤에도 도망갈 곳이 없어 암컷 고양이의 무자비한 공격을 받을 수 있다.

또한 선천적으로 남성호르몬이 부족해도 성욕이 떨어질 수 있다. 하지만 정상적인 수컷 고양이의 혈청 프로게스테론 농도도 늘 표준치를 유지하는 것은 아니라서 불임을 진단하기엔 어려움이 있다. 또 염색체 이상으로 번식 장애가 생길 수 있는데 페르시안 고양이 종류 중 그런 경우가 있다. 물론 흔하지는 않다.

또한 두 살이 넘어서야 성 성숙이 오는 페르시안 수컷 고양이도 있다. 수컷 한 마리만 키우는 경우에도 성 성숙이 늦게 나타날 수 있으므로 교미 경험이 없는 수컷 고양이에게 번식 장애가 있다면 성 성숙이 아직 오지 않은 것일 수 있다. 이런 경우 암컷 고양이 여러 마리와 함께 키우며 성 성숙을 자극하는 것이 좋다.

수컷 고양이가 불임일 때 가장 큰 원인은 정자의 질에 문제가 있기 때문이다. 이를 확인하기 위해 정자를 채집하려면 전문적인 기술이 필요하기에 실질적으로 일반 동물병원에선 검사가 어렵다. 보통 정자의 질이 좋지 않은 수컷 고양이의 경우 고환이 비교적 작으며 단단함에 이상이 있다고 한다. 하지만 촉진에 의한 진단은 객관적이지 않은데다 정확하지 않다.

ⓒ 고양이 우생학

고양이도 사람처럼 유전자에 의해 통제된다. 유전자가 고양이의 외모와 건강 상태를 결정하기에 좋은 유전자를 가진 고양이일수록 외모가 더 매력적이며 질병에 대한 저항력도 높다. 반대로 나쁜 유전자를 가진 고양이는 기형이 생기거나 선천적인 결함이 있을 수 있으며 질병에 걸릴 위험이 커진다.

그렇다고 한 고양이가 모든 것을 다 갖추기는 어렵다. 많은 브리더가 고양이의 더 나은 외모를 위해 특정한 조건에 맞춰 고양이들을 교배하거나 근친교배를 시켰지만 결과는 100% 만족스럽지 않았다. 선택적 교배로 좋은 유전자가 보전됐지만 그만큼 나쁜 유전자도 집중됐다. 이를테면 페르시안 고양이는 육종을 통해 납작하고 아름다운 얼굴을 갖게 됐지만 비루관(코눈물관)이 더 비뚤어지고 치열이 망가졌으며 콧구멍도 좁아지고 곰팡이에 대한 면역력도 약해졌다. 얼굴이 납작한 고양이들은 비루관이 쉽게 막히며 부정교합이 된다. 또한 상부 호흡기 감염과 곰팡이성 피부병, 호흡곤란으로 인한 심혈관 질병에 잘 걸린다. 당신이 애묘인이라면 교배할 때 다른 것보단 고양이의 건강을 우선으로 고려하면 된다. 다음에 소개하는 몇 가지 상황은 교배를 시키기 전 반드시 주의해야 할 것들이다.

근친교배

근친교배는 유전자를 보전하고 좀더 순종화시킬 수 있는 방법이지만 상대적으로 나쁜 유전자를 자손에게까지 물려주는 길이기도 하다. 게다가 많은 사람이 이런 근친상간 행위를 받아들이지 못하며, 근친교배는 태아의 기형이나 선천적 결함을 일으킬 수 있다. 이는 사실로 증명된 이론이며, 결함은 계속 근친교배를 해왔던 품종의 후대에서 확인된다.

유전성 질병

어떤 질병들은 유전자에 의해 후대에 유전된다. 만약 이런 사실을 미리 알고도 교배를 진행한다면 도덕적으로나 우생학적으로나 있을 수 없는 일이다. 이를 통해 더 많은 후대의 자손이 질병으로 고통을 받기 때문이다. 만약 이런 고양이들을 그대로 판매한다면 이는 부도덕하며 상업적인 신용을 저버리는 일이 될 것이다.

고관절 발육 불량

대형견을 키우는 사람들에게 익숙한 이 질병은 고양이에게도 나타날 수 있는 병이다. 다만 고양이의 체중에는 한계가 있어서 고관절의 발육불량 증세가 특별히 눈에 띄지는 않는다. 대신 나이가 들었을 때 다리를 심각하게 저는 증상이 나타날 수 있다. 그러므로 고양이를 교배하기 전에 X-ray 촬영을 해 고관절 발육불량의 가능성은 없는지 판단하는 것이 좋다.

무릎뼈 탈구

이런 질병은 소형견에게 자주 나타나는 유전성 결함으로 몰티즈나 포메라니안, 치와와, 미니푸들 등이 많이 걸리며 고양이에게선 흔하지 않다. 만약 고양이가 뒷다리를 저는 증상을 보인다면 나이가 들수록 점차 악화될 것이다. 이런 경우 수의사는 촉진을 통해 진단할 수 있으며 무릎뼈 탈구로 확진되면 반드시 외과수술을 고려해야 한다. 또한 이런 고양이는 교배를 진행해서는 안 된다.

모낭충

이는 개에게서 흔히 볼 수 있는 유전성 피부병으로 고양이에겐 드물다. 하지만 스테로이드를 오랫동안 사용하면 모낭충의 대량 증식을 유발할 수 있다. 현재 모낭충은 유전성 질병으로 여겨지기 때문에 이런 질병에 걸린 고양이는 교배하지 않는 것이 좋다.

비후성 심근증

대부분의 작은 동물 심장병 전문가들은 비후성 심근증을 유전질환으로 보고 있다. 발병한 고양이는 갑작스럽게 하반신이 마비되거나 호흡이 곤란해지며, 점막이 창백해지거나 청색증이 나타나기도 한다. 심각한 경우 돌연사하기도 하는데 고양이 사망률이 높은 질병이다.

잠복고환

고양이가 태어난 지 6개월이 지나도 고환이 음낭에 들어가지 못하면 이를 잠복고환이라 부른다. 이런 결함은 역시 유전적인 것인데, 고환이 피부 밑이나 복강 안에 머물러 있으면 오랫동안 고온 상태에 있기 때문에 암으로 바뀔 수 있다. 가장 좋은 방법은 어렸을 때 수술로 잠복고환을 밖으로 꺼내주는 것이다.

다낭신

발병하는 고양이 대부분은 4세 이전에 만성 신부전증의 관련 증상이 나타나며, 신장에 수낭종水囊腫이 생겨 점점 커지면서 신장 실질부를 압박한다. 이럴 경우 기계적 손상*이나 신체 일부에 무혈성 괴사**가 나타나는데 대부분은 신장 양쪽에 모두 발생한다. 현재로서는 수낭종을 제거하거나 억제할 실질적인 치료 방법이 없다. 다시 말해 다낭신은 치료가 불가능한 질병이라고 할 수 있으며, 결국 고양이는 요독으로 사망하게 된다. 수의사는 초음파검사로 초기에 다낭신을 발견할 수 있으며, 수낭종이 신장을 변형시킬 때 촉진으로 알 수 있다. 최근 연구를 통해 혈액검사로 조기에 다낭신 유전자를 탐지하는 방법이 개발됐다. 이 검사의 정확도가 확인되면 브리더들은 고양이에 대한 검사를 진행해 양성일 경우 교배를 시키지 않아야 한다. 이렇게 해야 다낭신이 유전되는 비극을 막을 수 있다.

● 일반적으로 외력이 가해져 생기는 피부나 점막, 장기의 손상
●● 특정한 부위에 피가 돌지 않아서 뼈가 죽어버리는 병

스코티시폴드 골연골 이형성증

스코티시폴드는 본래 돌연변이 품종 고양이로 유전자가 불안정적이라 어떤 국가에서는 스코티시폴드끼리 교배하지 못하도록 규정하고 있다. 매우 많은 선천적 결함이나 기형이 발생할 수 있기 때문인데 흔히 볼 수 있는 것이 골연골 이형성증 Osteochondrodysplasia이다. 이 질병의 특징은 털이 짧고, 장골(손바닥을 이루는 5개의 뼈)과 척골(전완을 구성하는 2개의 뼈) 중 안쪽에 있는 뼈, 지골(손가락과 발가락을 형성하는 뼈)이 유난히 짧으며, 뼈가 붙고, 외

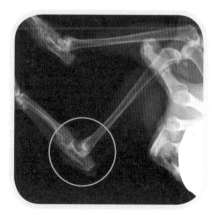

정상적인 뼈 밖으로 자라는 골극이 보인다.

부에 골극(쓸모없는 뼈가 자라는 것)이 생겨난다 그 때문에 이 질병에 걸린 스코티시폴드는 1세 정도부터 다리를 심하게 저는 증상을 보인다.

전염성 질병

새끼 고양이들의 전염병은 대부분 어미에 게서 옮은 것이다. 어미 고양이가 전염병에 걸렸거나 병원균을 갖고 있으면 태어나는 새끼는 예외 없이 전염병에 걸린다. 그러므로 우생학적 입장에서 말하자면 이런 어미 고양이는 치료하기 전에 교배시키지 않는 것이 좋다.

새끼 고양이가 상부 호흡기 감염에 걸리면
눈과 코에 고름이 생긴다.

곰팡이성 피부병, 귀 진드기, 옴

어미 고양이가 이런 질병에 걸려 있으면 새끼는 접촉에 의해 전염된다. 이런 상황을 피하고 싶다면 새끼 고양이가 태어나자마자 어미 고양이와 격리해 완벽하게 인공 포육을 해야 한다.

백혈병, 면역결핍 바이러스, 톡소플라스마증

이런 무서운 질병도 때론 암컷 고양이의 임신에 영향을 미치지 못한다. 하지만 태어나는 새끼에게는 전염될 수 있으므로 고양이는 태어나면서부터 무서운 질병의 위협에 시달리게 된다.

상부 호흡기 감염

많은 어미 고양이가 어린 시절에 이미 상부 호흡기 질병(칼리시바이러스, 헤르페스바이러스, 클라미디아)에 감염되곤 한다. 그런 고양이 중 적지 않은 수가 증상이 완화되면 원래의 상태*로 돌아온다. 그러다 임신이나 젖의 분비, 환경이나 날씨의 변화 같은 긴박한 상황이 되면 약간의 눈물이나 재채기 증상이 나타난다. 하지만 이런 눈, 코, 입의 분비물 안에는 다량의 바이러스나 병원균이 들어 있어 새로 태어나는 새끼 고양이에게 감염될 수 있다.

● 본래 증상이 가볍지만 지속적으로 바이러스나 병원균을 배출하고 있다.

품종

당신이 전문 브리더가 아니라면 굳이 고양이를 번식시키라고 권하고 싶지 않다. 태어나는 모든 고양이가 어미 품에 안기지 못할 수도 있으며, 자신의 능력이나 지식으로 고양이의 임신과 출산, 포유哺乳 과정에서 일어날 문제를 모두 해결할 수 있는지도 고민해야 하기 때문이다. 그래도 사랑하는 고양이를 번식시키고 싶다면 무엇보다 품종을 고려해야 한다. 품종에 따라 어린 고양이의 판매나 입양 여부가 달라지기 때문이다. 만약 당신의 고양이가 페르시안 친칠라나 히말라얀, 아메리칸 쇼트헤어 같은 품종이라면 순종 번식을 하는 것이 좋다.

Ⓓ 엄마 잃은 새끼 고양이

고양이의 번식기가 되면 베이비붐이 일어나게 마련이라 길을 걷다가도 새끼 고양이의 울음소리를 들을 때가 있다. 이렇게 만난 새끼 고양이를 데리고 동물병원을 찾는 애묘인도 적지 않다. 심지어 집에서 키우는 암컷 고양이가 출산한 뒤 젖이 부족해 새끼 고양이를 키우지 못하게 되는 경우도 있다. 눈을 뜨지 못하거나 이제 막 젖을 뗀 새끼 고양이 등 매우 다양하다. 젖을 뗀 새끼 고양이(1개월 반에서 2개월 이상)는 그나마 돌보기가 수월한 편이다. 고양이 스스로 먹고 고양이 모래도 사용하며 몸의 체온을 어느 정도 유지할 줄 알기 때문이다. 하지만 아직 젖을 끊지 못한 새끼 고양이는 먹고 배설하며 보온하는 것까지 보호자가 모두 돌봐줘야 한다. 이런 고양이는 갓난아이와 같아서 자주 젖을 줘야 하며 적당한 온도를 유지해 병에 걸리지 않도록 해줘야 하고 소변도 눌 수 있게 도와야 한다. 젖을 끊지 못한 고양이를 돌볼 때는 조금만 방심해도 병에 걸릴 수 있으니 특별히 주의해야 한다.

환경 온도 ▬▬

고양이가 지내는 환경의 온도를 조절하는 것은 새로 태어난 새끼 고양이에게는 매우 중요한 일이다. 태어난 지 일주일 된 새끼 고양이는 체온이 35~36℃로, 어른 고양이보다 낮아서 반드시 주변 환경의 온도로 체온을 유지해야 한다. 또한 새로 태어난 고양이는 움직이는 과정에서 열에너지를 만들지 못하며 몸을 떠는 반사 행동(태어난 지 6일이 지나야 시작)도

01 / 고양이 발정기에 이르면 많은 새끼 고양이를 발견할 수 있다.
02 / 여러 마리의 새끼 고양이는 서로 몸을 부대껴 따뜻함을 나눈다.

보이지 않기에 체온을 유지할 수 없다. 그러므로 갓 태어난 새끼 고양이는 보온을 위한 기구가 필요하며 주변 환경을 29~32℃로 유지해야 한다.

태어난 지 2~3주가 된 새끼 고양이(적극적으로 기고 걷기 전)는 정상 체온이 36~38℃다. 이때 실내 온도는 26.5℃ 아래로 떨어지면 안 된다. 3~4주가 되면 고양이는 몸을 움직여 스스로 열을 낼 수 있는데 이때에도 실내 온도를 24℃ 아래로 떨어뜨려선 안 된다. 특히 돌봐야 할 새끼 고양이가 한 마리뿐일 때는 더 엄격하게 온도를 조절해야 한다. 고양이 혼자서는 여러 마리의 새끼 고양이들처럼 서로 몸을 부대껴 체온을 유지할 수 없기 때문이다.

인공 포육의 이상적 환경

생리적 환경 온도를 조절하는 것은 새로 태어난 고양이에게 매우 중요한 일이다. 보온할 수 있는 도구도 종류가 많아 제각각 장단점이 있다.

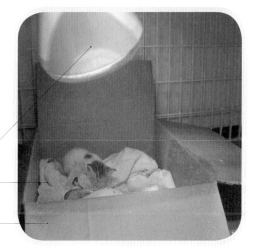

보온등

수건

보온 상자

핫팩 / 보온 물주머니

수건으로 핫팩이나 보온 물주머니를 감싸면 효과적으로 보온할 수 있다. 한 가지 단점은 온도가 낮아졌는지 알 수 없어 자주 확인해 바꿔야 한다는 것이다.

보온등

비교적 많이 사용하는 보온 도구로 보온등의 거리로 온도를 조절할 수 있다. 새끼 고양이가 지나치게 뜨겁다고 느끼면 빛이 잘 들지 않는 곳으로 도망갈 수 있다. 다만 보온등을 고양

이와 지나치게 가깝게 둬서는 안 되는데 자칫 화상을 입을
수 있기 때문이다. 또한 보온등이 있으면 습도를 조절하기 어
려우며 전선의 합선으로 불이 날 위험도 있다.

전기담요

전기담요를 사용할 때는 특히 온도에 주의해야 하며 두꺼운
수건을 위에 깔아 열상을 입지 않도록 해야 한다. 전기담요의
단점은 새끼 고양이가 뜨거워도 피할 곳이 없다는 것이다. 자
칫 열상을 입을 수 있으니 사용할 때 각별히 주의를 기울여
야 한다.

플라스틱 대야는 씻기 쉬우며 열이 잘 나가지 않고 물을 흡수하는 수건이나 기저귀를 깔 수 있다.

새끼 고양이의 보금자리

새끼 고양이는 건조하고 따뜻하며 바람이 들지 않는 편안한 보금자리가 필요하다. 보금자리
는 둘레가 충분히 높아야 새끼 고양이가 기어 올라와 체온을 잃는 일이 없다. 또한 보금자
리는 청소하기 편리해야 하지만 열이 잘 빠져나가는 재질(스테인리스 같은)을 선택해서는 안
된다. 그런 면에서 플라스틱이나 종이 상자 같은 것들이 새끼 고양이의 보금자리로 적당하
다. 플라스틱은 청소하고 씻기가 쉬우며 열이 잘 빠져나가지 않고, 종이 상자는 보온 효과가

좋고 청소는 불편하지만 언제든 갈아줄 수 있다.

또한 보금자리 안에 따뜻한 옷이나 천을 깔아줘도 된다. 대신 섬유는 부드럽고 물이 잘 흡수되며 쉽게 닳지 않아 빨기 쉽고 따뜻하게 해줄 수 있는 것이어야 한다. 천 대신 고양이용 기저귀를 깔아줘도 되는데 매일 교환이 편리하며 보금자리를 위생적이고 깨끗하게 유지할 수 있다.

보금자리의 위치

새끼 고양이가 마음 편히 자고 먹고 크기 위해선 환경적 요소가 부담이 되면 안 된다. 하지만 혼자가 된 새끼 고양이는 곁에 어미가 없기 때문에 낯선 환경에 두려움을 느끼게 마련이다. 새끼 고양이는 스스로 새로운 환경에 적응해야 하는데 고양이 입장에서는 큰 부담이 될 게 분명하다. 이뿐만 아니라 사람이 많이 다니거나 시끄러운 소리가 나는 곳도 고양이에게는 스트레스가 되므로 3~4주령이 될 때까지는 피해야 한다.

새끼 고양이의 보금자리는 조용하고 편안히 잘 수 있는 곳을 선택해야 한다.

지나친 스트레스는 새끼 고양이의 면역력을 저하시키며 질병 감염의 위험성을 높인다. 또한 앞으로의 사회화 단계에도 좋지 않은 영향을 줄 수 있으니 반드시 고양이의 보금자리를 신중하게 선택해야 한다.

위생 습관

새끼 고양이를 돌볼 때는 올바른 위생 습관을 가지고 있어야 한다. 새끼 고양이의 신체 구조나 대사, 면역 상황이 정상이라고 해도 나이가 아직 어리기 때문에 전염병에 감염되기 쉬우므로 애묘인들은 반드시 고양이가 사용하는 보금자리나 음식 등을 청결하게 유지해줘야 한다. 또한 고양이를 돌보는 사람 수는 적을수록 좋으며 누구든 만지기 전에 손을 씻어 감염의 위험을 줄여야 한다. 이때는 따뜻한 물과 부드러운 비누로 닦은 뒤 적당한 소독제를 사용해 주변 환경 속에 있을 수 있는 바이러스를 없애야 한다. 그런데 새로 태어난 새끼 고양이일 경우 피부가 얇아서 성묘보다 바이러스에 쉽게 감염되며, 소독제가 고농도일 경우 고양이의 호흡기에 자극을 줄 수 있다. 또한 지나치게 많이 사용하면 새끼 고양이가 위험해질 수 있으니 소독제 사용은 특별히 조심해야 한다.

새끼 고양이의 음식

무엇을 먹일까? 어떻게 먹일까? 한 번에 얼마나 먹여야 하나? 하루에 몇 번이나 먹여야 하나? 이는 새끼 고양이에게 음식을 먹일 때 가장 흔히 고민하게 되는 문제들이다.

초유
새로 태어난 새끼 고양이를 젖병으로 포육하는 것이 그리 어려운 일은 아니다. 다만 갓 태어난 고양이에겐 역시 어미의 초유를 먹이는 것이 좋다. 이럴 때 애묘인은 손으로 어미 고양이의 젖을 짜 스포이트로 새끼 고양이에게 먹이면 된다. 초유에는 풍부한 이행항체가 함유돼 있어 생후 40일 이후의 질병 저항력 향상에 도움이 된다.

대용 유제품의 선택
초유가 아닌 대용 유제품을 사용할 땐 적당히 부드러운 대체 식품을 선택한다. 두 가지 정도의 대용 유제품을 선택하면 되는데 그중 하나는 고양이 전용 분유로 동물병원이나 반려동물 가게 등에서 살 수 있다. 초유가 없다면 이런 분유가 가장 좋은 선택이 될 수 있다. 단백질

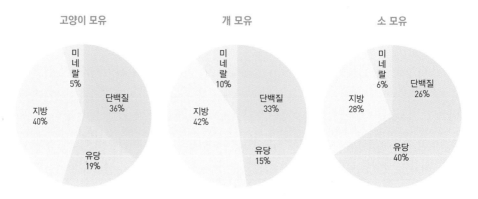

각종 모유 성분의 비율

의 함량이나 다른 영양소가 고양이에 맞춰 조제됐기 때문이다. 사용 방법 역시 분유통에 적힌 설명에 따르면 된다. 다른 하나는 캔 형태의 농축 우유로 새끼 고양이에겐 사람보다 2배의 농도로 먹여야 한다. 우유나 양젖은 새끼 고양이에게 지나치게 묽기 때문이다. 어미 고양이와 개의 젖에는 다량의 지방과 약간의 유당, 적당량의 단백질이 함유돼 있다. 반면 우유와 양젖에는 다량의 유당과 약간의 단백질이 함유돼 있으며 열량의 밀도는 어미 고양이나 개에 비해 적다.

따라서 새끼 고양이에게 우유나 양젖을 먹이면 영양이 결핍되고 성장 속도가 느려진다. 또한 우유와 양젖은 유당이 많이 함유돼 있어 새끼 고양이가 설사를 하기 쉽다. 임상에서 관찰한 결과 새끼 고양이에게 고양이 전용 분유를 먹일 때 설사 같은 증상이 나타나지 않았으며 체중이나 성장도 안정적이었다.

간혹 직접 분유를 조제해 먹이려는 사람들도 있는데 이럴 경우 영양의 균형을 맞추기가 매우 어렵다. 또한 스스로 대체 식품을 만들려면 품질이 우수한 원료를 사야 하는데다 세균에 오염되기 쉬우며 일반 고양이용 분유와 같은 성분의 것을 만들기가 쉽지 않다. 연구에 따르면 직접 분유를 만들 경우 고양이에게 주는 양이나 횟수도 훨씬 늘려야 한다. 하지만 이렇게 해도 새끼 고양이의 성장 속도는 시중의 고양이용 분유를 먹였을 때보다 느리다. 그러므로 직접 만든 분유는 급한 상황에만 사용하고 평소에는 시중에서 파는 고양이용 분유를 먹이는 것이 낫다.

하지만 시중의 분유를 먹일 때도 분유와 물을 섞는 비율을 잘 모르면 문제가 될 수 있다. 예를 들어 고양이용 분유를 지나치게 걸쭉하게 타면 새끼 고양이가 구토를 하거나 배가 부풀어오르고 설사를 할 수 있다. 반대로 분유가 굉장히 묽으면 1cc당 열량 밀도가 낮아져 더 많이 먹여야 한다.

시중에 판매하는 고양이용 분유,
개와 고양이 겸용 분유도 있다

새끼 고양이에게 어떻게 분유를 먹일까?

새끼 고양이는 보통 젖병이나 관을 이용해 분유를 먹인다. 하지만 새끼용 젖병은 새끼 고양이에게는 지나치게 클 수 있으므로 조산아早産兒가 사용하는 젖병을 쓰면 적당하다. 또한 시중에서 파는 새끼 고양이 전용 젖병이나 스포이트, 3cc 무균 주사기 등도 사용할 수 있다. 모든 기구는 사용하기 전에 깨끗이 씻고 끓인 뒤 다시 따뜻한 물로 씻고 말려서 사용해야 한다.

새끼 고양이에게 분유 먹이기

고양이에게 젖을 먹이는 기구는
매일 깨끗이 씻어야 한다.

젖꼭지에 구멍을 하나 뚫거나
가위를 이용해 십자형으로 자른다.

❶ 새끼 고양이에게 분유를 먹일 때는 철저한 위생 습관을 가져야 한다. 모든 젖병과 젖꼭지, 분유 먹이는 튜브 및 기타 용품은 청결하게 유지한다. 세심하게 기구들을 씻고 끓인 뒤 다시 따뜻한 물로 씻고 말려야 한다.

❷ 시중에 파는 젖병의 젖꼭지에는 구멍이 없으므로 적당한 크기의 바늘을 열로 소독한 다음 젖꼭지에 구멍을 뚫는다. 혹은 작은 가위를 이용해 십자형으로 잘라도 된다. 구멍이 지나치게 작으면 새끼 고양이가 분유를 빨기 힘들며, 구멍이 과하게 크면 흘러나오는 분유가 많아 흡인성 폐렴에 걸릴 위험성이 높아진다. 그러므로 젖꼭지의 구멍 크기는 젖병을 살짝 눌렀을 때 분유가 한 방울 정도 흘러나오는 게 적당하며 고양이가 빠는 상태를 살펴 다시 조정하면 된다.

❸ 분유는 먹이기 전 데워야 하는데 온도는 어미의 체온(38.6℃)에 맞춘다. 또한 데운 분유는 손등에 떨어뜨려 온도를 확인할 수 있다. 분유가 많이 차가우면 그 자극으로 새끼 고양이가 구토를 하게 되고 저체온을 유발하며 장의 연동을 늦춰 장 흡수를 막는다. 반대로 분유가 많이 뜨거우면 새끼 고양이의 구강과 식도, 위 등에 열상을 입힐 수 있다. 만약 하루치 분유를 탔다면 유리 용기에 넣어 냉장 보관하고, 새끼 고양이에게 먹일 때 한 번 먹을 양을 데운다. 그래야 온도 변화로 분유를 버리는 일이 없어진다.

고양이용 분유를 새끼 고양이에게 주기 전에
중탕으로 데운다.

❹ 분유를 먹일 때는 자세도 매우 중요한데 새끼 고양이를 엎드리게 한 채로 머리를 살짝 들어 젖꼭지를 입에 직접 물리는 것이 정확한 자세다. 갓 태어난 고양이는 앞발로 밀며 혀를 말아 젖꼭지 주위를 완전히 감싸 공기가 들어가지 않게 한다. 젖꼭지를 물린 각도 때문에 완전히 밀봉이 안 된다면 고양이가 공기를 흡입해 복통을 일으킬 수 있다. 분유를 먹일 때는 고양이의 머리를 지나치게 젖혀선 안 된다. 이런 자세 때문에 흡인성 폐렴에 걸릴 수 있다.

새끼 고양이는 분유를 먹을 때 앞발로 바닥을 밀거나
발을 보호자 손에 걸치고 혀로 젖꼭지를 완전히 감싼다.

❺ 젖병은 힘이 넘치고 빨기 반사가 강한 새끼 고양이에게 적합하다. 몸이 약하거나 아픈 고양이는 빨 수 있는 힘이 없어 충분한 양의 분유를 머지 못한다.

젖병은 혈기 왕성한 새끼 고양이에게 사용할 수 있다.

분유를 먹고 싶지 않은 새끼 고양이는
계속 젖꼭지를 깨물거나 고개를 돌린다.

주사기로 허약한 새끼 고양이에게 분유를 줄 수 있다.

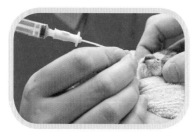

새끼 고양이에게 위관으로 분유를 먹일 때에는
수의사의 지도가 필요하다.

배고픈 새끼 고양이는 끊임없이 울다가
분유를 먹고 배가 불러야 울음을 그친다.

❻ 대다수 새끼 고양이가 처음 젖꼭지를 물면 분유를 바로 빨지 못한다. 그러므로 이럴 때는 인내심을 갖고 기다리는 것이 좋다. 괜히 서두르다가 고양이가 사레 들릴 수도 있는데 일단 분유가 콧구멍에서 뿜어져 나오면 즉시 멈춘다. 고양이가 먹고 싶지 않아 할 때도 우선 멈추는 것이 좋다. 굳이 서두르지 말고 조금 기다린 다음 다시 시도해보자.

❼ 몸이 허약해 충분한 양의 분유를 먹지 못하는 새끼 고양이는 반드시 먹이를 넣어주는 관을 이용한다. 관을 이용할 경우 스포이트나 주사기를 선택하는 것이 좋다. 플라스틱 주사기에 2cm 정도의 분유를 넣어 새끼 고양이 입에 넣어주면 된다.

❽ 위관(위에 직접 음식물을 주입하는 관)으로 고양이에게 분유를 먹이는 방법도 있는데 이는 수의사에게 잘 지도를 받은 뒤 시행해야 한다. 자칫 얇은 플라스틱 관을 기관지에 삽입할 경우 고양이가 질식하거나 흡인성 폐렴에 걸릴 수 있기 때문이다. 하지만 고양이가 허약하고 분유를 잘 삼키지 못한다면 5cm 정도의 플라스틱 튜브를 혀 뒤쪽에서 식도로 넣어 분유를 직접 위에 넣어줄 수도 있다.

분유를 먹이는 양과 횟수

새끼 고양이에게 분유를 먹이는 양은 고양이가 먹고 싶은 만큼 조절하면 된다. 이를테면 새끼 고양이는 배가 고플 때 계속 울다가 분유를 주면 강하게 젖꼭지를 빤다. 하지만 배가 부르면 고개를 돌리거나 젖꼭지를 물고만 있고 더 먹지 않는다. 또한 고양이의 연령에 따라 매번 주는 양과 음식의 열량 밀도가 달라진다.

대부분 갓 태어난 새끼 고양이의 위 용량은 4ml/100g로 체중이 100g인 고양이는 한 번에 4ml 정도만 먹이는 것이 좋다. 지나치게 많이 먹을 경우 토할 수 있다. 고양이용 분유의 포장에 보면 대개 권장량이 표기돼 있으므로 설명에 따라 먹이면 된다. 주사기로 분유를 주는 고양이라면 보통 7일 이전에는 2시간마다 3~6cc를, 7~14일인 경우 낮에는 2시간마다 6~10cc를, 밤에는 4시간마다 한 번씩 준다. 또한 14~21일인 경우 낮에는 2시간마다 8~10cc를, 밤에는 밤 11시에서 아침 8시 사이에 한 번 주면 된다.

주의할 점은 새끼 고양이가 몹시 배가 고플 때 분유를 급하게 빨아 흡인성 폐렴에 걸리기 쉽다는 것이다. 그러므로 분유를 먹일 때는 고양이가 배고프지 않게 시간 간격에 주의해야 한다. 또한 분유를 먹일 때마다 고양이가 과식하지 않도록 한다. 자칫 잘못하면 고양이가 설사나 구토를 하거나 흡인성 폐렴에 걸릴 수 있다.

새끼 고양이의 체중에 적당한 변화가 없다면 먹이는 빈도수를 늘려 적당한 '1일 총 필요 열량'을 섭취하도록 해야 한다. 또한 정상적인 새끼 고양이는 40~60ml/kg의 수분을 필요로 하는데 제대로 수분 섭취가 이뤄지지 않으면 탈수 현상이 나타날 수 있다.

배변과 배뇨 자극하기

출생 직후 3주가 될 때까지 새끼 고양이는 인공적인 자극을 주어 배설을 시켜야 한다. 고양이의 배설을 자극하는 가장 좋은 습관은 식사를 하고 난 뒤에 시도하는 것이다. 음식물이 위에 들어갔을 때 장 연동이 자극되므로 이때 새끼 고양이의 배설관을 자극하면 쉽게 배변,

◀◀ 따뜻한 물에 적신 소독용 솜으로 가볍게 새끼 고양이의 생식기를 닦아주다

◀ 닦고 나면 소변이 나올 수 있다.

01 / 어미 고양이는 새끼 고양이의 항문을 핥아 배뇨를 자극한다.

02 / 새끼 고양이의 변은 황색으로 때로는 부드러운 치약 형태를 띤다.

배뇨를 할 수 있다.

보통 어미 고양이가 새끼 고양이의 항문 부위를 핥아 배변과 배뇨를 유도하듯 새끼 고양이가 분유를 다 먹으면 따뜻한 물에 소독용 솜을 적셔 가볍게 생식기와 항문 입구를 닦아주고 손으로 살살 배를 문질러주자. 또한 새끼 고양이가 용변을 마치고 나면 꼬리 아랫부분을 깨끗이 닦아준다. 일반적으로 새끼 고양이는 매일 황색 변을 보는데 자극한다고 매번 배변을 하는 것은 아니다.

1개월령의 고양이는 혼자 고양이 모래 위에 대소변을 볼 수 있으므로 이때 고양이 모래를 사용하는 훈련을 시키면 된다. 고양이 화장실은 우선 적당히 얕은 상자를 골라 새끼 고양이가 드나들기 편하게 만들어준다. 만약 새끼 고양이가 화장실에서 볼일을 보지 않으려 하면 식사를 한 뒤 직접 화장실에 넣어 고양이 모래를 쓰는 습관을 들이도록 한다.

매일 체중과 활동성 조절하기

태어나면서 3주가 될 때까지 새끼 고양이는 분유를 먹어야 하며, 매일 체중이 5~10g씩 늘어야 정상이다. 그러므로 새끼 고양이를 돌볼 때 체중의 변화와 활동성을 잘 살피면 고양이가 정상적으로 분유를 먹고 있는지 확인할 수 있다. 만약 고양이의 체중이 준다면 건강에 문제가 생겼다는 증거일 수 있으니 즉시 그 원인을 찾아 더 심각한 문제가 발생하지 않도록 해야 한다. 건강한 새끼 고양이는 힘이 넘치기에 끊임없이 기고 걸으며 울어댄다. 반면 고양이가 잘 걷지 못하고 기거나 우는 소리가 작으며 분유도 덜 먹는다면 특별히 주의해 돌보도록 한다.

새끼 고양이의 젖떼기

고양이는 태어난 지 1개월 혹은 1개월 반이 되면 젖을 떼기 시작한다. 하지만 이런 젖떼기는 어린 고양이에게는 매우 큰 스트레스다. 이때부터 새끼 고양이의 위는 새로운 단백질과 탄수화물, 지방 등의 영양소를 받아들여야 한다. 또한 섭취하는 음식의 종류와 분량도 눈에 띄게 달라지며 위장 속 미생물에도 변화가 생긴다. 하지만 지나치게 서둘러 고체 음식으로 바꾸려 하면 고양이가 변비에 걸릴 수 있다. 젖을 끊는 새끼 고양이에겐 깨끗한 물을 자주 줘서 탈수에 걸리지 않게 한다. 또는 따뜻한 물로 중탕한 분유에 고체 음식을 넣어 죽 형태로 먹일 수 있다. 새끼 고양이가 여러 마리일 경우 한 마리가 먼저 이런 음식을 먹기 시작하면 다른 고양이도 따라 먹는다.

어떤 애묘인들은 사람에게 먹이는 이유식(마늘과 양파가 들어가지 않은)이나 새끼 고양이용 통조림으로 이유식을 시작한다. 어떤 음식이든 열을 가하면 냄새를 풍겨 새끼 고양이의 입맛을 자극하게 되고, 음식물을 고양이의 입술에 묻혀 고체 음식의 맛보게 한 다음 며칠에 걸쳐 음식량을 늘리고 액체 양을 줄이면 쉽게 젖을 끊을 수 있다.

젖병에서 고체 음식으로 어떻게 바꿀까?

젖병으로 분유를 먹던 새끼 고양이는 태어난 지 4주가 되면 젖을 끊기 시작하는데 우선 분유에 찻숟가락 반 스푼 정도의 유아식(고양이용 처방식 혹은 이유식 통조림)을 다져 넣는다. 그런 다음 숟가락으로 하루에 4회씩 며칠 동안 먹인다. 5주째에는 얕은 접시에 통조림 내용물의 4분의 1을 담아주고, 나머지 4분의 3은 유제품을 담아준다. 6주째에는 고체 음식의 양을 50% 이상으로 늘리는데 영양소의 균형이 잡힌 통조림으로 주는 것이 가장 좋다. 새끼 고양이는 6주가 되면 완전히 젖을 끊고 모든 유치가 다 자란다. 이 시기에 매일 2~3회의 고체 음식과 한 접시의 젖을 준다. 152페이지의 표를 참고하자.

01 / 매일 새끼 고양이의 체중을 측정해 늘었는지 확인한다.

02 / 이유식을 새끼 고양이의 입에 묻혀 고체 음식을 먹을 수 있도록 유도한다.

03 / 고체 음식을 따뜻한 분유에 넣어 죽처럼 만들거나 고양이용 이유식을 먹인다.

새끼 고양이에게 먹이 주기 ▄▄▄

연령	체중	식사량
출생 1일	70~100g	처음에는 1cc씩 먹인다.
출생 후 2~4일	90~130g	2시간마다 3~6cc를 먹이고, 하루에 8~10회 먹인다.
출생 후 5~10일	140~180g	3시간마다 1회씩, 하루에 약 6~8회를 먹인다.
1~2주	약 200g	매일 6~8cc, 하루에 6~8회를 먹인다.
2~4주	약 300g	4시간마다 1회씩, 매회 10cc 이상, 하루에 4~6회를 먹인다.
4~6주	300~500g	하루에 4~6회, 고양이 분유와 새끼 고양이 이유식 통조림 또는 사료 가루와 물을 혼합해 만든다. 분유의 비율은 점차 줄이고 이유식의 비율은 점차 늘린다.
	약 600g	하루에 4~6회, 1~2주에 걸쳐 이유식으로 완전히 바꾸고 분유를 끊는다.
1개월 반	약 800g	하루에 4~5회, 사료를 불려 먹인다. 다만 사료의 형태가 남아 있어 고체 음식을 먹는 연습이 가능하다. 먹지 않으려고 하면 이유식 통조림을 약간 섞는다.
2개월	1kg	하루에 3~4회, 1~2주에 걸쳐 이유식 통조림을 줄이거나 불린 사료를 건사료로 바꾼다.

새끼 고양이의 성별은 어떻게 구별할까?

대다수 새끼 고양이는 태어나고 3주가 되면 수컷인지 암컷인지 쉽게 알 수 있지만 그 전에는 성별을 구별하기 어려워 종종 착각하기도 한다. 고양이의 성별은 주로 생식기에서 항문까지의 거리로 구분할 수 있다. 수컷 고양이의 경우 생식기에서 항문까지의 거리가 비교적 길다. 이는 앞으로 자라날 고환의 위치 때문이다. 반대로 암컷 고양이의 경우 생식기에서 항문까지의 거리가 비교적 짧다. 그래도 수컷인지 암컷인지 구별할 수 없다면 병원에 데려가 검사하도록 한다.

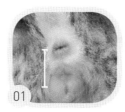 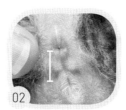

01 / 수컷 고양이
02 / 암컷 고양이

새끼 고양이의 발육과 행동 발달

포유기(출생 직후~5주)

• 출생 후 1일 : 새끼 고양이의 탯줄이 아직 축축하다. 스스로 체온을 조절할 수 없지만 따뜻한 곳으로 움직일 줄 안다.

• 출생 후 2일 : 새끼 고양이가 그르렁거리기 시작한다.

• 출생 후 1주 : 새끼 고양이의 시력과 청각이 아직 형성되지 않았다. 스스로 배설할 수 없기 때문에 어미 고양이가 핥아 배설을 유도해야 한다.

• 출생 후 5~8일 : 아직 눈은 뜨지 못하지만 점차 소리에는 반응한다.

• 출생 후 7~14일 : 천천히 눈을 뜨고 확실하게 소리를 들을 수 있으며 앞니문치가 나

01 / 눈을 뜨지 못한 포유기 고양이는 늘 탯줄이 마른다.
02 / 걷기를 배우는 새끼 고양이

기 시작한다.

- 출생 후 2주 : 눈으로 보기 시작하며 점차 귀를 세우고 걷는 것을 천천히 배워 나간다.
- 출생 후 3주 : 스스로 배설하기 시작하며 혀로 털을 빗는다.

이유기(출생 후 4~6주)

- 출생 후 3~5주 : 이곳저곳을 돌아다니기 시작한다.
- 출생 후 4~6주 : 고양이가 사회화 단계에 들어서 형제들과 어울려 놀고 스스로 체온을 조절한다.
- 출생 후 2개월 : 유치가 점차 가지런히 자라고 좀더 활동적으로 바뀐다.

01 / 이유기의 고양이는 사회화 단계에 들어선다.
02 / 성장기의 고양이는 성 성숙 단계에 들어선다.

성장기(출생 후 3~9개월)

- 출생 후 3개월 : 눈의 색깔이 바뀌기 시작한다.
- 출생 후 4~6개월 : 유치가 영구치로 바뀐다.
- 1차 발정기 : 수컷 고양이는 출생 후 7~16개월, 암컷 고양이는 출생 후 3~9개월이면 발정기가 온다.

모든 생명의 탄생은 저마다 고귀한 의미가 있고 한 생명의 성장을 돌보는 일 역시 특별한 의미가 있다. 필자는 자신의 고양이를 돌보는 데 최선을 다하는 자랑스러운 애묘인을 많이 봐왔다. 그러면서 수의사로서 그들만큼 생명의 소중함을 잘 지켜내고 있는지 스스로 되묻기도 한다. 정말 의지할 곳 없는 새끼 고양이를 보살피겠다고 결심했다면 부디 쉽게 포기하지 않기를 바란다. 어린 고양이 한 마리를 키우는 일이 당신이 하는 어떤 일보다 더 큰 의미가 될 수 있기 때문이다.

🄴 갓난 새끼 고양이의 사망 증후군

일반적으로 갓난 새끼 고양이가 사망하는 원인은 다음의 몇 가지 가운데 하나다. 선천적인 이상이나 영양 문제(어미와 새끼 고양이), 출생 체중의 문제, 출산할 때 혹은 출산 후의 외상(난산, 새끼를 먹는 경우, 어미 고양이의 소홀함으로 생긴 상처), 신생아 용혈, 전염병 및 기타 요절의 원인 등이 그것이다.

선천적 이상

선천적 이상이란 새끼 고양이가 출생할 때 발견된 이상 증세로 대부분 유전자 문제 때문이다. 물론 X-ray나 약물처럼 다양한 외부 인자因子로도 기형이 생길 수 있다. 몇몇 선천적 이상으로 새끼 고양이는 출생 직후나 2주 안에 죽게 된다. 특히 신경계통이나 심장혈관계통, 호흡기계통의 선천적 이상은 고양이가 스스로 움직일 때가 돼서야 눈으로 확인이 가능하다. 혹은 고양이의 성장이 정체되거나 예방접종을 하기 전 건강검진을 하며 발견되기도 한다.

해부학적인 이상으로는 구개열cleft palate이나 두개골 결함, 소장 혹은 대장의 발육부전hypoplasia, 심장 기형, 배꼽 혹은 횡격막 탈장, 신장 기형, 하부 요로계 기형, 근육·골격계 기형 등이 있다. 다만 몇몇 미세해부학 혹은 생물화학적인 이상은 진단을 내릴 수 없으며 사망 증후군의 기타 원인이나 원인 불명의 사망으로 분류된다.

기형 유발 물질

이미 많은 약물과 화학물질이 기형을 유발하는 작용을 하는 것으로 밝혀졌다. 정확한 보고서에 따르면 이런 물질들이 새끼 고양이의 선천성 이상과 조기 사망에 큰 영향을 끼친다고 한다. 그러므로 임신 기간에는 어떤 약물이나 화학물질도 피해야 하며 특히 스테로이드와 그리세오풀빈● 등을 조심해야 한다.

● griseofulvin, 곰팡이성 피부 질환을 치료하는 내복약

영양 문제 ▬▬▬

임신한 어미 고양이가 충분한 영양을 섭취하지 못하면 태어나는 새끼가 허약하고 질병에 걸리기 쉽다. 최근 10년 동안 확인된 가장 심각한 영양 문제는 바로 타우린 결핍으로, 태아의 재흡수나 유산, 사산, 발육불량 등의 문제를 일으킨다. 이렇게 새끼 고양이가 영양불량이 되는 원인으로는 모체의 심각한 영양불량, 태아기에 적당한 모체 혈액 공급의 부족, 태반의 공간 부족으로 인한 경쟁 등을 꼽을 수 있다.

체중 부족 ▬▬▬

출생할 때 체중이 부족한 새끼 고양이는 사망률이 높은 편이다. 다만 성별이나 태아 수, 어미 고양이의 체중은 새끼 고양이의 체중에 영향을 미치지 않는다. 갓난 고양이의 체중 부족을 유발하는 원인이 무엇인지는 정확히 밝혀지지 않았지만 다양한 요소가 있으리라 여겨진다. 조산일 경우 체중이 부족한 현상이 나타날 것이라 흔히 생각하지만 임신 기간을 다 채우고 난 새끼 고양이 중에도 체중이 부족한 경우가 종종 있다. 이는 신체의 선천적인 이상이나 영양 섭취의 문제 때문일 것으로 보인다.

출생할 때 체중이 부족하면 사산이나 조기 사망의 가능성(6주 이내)이 높을 뿐만 아니라 만성 발육부진을 야기해 고양이의 성장기 사망으로 이어질 수 있다. 그러므로 새끼 고양이는 출생 직후부터 6주령이 될 때까지 주기적으로 체중을 측정하며 잘 관찰해야 한다.

출산 외상 ▬▬▬

출산할 때 혹은 출생 후 5일 이내의 고양이 사망은 대부분 난산이나 어미가 새끼를 잡아먹는 경우, 모성 부족 등과 관련이 있다. 신경질적이거나 과도하게 예민한 어미 고양이의 경우 병든 새끼를 잡아먹는 일이 종종 있다. 어미 고양이가 새끼를 잡아먹는 일을 나쁘게만 볼 수 없는 것이 다른 건강한 새끼 고양이들을 위한 행동이기 때문이다. 이를 통해 다른 새끼 고양이들이 질병에 감염되는 상황을 피하고, 불필요한 돌봄이나 모유의 낭비를 막을 수 있다. 어미 고양이는 보통 아픈 새끼를 거들떠보지 않으며 물어서 집 밖으로 내놓기도 하는데 이런 행동은 모성 부족과 구별하기 매우 어렵다.

신생아 용혈

용혈 증상은 집고양이 신생아에게선 기의 발생히지 않지만 특정한 순종 고양이에겐 종종 일어난다. 어미 고양이의 초유에는 풍부한 이행항체가 함유돼 있어 출생 후 24시간 안에 새끼 고양이의 장에 흡수되게 해야 한다. 이런 이행항체에는 동종항체*가 포함돼 있는데 혈액형이 A형인 고양이에게는 미약한 항抗B형 동종항체가, 혈액형이 B형인 고양이에게는 강력한 항A형 동종항체가 있다. 따라서 혈액형이 B형인 어미 고양이가 A형이나 AB형 새끼를 낳을 경우 어미 초유에는 다량의 항A형 동종항체가 함유돼 있다. 새끼 고양이가 이 초유를 24시간 안에 섭취하면 항A형 동종항체가 체내에 흡수되며 새끼 고양이의 적혈구와 결합해 용해된다. 이런 용혈 증상은 혈관 안팎에서 심각한 빈혈이나 단백뇨성 신장질환, 장기부전臟器不全, 파종성 혈관내 응고증disseminated intravascular coagulation, DIC 등을 일으킬 수 있다.

혈액형이 B형인 어미 고양이가 A형이나 AB형 새끼를 임신하면 태아는 어미의 동종항체와 접촉할 수 없기에 신생아의 용혈 증상은 초유를 섭취한 뒤에 주로 나타난다. 출생했을 당시에는 분명 건강하고 정상적으로 모유를 빨던 새끼였는데 초유를 섭취하고 나면 몇 시간 혹은 며칠 안에 용혈 증상이 나타나는 것이다. 하지만 새끼 고양이에게 나타나는 용혈 증상은 저마다 큰 차이가 있다. 대다수 새끼 고양이는 하루 만에 갑자기 죽거나 아무런 이상 증상도 보이지 않는다. 혹은 새끼 고양이가 태어난 지 3일 이내에 어미젖을 거부하고 점차 쇠약해지기도 한다. 심각한 혈색소뇨hemoglobinuria로 적갈색 소변이 나오거나 황달이나 심한 빈혈로 발전하기도 하며 악화되면 일주일 안에 사망하기도 한다.

운이 좋아 살아남은 소수의 새끼 고양이는 1~2주 사이에 꼬리 끝이 괴사된다. 또는 어미젖을 먹고 성장하지만 꼬리 끝 괴사 외에 눈에 띄는 다른 증상은 일어나지 않는 새끼 고양이도 있다. 그러나 이런 경우도 실험실 검사를 하면 보통 수준의 빈혈이 발견되거나 직접쿰스 검사**를 할 경우 신생아 용혈 양성陽性 판정을 받게 된다.

* alloantibody, 동종이지만 다른 개체의 혈구나 조직과 반응하는 항체
** Direct Coomb's test, 혈구가 이미 불완전항체로 감작(感作)되고 있는가를 보는 검사로 양성일 경우 자기면역성 용혈성 빈혈, 신생아 용혈성 질환, 혈액형 부적합 등으로 판정된다.

전염병

새끼 고양이가 조기 사망하는 데에는 전염병이 차지하는 비중이 크다. 특히 젖을 떼고 난 뒤 (5~12주) 세균에 감염되는 경우가 많다. 이 시기의 사망은 대부분 호흡기나 위장의 원발성 原發性 감염 때문으로, 새끼 고양이가 건강에 특별히 문제가 없는 상태에서 세균과 접촉하면 잠복성 감염이 되거나 저절로 치유될 정도로 증상이 경미하다.

하지만 주변 환경이 좋지 못하거나 새끼 고양이의 몸이 좋지 못할 때 질병에 감염되면 상태가 심각해지고 조기 사망할 확률이 높아진다. 세균 감염이 고양이의 면역체계로 저항할 수 있는 수준을 넘어서면 신생아 패혈증neonatal sepsis에 걸리게 된다. 이에 영향을 미치는 요소로는 부적절한 영양 섭취와 온도 조절, 바이러스 감염, 기생충 및 면역체계의 유전, 발육부전 등이 있다. 사실 패혈증을 일으키는 세균은 대부분 평범한 상재균*이다.

많은 바이러스성 전염병도 새끼 고양이의 조기 사망을 유발하는데 코로나바이러스, 헤르페스바이러스, 칼리시바이러스, 레트로바이러스**가 이에 포함된다. 임상증상의 근거가 되는 전염의 경로와 시간은 초유 이행항체의 수치에 따라 결정된다. 그 때문에 어미 고양이가 예방접종을 완벽하게 해도 새끼 고양이가 제때 초유를 먹지 못하면 충분한 이행항체의 보호를 받지 못할 수도 있다.

- ●　常在菌, 피부, 점막, 비강, 구강, 인두, 소화관, 비뇨 생식기 등에 정상적으로 존재하는 세균
- ●●　전염성 복막염, 전염성 비기관지염, 고양이 기관지염, 고양이 유행성 감기, 고양이 백혈병의 원인

기타 원인

새끼 고양이들은 회충roundworm과 구충hookworm의 감염으로도 사망할 수 있다. 지나치게

기생충 감염으로 많은 새끼 고양이가 일찍 세상을 떠난다.

많은 장내 기생충은 고양이의 성장에 나쁜 영향을 주지만 단순한 체외 기생충(벼룩, 진드기)에 감염되었다면 사망하진 않는다. 통계학적인 연구에 따르면 어미 고양이가 다섯 번째 출산할 때 새끼의 생존 확률이 가장 높으며, 첫 번째로 출산하는 새끼와 다섯 번째 이후 출산하는 새끼의 생존 확률이 가장 낮다고 한다. 또한 중간 체형인 어미 고양이의 새끼가 대형이나 소형인 어미 고양이의 새끼보다 생존 확률이 높고, 5마리를 낳을 때 조기 사망할 확률이 가장 낮다.

원인 진단

교배 과정에서 몇몇 새끼 고양이를 잃는 것은 어쩔 수 없는 현상으로 정확한 진단과 판정이 있어야만 더 많은 손실을 줄일 수 있다. 그러기 위해선 수의사가 새끼 고양이를 완벽하게 검사해야 하며, 몇 가지 실험실 검사를 함께 진행해야 한다. 또한 조기 사망할 수 있는 새끼 고양이를 치료하기 전에 세균의 채집과 배양을 병행해야 한다. 조기 사망을 유발하는 특별한 원인을 밝혀낸다면 사전에 죽음을 예방하고 막을 수 있다. 그러므로 원인을 확인하고 그에 맞는 조치를 취한다면 다음 대에서 더 높은 생존 확률을 보장받게 될 것이다.

F 고양이의 중성화 수술

애묘인들은 흔히 "우리 고양이 묶었어!"라는 말을 하는데 사실 이는 잘못된 표현이다. 고양이의 중성화 수술은 자궁과 난소, 고환을 적출하는 것으로, 사람처럼 단순히 묶어주는 방식과 다르다. 그러므로 묶었다는 그릇된 표현보다는 중성화 수술이란 적절한 용어를 알고 써야 혹시나 있을 수 있는 불필요한 분쟁을 줄일 수 있다.

무엇 때문에 중성화 수술이 필요한가?

많은 사람들이 고양이에게 중성화 수술을 시키는 것은 매우 불쌍하고 비인도적인 일이라고 말한다. 하지만 사람이 동물을 집에서 키우는 것 자체가 사실은 매우 비인도적인 일이다. 고양이를 집에서 키우는 것이 인도적인가? 고양이를 밖에 데리고 나가 친구를 만나게 해주지 않는 것이 인도적인가? 고양이에게 자유를 주지 않는 것이 인도적인가? 억지로

중성화 수술을 하면 고양이가 외출해 싸우는 일이 줄어든다.

고양이를 목욕시키는 것이 인도적인가? 중성화 수술은 인도적 차원에서 다룰 수 없는 문제다. 다만 당신이 키우는 고양이가 건강하게 오래 살기를 바란다면 정기적인 예방접종이나 적당한 보살핌 외에도 중성화 수술이 반드시 필요하다. 이 수술이야말로 생명을 연장하고 병에 잘 걸리지 않게 하는 가장 간단한 방법이기 때문이다.

과학적인 보고에 따르면 중성화 수술을 한 고양이가 그렇지 않은 고양이보다 오래 산다는 것이 이미 사실로 증명됐다. 동물에게 생식계통은 후대를 번식하는 기능 외에 신체의 기능 유지에 어떤 영향도 주지 않는다. 암컷 고양이가 발정했을 때는 살이 찌지 않다가 중성화 수술을 하고 나면 살이 찌는 것도 그런 이유 때문이다. 기관이 하나 더 있다는 것은 위험요소가 하나 더 있다는 것과 마찬가지이므로 생식계통을 제거하면 질병에 걸릴 위험도 그만큼 낮아진다. 또한 중성화 수술을 할 경우 암컷 고양이는 자궁축농증과 자궁내막염, 난소낭종, 난소종양 등의 질병을 피할 수 있으며 유방 낭종에 걸릴 위험도 낮아진다. 수컷 고양이는 전립선과 관련된 질병을 피할 수 있다.

뿐만 아니라 성 충동의 자극이 줄어들어 다른 고양이와 덜 싸우게 되며 면역결핍 바이러스에 걸릴 위험도 줄어든다. 고양이에게 성 충동은 맹목적인 욕구로써 중성화 수술을 하지 않은 고양이는 발정했을 때 교배 대상을 찾아다니다 길을 잃을 확률이 높다. 또한 발정기에 끊임없이 내는 울음소리도 이웃에게 민폐가 될 수 있는데, 중성화 수술을 해주면 이런 상황을 줄일 수 있다.

중성화 수술의 위험성과 부작용

중성화 수술은 이미 보편화된 것으로 숙련된 수의사가 진행할 경우 상당히 안전한 편이다. 다만 고양이에게 이미 잠복된 질병이 있었다면 문제가 될 수도 있다. 마취의 위험성 역시 고양이 보호자라면 걱정할 만한 문제다. 그러나 수술 전에 완벽하게 건강검진을 하고 신중하게 수의사를 선택한다면 이런 위험은 얼마든지 낮출 수 있다. 중성화 수술 이후의 부작용도 살이 찌는 것 외에는 특별히 없다. 그렇다고 살이 많이 찌는 것은 아니므로 식이조절을 통해 개선할 수 있다.

고양이를 큰 이동장에 넣어
이동하는 것이 좋다.

수술 전 준비

마취를 하는 과정에서 가장 염려되는 부분은 고양이가 구토를 하는 것이다. 토사물이 기관지를 막아 흡입성 폐렴이나 질식을 일으킬 수 있기 때문이다. 그러므로 수술 8시간 전부터는 반드시 음식과 물을 먹이지 말고 위를 비워야 한다. 마취 수술의 경우 고양이에게 이상 증상이 있거나 예전에 병을 앓은 적이 있다면 수술 전에 미리 수의사에게 이런 사실을 알려

수술 전에 두 고환 모두 음낭 안에 있는지
확인해야 한다.

야 한다. 또한 마취 수술 이후 회복하는 동안에도 고양이가 흥분할 수 있으니 직접 안기보다 조금 큰 이동장을 준비해 이동하는 것이 좋다.

수컷 고양이의 중성화 수술

수컷 고양이의 중성화 수술은 거세 수술이라고도 하는데 사람이 수정관輸精管, 정관을 묶는

것과 달리 양쪽 고환을 모두 적출한다. 수술 방법은 매우 다양하지만 일반적으로 자기의 혈관과 정관으로 매듭을 만드는 자가결찰법을 선택하면 고환의 절개 부위를 봉합하지 않아도 된다. 수술 뒤에 고양이가 상처 부위를 핥아도 크게 상관이 없으므로 따로 원통형 목 보호대를 할 필요도 없다. 다만 상처가 회복되는 데 14일 정도 걸리니 그동안 목욕을 하지 않는다. 상처에 따로 약을 발라줄 필요가 없으며 항생제만 일주일 정도 먹이면 된다.

또한 수술을 위해 마취하기 전 수의사에게 고양이의 양쪽 고환이 모두 음낭 안에 있는지 미리 확인해야 한다. 보통 수의사가 미리 확인하지만 잠복고환 수술은 비용이 더 발생할 수 있으므로 보호자가 미리 확인하는 것이 만일의 사태에 대응할 수 있다.

잠복고환 수술은 비교적 번거로운 수술로 수의사가 수술 전에 잠복고환이 피하皮下 안에 있는지 확인해야 한다. 만약 잠복고환이 피하 안에 없다면 절개 수술을 해서 찾아야 하는 데 이런 일이 번거롭다고 수술하지 않으면 나중에 큰일이 될 수 있다. 대부분 잠복고환은 노년에 악성 종양으로 변하기 때문이다.

암컷 고양이의 중성화 수술

암컷 고양이의 중성화 수술은 난소 · 자궁 적출술이라고도 하며 사람처럼 나팔관을 묶는 대신 자궁각子宮角과 자궁체子宮體 및 양쪽 난소를 모두 적출한다. 특히 양쪽 난소가 확실히 다 적출됐는지 확인해야 수술 후 발정 증상이 나타나는 것을 막을 수 있다. 간혹 아직 기술이 숙련되지 않은 수의사가 자궁각과 자궁체를 직접 묶는 실수를 하기도 하는데 이럴 경우 암컷 고양이에게 예전과 같이 발정이 일어날 수 있으며 심각한 자궁축농증에 걸릴 수도 있다. 어떤 사람들은 난소 한쪽을 남겨놓아야 신체의 정상적인 발육에 도움이 된다고 믿기도 하는데 이는 대단히 잘못된 생각이다. 이럴 경우 암컷 고양이는 임신만 못할 뿐 발정은 계속돼 중성화 수술의 장점을 전혀 누릴 수 없다.

암컷 고양이의 중성화 수술은 15~20분 정도 걸리며, 기술이 숙련된 수의사는 2~3cm 정도의

01 / 암컷 고양이의 중성화 수술
02 / 고양이를 꼼짝 못하게 한 뒤 가스 마취제를 흡입하게 한다.

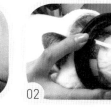

작은 상처만 남기고 난소와 자궁을 깨끗이 적출할 수 있다.

이런 작은 상처는 복강 상처를 파열시킬 위험성이 없으므로 녹는 실로 표피 봉합술을 시행하면 수술의 안정성을 크게 높일 수 있다. 또한 수술 후 실밥을 제거하는 번거로움도 줄일 수 있고, 암컷 고양이가 원통형 목 보호대를 하지 않아도 되며, 입원 없이 당일에 귀가해 더 편안히 회복기를 보낼 수 있다.

수술 후 상처에도 약을 바르지 않아도 되며 항생제만 일주일 정도 먹이면 된다. 다만 약을 먹는 처음 2~3일 동안은 식욕이 떨어질 수도 있으니 유동식의 영양액이나 영양 연고를 먹이도록 한다. 또한 수술한 뒤 14일 동안은 목욕을 시키지 않는다.

모든 수의사가 같은 방법으로 수술하는 것은 아니다. 이는 어떤 수술 방법이 옳고 그름의 문제가 아니므로 당신이 선택한 수의사를 신뢰하면 된다.

적절한 수술 시기

미국에선 보통 2개월이면 중성화 수술을 하도록 권한다. 하지만 고양이들은 이 시기에 상부 호흡기 감염이나 곰팡이성 피부 질환, 귀 진드기 등의 질병에 걸리거나 예방접종을 해야 하므로 보통 5~6개월에 수술하면 좋다. 이 무렵 고양이는 건강 상태가 안정돼 수술의 위험성이 상대적으로 낮고 발정 전에 수술을 해야 성 충동을 막을 수 있다.

몇몇 자료에 따르면 수컷 고양이를 10개월 전에 거세하면 요결석urinary calculus에 걸릴 위험이 높다고 한다. 지나치게 일찍 거세하면 음경이 제대로 자라지 않아 요도가 좁아지고 막힐 수 있다고 보는 것이다. 하지만 요결석의 주요 원인은 결정뇨crystalluria와 점액의 색전塞栓 때문으로 요도의 굵기와 질병의 발생은 아무런 관련이 없다.

많은 고양이 보호자가 중성화 수술을 두고 고민하는데 그렇게 몇 년 동안 시간을 끌다 고양이에게 자궁축농증이나 유방 종양이 생기고 나서야 겨우 수술을 시킨다. 그러나 이런 수술은 이미 때를 놓쳐 위험성이 그만큼 커진다. 고양이 몸에 이미 병이 있는데다 뒤늦게 수술하려고 하면 때는 늦고 만다. 나이가 많은 고양이일수록 수술의 위험성도 크고 회복하는 데도 오래 걸린다.

수술 전 건강검진

중성화 수술 전에 건강검진을 받아야 한다고 하면 아직도 수의사가 수작을 부린다고 생각하는 사람이 많다. 수술비에 건강검진 비용까지 부담되기 때문이다. 그런데 당신의 고양이에게 심장병이 있는데 검사를 하지 않아 잘 모르고 있다가 수술 중에 위험한 상황이 발생하면 어떻게 하겠는가? 그런 경우를 대비하기 위해 수술 전 검진이 꼭 필요하다. 검진을 받으면 수의사가 이 수술을 할 것인지 미리 판단할 수 있으며 적당한 마취 방법과 약물 처리를 선택할 수 있다.

수술 전 건강검진은 흔히 많이 하는 청진이나 촉진, 시진, 체온 측정 외에도 혈구계수적혈구, 백혈구, 혈소판, 간과 신장, 췌장의 생리 화학적 기능 검사, X-ray 검사 등이 있다. 이런 검사를 통해 심장과 전체 신체 구조의 평가를 내릴 수 있다. 어떤 마취든 위험률이 있기에 수술 전 건강검진이 더 중요한 것이다. 고양이의 몸 상태를 알면 그것에 맞는 마취 방법을 선택해 수술의 위험도를 크게 낮출 수 있다.

어떤 사람들은 중성화 수술이 비인도적이라고 비난한다. 하지만 고양이가 발정했는데도 배설할 곳이 없다면 대체 어디를 가야 한다는 말인가? 일단 교배를 한다 해도 태어난 새끼 고양이들은 모두 어떻게 해야 하나? 지금도 거리에는 유기 동물이 차고 넘친다. 그런 의미에서 중성화 수술은 단점보다 장점이 많은 수술이니 부디 신중하게 고려하기를 바란다.

Ⓖ 고양이 번식에 관한 깨알 같은 지식

**면봉으로 암컷 고양이의 발
정을 멈출 수 있다?**

암컷 고양이는 삽입이 돼
야 배란이 되는 동물로 수컷 고양이의 음경
이 질에 삽입돼 난소를 자극해야 배란이 된
다. 그런데 암컷 고양이는 일단 배란이 되면
난소가 발정의 난포卵胞 단계에서 임신 단계
의 황체기黃體期로 들어선다. 다시 말해 암컷 고양이는 발정을 멈추고 임신 단계에 이르는
것이다. 바로 이런 원리를 이용해 암컷 고양이의 질에 면봉을 삽입해 발정을 멈출 수 있다
고 한다. 그럴 듯한 이야기지만 이런 방법을 쓸 경우 암컷 고양이가 상상임신을 할 수 있다.
게다가 상상임신을 한 암컷 고양이는 후에 자궁축농증이나 유방 종양 같은 질병에 걸리
기 쉽다. 그렇기 때문에 정통 수의학에서는 이런 방식을 사용하지 않는다.

**수컷 고양이는 발정한 암
컷 고양이가 어디에 있는
지 어떻게 알까?**

암컷 고양이는 발정하면 울음소리를 내거나
수컷 고양이를 유혹하는 행동을 할 뿐만 아
니라 소변에 특수한 성분과 냄새가 있다. 생
물학에서는 이를 성페로몬sex pheromone이라
부르는데 이 냄새는 공기를 타고 몇 km 밖까지 퍼져 나간다. 그리고 부근에서 이 냄새를 맡
은 수컷 고양이가 암컷 고양이와 교미할 좋은 기회를 노리는 것이다.

Q 03

암컷 고양이는 교미한 뒤 왜 수컷 고양이를 공격할까?

수컷 고양이는 교배할 때 암컷 고양이의 목덜미 피부를 무는데 이는 암컷 고양이를 움직이지 못하게 하기 위한 행동이며, 그래야만 교배에 성공하기 쉽다. 또한 교배를 위해 삽입하는 행동은 분명 고통이 따를 수밖에 없다. 그 때문에 암컷 고양이는 교배를 하고 나면 잠시 동안 수컷 고양이를 공격하는 것이다. 이런 행동은 무리 지어 살지 않는 동물인 고양이에게는 어찌 보면 당연한 일이다. 어떤 사람들은 수컷 고양이의 음경에 돌기가 있어 암컷 고양이가 아파한다고 하는데 사실 돌기가 있든 없든 음경의 삽입은 통증을 유발할 수밖에 없다.

Q 04

수컷 고양이는 어떻게 중성화 수술 뒤에도 성 충동을 느낄까?

성 성숙이 일어난 수컷 고양이는 성페로몬이나 그와 비슷한 냄새만 맡아도 성 충동을 느낀다. 심지어 보호자가 포피包皮만 깨끗이 닦아줘도 성 충동을 느끼고 좋아한다. 보통 성 성숙이 일어나기 전에 중성화 수술을 한 수컷 고양이는 성 충동을 느끼지 않는다. 하지만 성 성숙 단계가 지났거나 교배 경험을 하고 중성화 수술을 한 수컷 고양이는 여전히 원시적인 충동 반사를 보이며 발정한 암컷 고양이와 교배를 하기도 한다. 그러나 보통 남성호르몬의 자극이 결핍되면 수컷 고양이도 점차 성性에 대한 흥미를 잃게 된다.

Q 05

밖에서 생활하는 수컷 성묘는 왜 포유기의 새끼 고양이를 물어죽일까?

일반적으로 암컷 고양이는 포유기에 발정하지 않으며 대부분 새끼의 이유기 이후에 다시 발정기에 들어간다. 반면 다른 수컷 고양이는 한시라도 빨리 암컷 고양이를 발정하게 해 자신의 후대를 번식시키려 한다. 그 때문에 간혹 수컷 고양이가 포유기의 새끼 고양이를 잔인하게 살해하는 일이 벌어진다. 암컷 고양이는 새끼가 젖을 빨지 않으면 금세 발정기에 들어가 다른 수컷 고양이의 교배를 받아들인다.

Q 06

수컷 고양이에게도 첫 경험은 중요할까?

물론 수컷 고양이에게도 첫 경험은 매우 중요하다. 첫 번째 교배의 경험이 나쁘면 평생 영향을 받기 때문에 교배에 대해 기대하면서도 상처받을까 봐 두려워하게 된다. 몇몇 성질이 고약한 암컷 고양이들은 교배가 끝나자마자 무자비하게 수컷 고양이를 공격한다. 이럴 때 평소 겁이 많은 수컷 고양이는 무력하게 당하고 있을 수밖에 없으며 그 뒤로 성에 대한 흥미를 잃게 된다. 하지만 성격이 강한데다 최고의 종묘인 수컷 고양이라면 한 번 정한 목표를 결코 놓치지 않는다. 만약 당신의 수컷 고양이가 겁이 많다면 반드시 경험이 있고 온순한 암컷 고양이를 첫 경험 상대로 맺어줘야 한다.

Q 07

암컷 고양이가 발정하지 않았는데 억지로 교배할 수 있을까?

실제로 이런 일은 가능하지 않다. 수컷 고양이의 음경은 매우 작고 짧아서 교미에 성공하려면 암컷 고양이의 완벽한 협조가 필요하다. 그래서 암컷 고양이가 교미를 할 때 엉덩이를 치켜들고 꼬리를 한쪽으로 두는 것이다. 그래야만 수컷 고양이가 삽입할 수 있기 때문이다. 만약 발정기도 아닌데 수컷 고양이가 암컷 고양이의 목덜미를 문다면 반드시 강한 반격을 받게 될 것이다. 수컷 고양이가 억지로 목덜미를 물었다고 해도 암컷 고양이가 엉덩이를 들지 않고 꼬리를 한쪽으로 치우지 않으면 교배가 이뤄지지 않는다.

PART

6

고양이 청결과 관리
깨끗하게 , 깔끔하게 , 건강하게 !

Ⓐ 고양이의 얼굴 관리

옛날 사람들은 단순히 쥐를 잡기 위해 고양이를 길렀지만 현대인에게 고양이는 함께 생활하는 가족과 같다. 그래서 고양이의 일상생활을 잘 돌보는 것 역시 보호자가 해야 할 몫이다. 고양이도 사람처럼 매일 깨끗이 닦고 관리해야 한다. 그중에서도 눈과 귀, 치아, 발톱, 피모, 항문 등은 매일 혹은 주기적으로 깨끗이 정리해주지 않으면 질병에 걸릴 수 있다.

매일 혹은 주기적으로 고양이의 전신을 깨끗이 관리하다 보면 고양이 신체에 나타난 이상 증상을 조기에 발견할 수 있으며 고양이와 사람 사이에 유대감도 키울 수 있다. 물론 이런 관리도 고양이가 싫어하지 않는다는 전제 조건이 있어야 가능하다. 그러려면 고양이가 어렸을 때부터 자주 만지고 안아주면서 친근감을 형성함과 동시에 청결한 습관을 길러줘야 한다.

B 고양이의 눈 관리

건강한 고양이의 눈에는 분비물이 많지 않다. 하지만 고양이도 막 일어났을 때 가끔 안각에 갈색 분비물이 끼기도 하는데 사람처럼 눈곱이 자연스럽게 형성된 것이다. 고양이가 스스로 얼굴을 닦아낸다고 해도 완벽하게 깨끗이 하지 못하는 경우가 있는데 바로 이때 보호자의 도움이 필요하다.

가끔 고양이의 눈물 때문에 안각의 털이 적갈색으로 바뀔 때가 있는데 자칫 눈에서 피를 흘리고 있는 것처럼 오해할 수도 있다. 이는 고양이의 눈물에 털의 색을 바뀌게 하는 성분이 있기 때문이다.

또한 고양이의 눈과 코 사이에는 비루관이 있는데 눈물이 이 비루관을 타고 비강으로 배출된다. 하지만 염증으로 비루관이 좁아질 경우 눈물이 비강으로 나올 수 없어 안각으로 흘러넘치게 되니 이럴 때는 휴지로 깨끗이 닦아주면 된다.

또한 고양이의 눈에 마른 갈색 눈곱이 있으면 작은 솜을 촉촉하게 적셔 가볍게 닦아준다. 쉽게 긴장하는 고양이에게 면봉을 쓸 경우 오히려 눈에 상처를 입힐 수 있으니 거즈나 화장솜을 사용하는 것이 좋다.

● 眼角, 위 눈꺼풀과 아래 눈꺼풀이 만나서 눈 양쪽에 이루는 각

01 / 정상적인 고양이의 안각에는 마른 갈색 분비물이 있다.

02 / 고양이의 눈물에는 털의 색을 바뀌게 하는 성분이 들어 있다.

눈 깨끗이 하기 ▬▬▬

Step1 솜 혹은 거즈를 생리식염수에 적신다.

Step2 손으로 고양이의 머리를 가볍게 올린 뒤 약간 힘을 줘 고정하고 얼굴 주위를 천천히 만져주면 고양이의 긴장이 풀린다.

Step3 눈 앞부터 끝까지 눈의 가장자리를 따라 가볍게 눈꺼풀을 닦아준다. 만약 마르고 단단한 눈 분비물(황록색의 분비물)이 있다면 솜에 식염수를 적셔 가만히 왔다 갔다 하는 식으로 닦아 분비물을 부드럽게 만든다. 힘을 줘서 거칠게 분비물을 닦아내면 고양이의 눈꺼풀이나 눈 주위 피부에 염증이 생길 수 있다.

Step4 안각에 투명한 분비물이 있으면 인공 눈물을 몇 방울 떨어뜨려 눈을 씻어낸다. 다만 어떤 고양이는 인공 눈물을 무서워하므로 사용하기 전에 마사지를 하며 긴장을 풀어준다. 또한 인공 눈물을 든 손을 고양이의 뒤에 오게 하면 비교적 겁을 덜 먹는다.

Step5

눈을 깨끗이 한 뒤 인공 눈물이나 보호용 안약을
넣어준다. 그런 다음 솜을 적셔 남은 누액을 닦아
내는데 이 과정에서 고양이의 눈동자를 건드리지
않도록 조심한다.

잘못된 눈 청소 방법

고양이의 눈을 깨끗이 할 때 절대로 손톱으
로 강하게 분비물을 빼내려 하면 안 된다.
사람의 손톱이 고양이 안각 피부에 상처를
남겨 심각한 눈병이 생길 수 있다.

ⓒ 고양이의 귀 관리

이상이 없는 건강한 고양이의 귀(귀 진드기 감염이나 이염 등이 없는)에는 귀지가 많지 않다. 따라서 귀에 귀지나 냄새가 없으면 매일 귀 청소액으로 깨끗이 해줄 필요가 없다. 때론 지나친 귀 청수 때문에 귀에 염증이 나기도 하므로 한 달에 1~2회 정도만 깨끗이 해주면 된다.

귀가 유난히 축축하거나 통풍이 잘 되지 않으면 곰팡이와 세균이 자라기 쉬우며 귀에 염증이 생긴다. 또한 고양이의 품종과 개체의 차이가 귀 건강에 영향을 미치기도 하는데 스코티시폴드나 아메리칸 컬이 바로 그런 예다. 스코티시폴드는 유전자 돌연변이로 생겨난 종으로 귀가 비교적 작고 앞으로 접혀 있어 통풍이 잘 되지 않는다. 반면 아메리칸 컬은 귀가 서 있지만 끝부분이 뒤로 말리듯 젖혀 있어 귓바퀴가 딱딱하고 좁아 귀를 청소하기 어렵다. 그래서 이런 품종의 고양이들은 보호자가 좀더 귀를 청결하게 관리해줘야 한다.

01 / 건강하고 정상적인 고양이의 귀는 깨끗하고 분비물이 없다.

02 / 염증이 난 고양이의 귀엔 흑갈색의 분비물이 있다.

귀 청소하기

 Step1   귀를 청소하려면 솜과 귀 청소액이 필요하다.

Step2   오른손으로 귀 청소액을 들고, 왼손 엄지와 검지로 귀의 귓바퀴를 잡아 밖으로 뒤집는다. 이렇게 하면 귀의 구조를 좀더 정확히 볼 수 있을 뿐만 아니라 머리를 붙잡아 귀를 청소할 때 고양이가 귀 청소액을 아무 데나 털고 다니지 않는다.

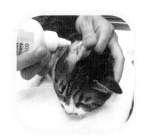

Step3   고양이의 외이도外耳道, 즉 귀 입구에서 고막에 이르는 관의 위치를 확인한다

Step4   귀 안에 귀 청소액을 1~2방울 떨어뜨린다.

Step5   왼손으로 고양이의 머리를 받치고 오른손으로 가볍게 귀뿌리를 가볍게 만져 귀 청소액이 충분히 귀지를 녹이도록 한다. 그런 다음 손을 놓아 고양이가 외이도에 남은 귀 청소액과 귀를 흔들어 털게 한다.

Step6   깨끗한 솜이나 휴지로 귓바퀴에 남은 귀 청소액과 귀지를 닦아낸다.

일상적인 관리

어떤 고양이들은 귀에 염증이 없지만 귀지가 자주 생긴다. 하지만 매일 귀 청소액으로 고양이의 귀를 청소하면 고양이가 싫어할 수 있다. 이럴 때 다른 방법으로 귀를 청소해보자. 이렇게 하면 고양이도 큰 거부감을 느끼지 않는다.

Step1

작은 솜에 귀 청소액을 적신다. 고양이의 귀지는 대부분 지성으로 일반적인 생리식염수로는 깨끗하게 청소하기 어렵다. 그러므로 귀 청소액으로 귀를 깨끗하게 해주는 것이 좋다.

Step2

왼손으로 고양이의 귓바퀴를 살짝 밖으로 젖히고, 오른손으로 귀 청소액을 적신 솜을 든 뒤 고양이의 머리를 고정시킨다.

Step3

눈으로 보이는 귀의 바깥 부분만 솜으로 닦는다. 귀 안은 굳이 면봉으로 청소할 필요가 없다. 자칫 고양이의 귀에 상처를 입히고 귀지도 안으로 밀려들어갈 수 있다. 또한 외이도 안의 귀지는 고양이가 고개를 흔들면 빠져나올 것이다.

D 고양이의 치아 관리

필자가 고양이의 치아를 검사하다 보면 종종 치석과 구강질환을 발견하게 된다. 그럴 때마다 고양이에게 양치질이나 치아 스케일링을 시켜야 한다고 말하면 보호자들이 내게 반문한다. "고양이도 양치질을 해요?", "고양이한테 어떻게 양치질을 시키죠?", "고양이가 양치질하기를 싫어하면 어떻게 하나요?", "고양이도 주기적으로 이를 닦아야 하나요?"

사실 고양이도 사람처럼 주기적으로 양치질을 해줘야 건강한 구강을 유지할 수 있다. 고양이의 입에서 나쁜 냄새가 난다든지, 입에서 침이 흐른다면 특히 주의해서 구강을 살펴야 한다.

일반적으로 3세 이상의 고양이 가운데 85%는 치주질환을 앓고 있다. 이 질환은 비교적 서서히 발생하는 구강질환으로, 치아 주변 조직에 염증을 일으키며 일찍 이가 빠지는 증상의 주요 원인이 된다. 치주질환에 걸린 고양이는 건사료를 먹을 때 잘 씹지 못하며 치아가 불편해 식욕이 저하되고 몸이 점차 쇠약해진다. 또한 고양이의 치아에 치석이 두껍게 껴 있으면 일반적인 양치질로는 깨끗이 할 수 없으므로 반드시 병원에 데려와 치아 스케일링을 받아야 한다.

나이 든 고양이는 젊은 고양이보다 구강질환에 걸릴 확률이 높다. 치석이 오랫동안 쌓이면 치주질환뿐만 아니라 노령묘의 경우 면역력이 떨어져 구내염에 걸리기 쉽다. 특히 치주질환에 걸린 구강의 세균은 혈액순환을 통해 고양이의 심장과 신장, 간에 질병을 옮기기도 한다. 그러므로 집에서 하는 철저한 구강 관리와 정기적인 치아 스케일링이 있어야 고양이의 치주질환을 예방할 수 있다.

01 / 건강하고 깅싱직인 치이
02 / 치석과 경미한 염증이 있는 치아

고양이의 치아를 지키는 가장 좋은 방법은 어릴 때부터 양치질하는 동작에 익숙해지도록 가르치는 것이다. 그래야만 고양이도 양치질에 큰 거부감을 느끼지 않을 수 있다. 보통 양치질 횟수는 일주일에 1~2회 정도가 적당하다. 만약 고양이가 한 번도 양치질을 해본 적이 없거나 싫어한다면 치약이나 구강 청결제를 치아에 직접 발라주면 된다. 고양이가 입으로 다 핥아 먹어도 양치질하는 것과 같은 효과가 있기 때문이다. 하지만 대다수 고양이는 양치질을 싫어해 보호자가 양치질할 준비만 해도 입을 꼭 다물어버린다. 그러므로 고양이에게 양치질을 시키려면 아래 몇 가지 사항을 주의해야 한다.

고양이에게 양치질을 시킬 때 주의할 사항

고양이의 긴장을 풀어준다
양치질을 하기 전에 먼저 고양이가 좋아하는 곳(뺨이나 턱 같은)을 만져주며 말로 안심시킨다. 고양이가 긴장을 풀고 난 다음 양치질을 한다.

고양이를 억지로 붙들지 않는다
고양이가 양치질을 하지 않으려 하면 절대 억지로 붙잡지 말아야 한다. 그럴 경우 고양이는 양치질을 싫어하게 된다. 또한 대다수 고양이는 긴 시간 동안 한 가지 일을 할 수 없으므로 양치질을 할 때 몇 번에 나눠서 하는 것이 좋다.

고양이가 입을 뒤집는 동작에 익숙해지도록 한다
아직 고양이에게 양치질을 해준 적이 없다면 자주 고양이 입을 뒤집어주며 이 동작에 익숙해지도록 한다. 그래야 진짜 양치질을 하게 됐을 때 반항이 줄어든다.

양치질을 한 후 고양이를 격려한다

양치질을 하고 나면 고양이를 격려하며 고양이가 좋아하
는 간식을 주거나 고양이 낚싯대로 놀아준다. 양치질을
마친 다음 자신이 좋아하는 일을 한다는 사실을 고양이
가 알면 과도하게 반항하지 않는다.

발라주는 방식으로 치아 닦기

보조 도구가 필요 없는 이 방법은 안정적인 고양이에게 비교적 적합하다.

Step1	Step2	Step3
고양이를 옆으로 안는 방식으로 고정한다.	오른손 검지로 치약이나 구강 청결제를 묻힌다.	치약이나 구강 청결제를 묻힌 손가락을 입가로 집어넣어 치아 표면에 바른다.

거즈와 손가락으로 치아 닦기

Step1
고양이를 테이블에 올린 뒤 머리를 앞으로 두고 당신의 몸과 고양이의 등이 밀착되게 해 고양이 몸을 고정한다. 혹은 고양이를 안아 다리에 앉힌다. 먼저 고양이를 만져주며 긴장을 풀어준다.

Step2
오른손 검지에 손가락 칫솔을 끼거나 거즈를 감은 다음 고양이가 도망가지 않도록 일단 손을 감춘다. 만약 고양이가 앞발로 당신의 손을 밀쳐내면 옷이나 수건으로 고양이의 앞발을 잠시 덮어둔다.

Step3
왼손의 엄지와 검지로 가볍게 고양이의 머리를 붙들어 고양이가 마음대로 머리를 움직이지 못하게 한다.

Step4
처음에는 손가락 칫솔이나 거즈에 고기 통조림의 즙 혹은 고양이가 좋아하는 헤어볼 치료제를 묻혀 고양이가 양치질하는 동작에 익숙해지도록 한다. 그런 다음 다시 치약을 묻혀 양치질을 한다.

Step5   송곳니를 닦을 때는 왼손 엄지와 검지로 입을 가볍게 위로 뒤집어 송곳니가 보이게 한다. 손가락 칫솔이나 거즈로 치아를 닦아 치석이 깨끗이 없어지도록 한다.

Step6   고양이의 안쪽 어금니는 치석이 쌓이기 가장 쉬운 부위이므로 꼼꼼히 닦아줘야 한다. 특별히 고양이의 입을 크게 벌릴 필요 없이 손가락으로 입술을 위로 뒤집어 손가락 칫솔이나 거즈로 치아를 닦아준다.

고양이 칫솔로 어금니 닦기

손가락은 조금 두꺼워 안쪽 어금니를 닦기 어렵다. 그럴 때는 고양이용 칫솔이나 유아용 칫솔을 사용한다. 또한 칫솔 머리는 작고 손잡이는 가늘고 길어야 어금니를 잘 닦을 수 있다.

Step1   고양이를 테이블 위에 올려 머리를 앞에 두고 당신의 몸과 고양이의 등을 밀착해 고양이의 몸을 고정한다. 혹은 고양이를 안아 다리에 앉힌다. 먼저 고양이를 만져주며 긴장을 풀어준다. 고양이가 앞발로 당신의 손을 쳐내면 옷이나 수건으로 잠시 덮어둔다.

 Step2   연필을 잡는 것처럼 칫솔을 쥔다.

Step3   칫솔에 먼저 치약을 묻힌다. 건조한 칫솔 머리는 고양이를 아프게 하거나 잇몸에 상처를 낼 수 있다. 처음에는 고기 통조림의 즙이나 고양이가 좋아하는 헤어볼 치료제를 칫솔에 묻혀 고양이가 양치질하는 동작에 익숙해지도록 한다.

Step4   왼손으로 고양이의 머리를 받치고 엄지로 고양이의 입가를 위로 뒤집어 안쪽 어금니가 보이게 한다. 억지로 고양이의 입을 벌릴 필요가 없다. 양치질을 할 때는 살짝만 힘을 주며 지나치게 힘을 줄 경우 잇몸에서 피가 날 수 있다. 칫솔을 치아와 잇몸 사이로 옮겨 치아 위의 치석을 닦아낸다.

Step5   송곳니를 닦을 때도 코 가까이의 입술을 살짝 위로 뒤집어 송곳니가 보이게 한다.

E 고양이의 코 관리

어떤 고양이들은 항상 코에 검은 코딱지를 달고 다닌다. 마르고 딱딱한 흑갈색 코 분비물은 눈물이 눈에서 코 뒤로 흘러 들어와 응고된 것이므로 정상적인 분비물이니 지나치게 걱정하지 않아도 된다. 공기가 건조해지면 콧물이 더 쉽게 쌓이므로 애묘인들은 고양이의 코를 깨끗이 해줘야 한다. 또한 어떤 고양이들의 코에는 때가 잘 끼므로 매일 깨끗이 해주는 것이 좋다. 특히 페르시안이나 엑조틱 쇼트헤어 같은 품종은 코 관리에 신경을 써야 한다.

일상적인 코 관리

Step1 솜이나 면봉을 생리식염수에 적신다. 고양이를 무릎에 올려 비스듬히 안고 앞발을 잡아 몸을 고정한다.

Step2 적신 솜을 콧구멍에서 주변 부위로 가볍게 닦아낸다. 솜이 닿으면 고양이가 긴장할 수 있으니 미리 안심시키도록 한다.

✕ 코에 고름이 심하게 묻어 있으면 먼저 생리식염수로 분비물을 적신다. 절대로 손으로 분비물을 거칠게 잡아떼서는 안 된다. 자칫 고양이의 코에 상처를 입힐 수 있다.

F 고양이의 턱 관리

고양이는 식사를 할 때마다 음식물을 턱에 잘 묻힌다. 하지만 그들의 신체 구조상 스스로 턱을 깨끗하게 핥기 어렵기 때문에 보호자의 도움이 필요하다. 또한 턱은 피지분비가 왕성한 경우 여드름(모낭염)이 생기기 쉽다. 만약 턱을 깨끗하게 해줘도 여드름이 개선되지 않고 염증이 생긴다면 동물병원에 데려가 치료를 받아야 한다.

01 / 솜을 따뜻한 물이나 생리식염수에 적셔 턱의 털이 자란 방향으로 닦아 음식물 찌꺼기나 여드름을 가볍게 문질러 닦는다.

02 / 장모종 고양이는 먼저 수건으로 닦고 벼룩용 빗(참빗)으로 음식물 찌꺼기를 빗겨낸다.

ⓖ 고양이의 몸 관리

고양이는 깔끔한 것을 좋아하는 동물로 식사하고 나면 늘 자신의 몸을 깨끗하게 하고 털을 핥는다. 하지만 이 과정에서 고양이의 입을 통해 위까지 들어간 털 뭉치가 모구증을 일으킨다. 그 때문에 고양이는 종종 헤어볼을 토해낸다.

봄과 가을은 고양이가 털갈이를 하는 시기로 이때는 평소보다 더 많은 양의 털이 빠진다. 따라서 모구증을 예방하기 위해선 주기적으로 고양이에게 빗질을 해 빠지는 털을 정리해주는 것이 좋다. 이렇게 빗질을 하다 보면 고양이의 피부도 자연스럽게 검사할 수 있어 문제가 있을 때 조기에 발견하고 치료할 수 있다.

적절한 빗질 도구 선택

단모종 고양이는 주로 고무나 실리콘 브러시를 사용하며, 장모종 고양이는 손잡이 일자빗이나 핀 브러시를 많이 사용한다. 특히 엉키기 쉬운 부위에 이런 빗을 사용하면 쉽게 풀 수 있다. 털의 양이 많은 고양이(아메리칸 쇼트헤어 같은)는 슬리커를 사용한다. 다만 처음 고양이를 빗기는 애묘인이라면 슬리커 사용을 추천하지 않는다. 슬리커는 비교적 날카로워 힘의 조절을 제대로 하지 못하면 고양이의 피부에 쉽게 상처를 낼 수 있다. 또한 고양이가 상처를 입게 되면 빗질에 대한 나쁜 인상을 갖게 되니 주의해야 한다.

고양이 빗질의 3가지 요령

Step1

빗질을 하기 전 반드시 고양이의 긴장을 풀어줘야 한다. 가능한 한 고양이가 기분이 좋을 때 빗질을 하되 함께 놀아줄 때는 하면 안 된다. 이때 고양이는 약간 흥분한 상태인데다 당신이 놀아줄 것이라 생각해 오히려 빗질하는 데 협조하지 않는다. 또한 고양이가 싫어할 때도 억지로 빗질을 하면 안 된다. 나중에 빗질이 더 힘들어질 수 있다.

Step2 빗질을 싫어하는 고양이는 예전에 불편한 경험을 해서 반항하는 경우가 대부분이다. 그럴 때는 당신의 고양이에게 적합한 빗을 선택해 빗질에 익숙해지도록 천천히 연습해본다.

Step3 어떤 고양이들은 빗질을 싫어하거나 참을성 있게 기다리지 못한다. 그러므로 고양이 털을 빗길 때는 몸을 여러 부위로 나누거나 여러 번에 걸쳐 빗겨준다. 무엇보다 고양이가 싫증을 내기 전에 빗질을 끝내는 것이 중요하다.

01 / 빗질하는 도구. 왼쪽에서부터 오른쪽으로 슬리커, 손잡이 일자빗, 벼룩용 빗, 핀 브러시, 일자빗이다.

02 / 집에 고양이가 2마리 이상이라면 사용하는 빗을 각각 따로 두는 것이 좋다. 그래야 위생에 좋고 고양이끼리 피부병을 옮기는 것도 막을 수 있다.

03 / 연필을 잡는 것처럼 슬리커를 쥐고 손목에 힘을 쥐야 손목 관절에 부상을 입지 않는다. 빗질을 할 때 지나치게 힘을 주면 고양이 피부에 상처를 남기고 아프게 할 수 있으니 주의한다.

단모종 고양이 빗질하기

부드러운 재질의 고무나 실리콘 브러시를 사용해야 고양이의 피부에 상처를 남기지 않고 털을 효과적으로 빗길 수 있다.

Step1
긴장을 풀어주기 위해 고양이가 좋아하는 뺨이 나 턱 같은 곳을 만져준다. 어루만질 때 고양이 의 기분이 좋으면 "그르렁" 하는 소리를 내며 몸 의 긴장이 풀리는데 이때 빗질을 하기 쉽다.

Step2
등에서부터 털이 자라는 방향으로 빗기는데 우 선 목덜미에서 엉덩이 쪽으로 빗질을 한다. 혹시 정전기가 날까 봐 걱정된다면 미리 온몸에 물을 약간 뿌려놓는다. 그런 다음 빗으로 가볍게 고양 이 털을 빗기는데 너무 힘을 주면 피부에 상처를 낼 수 있으니 주의한다.

Step3
뺨에서 목덜미 쪽으로 빗기며, 턱에 여드름이나 음식물 찌꺼기가 있을 수 있으니 빗으로 깨끗이 정리한다.

Step4
고양이의 머리를 빗길 때는 머리 위에서 목 방향 으로 빗질한다. 또한 빗질할 때 몸을 비트는 고 양이가 있을 수 있으니 고양이 눈이 다치지 않도 록 조심한다.

Step5   고양이를 안아 사람처럼 앉힌 뒤 가슴에서 배 방향으로 털을 빗긴다. 고양이의 배는 매우 민감한 부위이므로 가볍고 빠르게 빗질을 마쳐야 한다.

Step6   고양이를 눕혀 가만히 앞발을 들고 겨드랑이 아래에서 배 옆으로 털을 빗긴다. 고양이를 당신 몸에 기대게 하면 좀더 쉽게 빗길 수 있다.

Step7   마지막으로 물에 살짝 묻힌 손이나 물을 적셔 꽉 짠 수건으로 고양이의 온몸을 닦아 남은 털을 제거하면 완성이다.

장모종 고양이 빗질하기

빗질은 고양이의 풍성한 털을 지키는 방법이다. 장모종 고양이가 모구증에 걸리지 않게 하려면 매일 털을 빗기는 것이 좋다. 특히 털갈이를 하는 봄이나 가을에는 매일 여러 번 털을 빗겨야 한다. 장모종 고양이는 귀 뒤와 겨드랑이, 허벅지 안쪽 등의 털이 잘 엉키므로 특히 신경 써서 빗겨야 한다.

Step1　고양이를 안심시켜 긴장을 풀어준 뒤 빗질을 시작한다. 겨울에는 정전기가 날 수 있으니 고양이 털에 물을 약간 뿌린다.

Step2　털이 자라는 방향으로 목덜미의 털을 빗긴다. 고양이들은 대부분 등 쪽의 털을 빗겨주는 것을 좋아한다. 다만 어떤 고양이들은 엉덩이의 털을 건드리면 민감하므로 빗질을 할 때 주의한다.

Step3　다음으로 역방향인 엉덩이에서 목 쪽으로 털을 빗긴다. 고양이는 피부가 약하므로 빗질 강약에 주의해야 피부에 상처가 생기지 않는다. 또한 빠지는 털이 많으면 먼저 빗에 끼인 털들을 제거한 뒤 다시 엉덩이에서부터 빗긴다.

Step4　고양이 머리와 얼굴 주변의 털을 빗길 때는 특별히 주의해야 하며 뺨에서 목덜미 쪽으로 빗겨야 한다. 뺨에서 귀에 가까운 부위는 털이 잘 엉키기 때문에 조심스럽게 풀어내야 피부 염증이 생기는 것을 막을 수 있다.

Step5　턱을 빗길 때는 한 손으로 턱을 받치고 턱에서 가슴 쪽으로 빗질을 한다. 장모종은 털이 길어 음식을 먹거나 물을 마실 때 자주 젖어 쉽게 털이 엉킨다. 이럴 때는 우선 수건을 적셔 더러운 것을 닦아내고 다시 엉킨 털을 빗는다.

Step6 앞발의 털을 빗길 때는 한쪽 발을 가볍게 들고 위에서 발바닥 방향으로 빗질을 한다. 앞발을 들어올리면 비교적 빨리 털을 빗길 수 있다.

Step7 뒷다리 털을 빗길 때는 허벅지에서 시작해 발꿈치 쪽으로 빗질을 한다. 허벅지의 털을 빗길 때는 고양이를 옆으로 눕힌 채 한 손으로 발을 받치고 빗겨준다.

Step8 배의 털을 빗길 때는 고양이를 안아 다리에 얹고 배를 보이게 한 뒤 가슴에서 배 방향으로 빗질을 한다. 고양이에게 배는 매우 민감한 부위이므로 특별히 주의하고 고양이가 좋아하지 않을 경우 잠시 동작을 멈추고 안심을 시킨다.

Step9 겨드랑이 털을 빗길 때는 손잡이 일자빗을 사용한다. 고양이를 옆으로 눕히고 한 손으로 고양이의 한쪽 앞발을 잡은 다음 겨드랑이에서 가슴 쪽으로 빗기면 된다.

Step10 허벅지 안쪽 털을 빗길 때는 고양이를 옆으로 눕히고 한 손으로 뒷다리를 잡은 뒤 발에서 배 쪽으로 빗질을 한다.

Step11

고양이의 귀 뒤쪽도 털이 잘 엉키는 부위로 피부나 귀에 염증이 생겼을 때 고양이가 가렵다고 긁어 털이 뭉칠 수 있다. 엉킨 곳의 털을 빗길 때는 손으로 모근을 잡고 천천히 빗질을 하며 풀어야 고양이가 아파하지 않는다.

Step12

꼬리의 털도 가끔 엉킬 때가 있는데 항문에 가까울수록 더 그렇다. 실제로 많은 수컷 고양이가 털이 엉켜 고생하는데 꼬리의 내분비샘에서 다량의 피지가 분비돼 피부염과 더불어 털이 엉키는 현상이 나타나다. 이럴 때는 천천히 빗질을 해야 고양이의 피부를 보호할 수 있다.

Step13

마지막으로 전신의 털이 잘 빗겨졌는지 확인한다. 털갈이를 할 때는 매일 최소한 번씩 빗겨 털이 부드럽게 유지될 수 있도록 한다.

Ⓗ 고양이의 발톱 관리

고양이가 가구나 스크래처를 긁는 것은 발톱을 갈아 날카롭게 만들고 자신의 냄새를 남기기 위해서다. 하지만 집고양이는 정기저으로 발톱을 다듬어줘야 한다. 발톱이 지나치게 길면 발 패드로 파고들어 염증이 생기거나 다리를 절 수 있다. 또는 고양이의 발톱이 물건에 걸렸을 때 긴장해서 세게 잡아당길 경우 자칫 발톱이 부러질 수도 있다. 발톱이 살짝 부러지면 염증이 나는 정도지만 심각하게 부러지면 병원에서 발톱 수술을 받아야 한다. 하지만 대다수 고양이는 발을 만지는 데 민감해 발톱을 자르려 하면 발버둥을 칠 수 있다. 그러므로 고양이가 어렸을 때부터 발톱 자르는 습관을 들이는 것이 좋다.

고양이의 발톱은 본래 반투명해 안쪽의 분홍색 혈관이 보인다. 하지만 고양이가 10세가 넘으면 발톱이 뿌옇게 변하는데 이는 체력이 떨어진 탓이다. 발톱을 긁는 횟수가 줄어들어 오래된 각질층이 떨어지지 못해 발톱이 갈수록 두꺼워지는 것이다. 발톱이 자라는 속도는 고양이마다 다르지만 보통 15일에서 한 달 사이에 한 번씩 자르면 된다. 또한 발톱을 자를 때 고양이의 발에 문제가 없는지 함께 검사한다.

01 / 발톱이 지나치게 길면 발 패드에 파고든다.

02 / 부러진 발톱(발톱이 빠지는 경우)

01 / 반투명한 발톱 안에 분홍색 혈관이 보인다.

02 / 두꺼운 발톱

발톱 다듬기

발톱을 다듬을 때는 작고 손에 쥐기 쉬운 고양이용 가위를 선택하
는 것이 좋다. 사람이 사용하는 가위는 자를 때 비교적 큰 소리가
나 고양이가 놀랄 수 있다. 그럴 경우 이후 발톱을 다듬을 때 조금
힘들 수 있다.

Step1 고양이는 대부분 발톱 다듬는 것을 싫어하므로
먼저 고양이를 안심시켜야 한다. 그래야 발톱 자
르는 것이 불쾌한 일이라고 인식하지 않는다. 고
양이가 심하게 반항하면 억지로 시도하지 말고
다른 날 다시 자른다.

Step2 고양이의 발톱은 발바닥 안에 들어가 있기 때문
에 자르기 전 발을 고정해 발톱이 밖으로 나오
게 한다.

Step3 엄지와 검지를 이용해 밖으로 나온 발톱을 고
정해 자를 길이를 확인한다.

Step4 자를 위치에 주의해 혈관 길이를 정확히 보고 그 앞까지만 자른다. 발톱을 지나치게 짧게 자르면 피가 멈추지 않을 수 있다.

Step5 뒷발의 발톱 길이는 앞발보다 짧기에 자를 때 특히 주의해야 한다. 너무 많이 자르면 피가 날 수도 있다.

POINT

고양이가 계속 몸을 비틀며 발톱을 자르지 못하게 하면 다른 사람에게 도움을 청한다. 한 사람은 발톱을 다듬고 다른 한 사람은 고양이를 안심시키며 주의를 끄는 역할을 하면 된다.

① 고양이의 항문낭 관리

고양이에게는 스컹크의 냄새샘과 같은 기관이 있는데 이를 항문낭이라 한다. 항문낭의 입구는 항문 입구 아래 4시에서 8시 방향에 있기에 겉으로는 잘 보이지 않는다. 고양이는 긴장하면 자신을 방어하고자 매우 역한 냄새가 나는 분비물을 항문낭에서 분비한다.

집고양이는 대부분 편안한 생활을 즐기기 때문에 항문낭을 드러낼 일이 거의 없다. 하지만 그 때문에 항문낭에 염증이 나는 경우가 간혹 있다. 고양이의 항문낭을 짜는 일은 그리 쉬운 일이 아니다. 보통 항문낭을 짜면 고양이는 화가 나 울어대고 심하면 보호자를 물기도 한다. 그러므로 고양이의 성격이 그리 온순하지 않고 철저히 준비하지 못했다면 함부로 항문낭을 짜면 안 된다.

항문낭 짜기

Step1
고양이들은 대부분 항문낭 짜는 것을 싫어하기 때문에 실제로 항문낭을 짤 때는 한 사람이 앞에서 고양이의 상반신을 잡고 안심시키며 함부로 움직이지 못하게 해야 한다. 또한 다른 사람은 고양이 뒤에서 항문낭을 짤 준비를 한다.

Step2
항문 양쪽에 있는 2개의 작은 구멍이 항문낭의 입구로 항문의 4시에서 8시 방향에 위치한다.

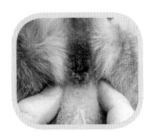

Step3 고양이의 꼬리를 높이 들고 엄지와 검지를 항문
낭에 댄다. 항문낭에 분비물이 꽉 찼다면 녹두
두 알 크기의 항문낭이 만져진다.

Step4 가볍게 항문낭을 눌러 밀어내면 항문낭 안의 액
체가 뿜어져 나온다. 항문낭의 정상적인 분비물
은 액체 상태지만 분비물이 항문낭 안에 지나치
게 오래 쌓이면 기름 덩어리처럼 변한다. 그러므
로 항문낭을 짤 때는 휴지로 항문을 살짝 가려
분비물이 튀지 않게 해야 한다(항문낭은 냄새가
매우 독하다). 마지막으로 항문 주위의 분비물
을 휴지로 깨끗이 닦아준다.

PART

7

고양이 문제행동
반려묘 마음이 아프대요!

고양이의 화장실 관련 문제

많은 애묘인들이 고양이가 고양이 화장실에서 대소변을 보는 것이 당연하다고 생각한다. 그래서 인지 화장실이나 고양이 모래, 그것들을 놓을 위치를 선택하는 일에 관해선 깊이 있게 생각하지 않는다. 그러다가 고양이가 고양이 화장실에서 볼일을 보지 않으면 왜 그런 행동을 하는지 이해 하지 못하고 매우 화를 낸다. 하지만 애묘인이 고양이의 배설행동에 대해 좀더 이해하고 신경을 쓴다면 대부분의 배설 문제를 해결할 수 있다.

고양이는 아주 먼 옛날 조상들이 야생에서 살던 때부터 자기 영역 안에 배설을 한 뒤 부드러운 물질(흙이나 모래 같은)로 대변이나 소변을 덮었다. 이런 행동의 원인이 무엇인지는 생물학적으 로 아직 규명되지 않았지만 그렇게 함으로써 질병의 전염성을 낮추고, 적이나 사냥꾼에게 자신 들의 종적을 들키지 않을 수 있었다.

애묘인이 고양이를 실내에서 키우고 싶다면 반드시 고양이 화장실을 마련해야 하며, 그 안에 부 드러운 물질(고양이 모래)을 넣어 배설할 수 있게 해줘야 한다. 다행히도 고양이 대부분은 사람 이 준비한 대체품에 잘 적응한다.

고양이의 배설행동 ▬▬▬

고양이의 배설행동에 관한 과학 지식은 상당히 제한적이었다. 하지만 최근 들어 과학자들 도 이에 관한 연구를 시작했다. 이 연구 성과는 우리가 고양이의 배설 문제를 해결하거나 예방하는 데에 도움이 될 것이다.

애묘인이라면 새끼 고양이가 부드러운 물질 위에서 배설한다는 것을 이미 알고 있을 것이 다. 이 행동은 3~4주 정도 되면 나타나는데 이때 새끼 고양이는 본능적으로 배설을 조절 할 줄 알게 된다. 어미와 다른 고양이들로부터 배운 것이 아니다. 다른 고양이와 접촉하지 않고 인공 포육한 새끼 고양이도 일반적인 배설 동작을 혼자 해낼 줄 안다.

고양이는 일반적인 배설 동작을 할 때 먼저 자기가 배설할 구역의 냄새를 맡은 다음 앞발 톱으로 구멍을 파듯 표면을 긁는다. 그런 다음 몸을 돌려 웅크리고 앉아 먼저 파놓은 곳 에 소변이나 대변을 본다. 그리고 나서 몸을 돌려 배설한 구역의 냄새를 맡고, 또 다시 앞발 톱으로 표면을 긁는데 분뇨를 덮기 위한 것이다. 어떤 고양이들은 자리를 떠나기 전에 냄새 를 맡고 발톱으로 긁는 동작을 1회 이상 반복한다.

고양이마다 긁는 동작은 큰 차이가 나는데 어떤 고양이는 배설물을 묻어야겠다는 의지가 없는 것처럼 형식적으로 앞발톱을 두어 번 휘저을 뿐이다. 또 어떤 고양이는 모래성이라도 쌓는 것처럼 어떻게 해서든 배설물을 묻으려고 애를 쓴다. 하지만 고양이들의 이런 행동의 차이는 질병의 발현이나 배설한 표면이나 구역에 어떤 혐오감이 생겨 멀리 도망가는 등의 뭔가 잘못된 일이 벌어진 게 아니라면 모두 정상에 속한다.

고양이 배설행동에 영향을 미치는 요소

고양이가 배설할 지점을 선택하는 데는 몇 가지 중요한 요소가 영향을 미친다. 그중에서도 고양이가 가장 중시하는 것은 표면의 구조다. 최근 한 연구에 따르면 고양이는 고운 모래 상태의 표면(시중에서 판매되는 잘 뭉쳐지는 고운 고양이 모래)을 가장 좋아하며, 거친 입자를 가진 물질은 좋아하지 않는다고 한다. 또한 연구에 따르면 고양이는 먼지가 많고 냄새가 짙은 고양이 모래를 좋아하지 않는다고도 한다.

고양이 화장실의 형태도 고양이의 배설에 있어 중요한 위치를 차지하고 있다. 관련된 연구보고는 없지만 많은 동물행동 전문가들은 고양이 화장실에 관해 다음과 같은 제안을 하고 있다. '고양이 화장실은 반드시 충분히 커야 하며, 고양이가 배설행동을 하기에 적합해야 한다.'

보통 고양이는 배설에 앞서 냄새를 맡고, 적당한 자리를 찾으며, 몸을 돌리고, 발톱으로 긁는 등 연이은 동작을 한다. 그러므로 체형이 큰 고양이는 그만큼 큰 고양이 화장실이 있어야 이런 연이은 동작들을 해낼 수 있다. 본래 화장실에 가는 것은 마음 편하고 즐거운 일인데 너무 좁은 공간에 있다면 고양이도 조바심이 날 수밖에 없다. 또한 고양이의 성향에 따라 어떤 고양이는 은밀한 곳(지붕이 있는 고양이 화장실)을 좋아하며, 어떤 고양이는 시야가 탁 트인 고양이 화장실을 좋아한다. 또한 어떤 고양이 화장실은 고양이가 고양이 모래를 바깥으로 튀기는 걸 막기 위해 뚜껑이 달려 있는데 어떤 고양이는 이런 형태를 좋아하지만 또 어떤 고양이는 굉장히 싫어한다.

냄새도 고양이의 배설에 영향을 미치는 또 다른 중요한 요소다. 이를테면 옅은 오줌 냄새는 고양이가 그곳에 다시 와 배설을 하게 만들지만 짙은 오줌 냄새는 고양이에게 혐오감을 느끼게 한다(오랫동안 청소를 하지 않은 상태).

고양이 화장실의 위치도 상당히 중요한 요소인데 가능한 한 음식과 마실 물은 물론이고 놀고, 쉬며, 자는 곳에서 멀리 떨어진 곳이 좋다. 가장 좋은 곳은 쉽게 갈 수 있으면서도 조용한 곳을 선택해야 하는데 사람들이 자주 오가는 통로는 피해야 한다. 그렇다고 고양이 화장실을 지하실이나 다락방의 그늘진 곳에 두면 안 된다. 고양이는 보통 어둡고, 춥고, 더운 곳이나 시끄러운 대형 가전제품(에어컨, 세탁기, 건조기 등) 근처를 좋아하지 않는다. 또한 고양이는 비교적 넓은 공간을 좋아하는데 이는 다른 개나 고양이의 공격을 받았을 때 쉽게 몸을 피할 수 있기 때문이다.

고양이 배설 문제의 예방

만약 당신이 이제 막 새 고양이를 데리고 집에 왔다면 그 고양이가 전에 쓰던 브랜드인 고양이 모래와 고양이 화장실을 쓰는 게 가장 좋다. 대부분의 고양이는 그 어떤 변화도 좋아하지 않기 때문이다. 물론 고양이가 어떤 브랜드의 고양이 모래를 쓰고 문제가 생기지만 않는다면 브랜드를 바꾸는 일을 가급적 삼가야 한다. 고양이 화장실도 같은 장소에 두는 것이 가장 좋다.

만약 고양이가 이전 어떤 브랜드의 고양이 모래를 썼는지 알 수 없다면 일단 입자가 작고 냄새가 나지 않는 고양이 모래를 선택하는 것이 좋다. 또한 고양이는 냄새에 예민하기 때문에 고양이 화장실 근처에 어떤 소취제나 방향제도 뿌리지 않는다.

특히 여러 마리를 키우는 가정일 경우 고양이 화장실은 고양이의 수에 맞게 준비해야 하며, 체형이 큰 고양이는 충분히 동작을 할 수 있는 공간을 마련해줘 편안하게 고양이 화장실을 쓸 수 있게 해야 한다. 만약 고양이 화장실 위로 뚜껑이나 가리개를 달아 화장실이 좁아진다면 차라리 그 뚜껑이나 가리개를 쓰지 않는 것이 낫다. 고양이 화장실은 소음이 적고 공격을 받을 수 없는 한적하고 조용한 곳에 있어야 하며 이동이 쉽고, 따뜻하되 어둡지 않아야 한다.

만약 다층집인 경우 각 층마다 고양이 화장실을 두는 것이 가장 좋다. 그렇지 않을 경우 배설행동 문제가 나타나기 쉽다. 뿐만 아니라 적어도 하루에 한 번은 고양이 화장실을 청소해주는 것이 좋다. 사용하는 고양이 모래가 소변을 뭉칠 수 없는 것이라면 반드시 3~4일에 한 번은 새로 갈아주고, 고양이 화장실을 깨끗이 청소해줘야 한다. 고양이가 화장실을 자주 사용한다면 청결에 더 신경을 쓰는 것이 좋다. 만약 소변이 잘 뭉쳐지는 고양이 모래를 사용한다면 고양이 모래덩이를 치운 다음 새 고양이 모래를 더 깔아줘야 한다. 조심해서 쓴다 해도 시간이 어느 정도 지나면 고양이 모래에서 악취가 날 수 있다. 그러므로 이런 모래도 3~4주에 한 번은 완전히 새것으로 갈고, 고양이 화장실도 청소해야 한다.

새끼 고양이와 새로 온 고양이에게 따로 고양이 화장실을 사용하는 법을 가르칠 필요는 없다. 어떤 애묘인은 고양이를 고양이 화장실 안에 넣고 앞발톱으로 고양이 모래를 만져보도록 강요하기도 하는데 이는 매우 어리석은 행동이다. 그럴 경우 고양이는 고양이 화장실에 두려움이 생겨 쉽게 사용하지 못할 수도 있다. 사실 고양이는 고양이 화장실이 어디 있는지와 앞서 말한 사항들만 잘 지키면 혼자서 대소변을 잘 볼 수 있다.

다만 보호자는 이따금 고양이가 고양이 화장실을 잘 사용하고 있는지 살펴봐야 한다. 이를테면 고양이의 배설행동이 정상인지, 고양이가 고양이 화장실이 있는 곳에 어렵지 않게 가는지, 고양이가 고양이 모래와 고양이 화장실에 잘 적응하지 못하는 현상(고양이가 고양이 화장실 안에서 긁는 행동을 안 한다든지, 배설 뒤에 빨리 도망간다든지, 배설할 때 앞발을 고양이 화장실 안이 아니라 가장자리에 대고 있다든지)을 보이는 것은 아닌지 관찰해야 한다.

해결 방법

만약 고양이가 고양이 화장실을 잘 사용하지 않는다면 그 원인을 찾아야 한다. 배설의 문제는 여러 가지 원인에 의해 생길 수 있다. 이를테면 질병이나 약물 합병증일 수도 있는데 그중에서도 가장 흔히 볼 수 있는 것이 비뇨기 감염과 위장질환이다. 만약 약물 합병증이라면 고양이는 겉으로 볼 때 아무런 전조 증상이 없어 치료를 제때 받지 못할 수 있다. 고양이가 배설에 대해 문제행동을 보인다면 우선 전문 수의사를 찾아 생리적인 검사와 테스트를 받고 그에 맞는 원인을 찾아 치료를 해야 한다.

이외에도 고양이에게는 '소변을 지리는' 행동이 나타날 수 있는데 이런 행동은 본질적으로 배설 문제와 상관이 없으며, 방광의 소변을 비우려는 행동도 아니다. 그보다는 영역을 구분하는 행동으로 발정기나 불안감, 두려움을 느낄 때 더 심각해진다. 이때 고양이는 서 있는 자세로 꼬리를 높이 든 채 소량의 소변을 아래 있는 물체에 수직으로 분사한다. 하지만 이는 고양이의 배설 문제와는 차이가 있다.

그런데 만약 수의사가 당신의 고양이에게 배설 문제가 있다고 이미 진단해줬다면 보호자로서 당신은 이를 어떻게 해결해야 할까? 동물행동 전문가들은 이런 문제를 해결하기 위해 애묘인이 더 깊이 있게 생각해볼 몇 가지 문제를 제시했다. 거기에는 고양이가 현재 고양이 화장실의 위치를 좋아하는지, 고양이 모래 표면의 구조를 좋아하는지, 고양이 모래나 고양이 화장실을 싫어하는 건 아닌지, 배설 문제가 고양이의 두려움과 관련이 있는 건 아닌지 등이 포함된다.

고양이가 고양이 화장실이 아닌 곳에서 배설하는 것이 복수라든지 보호자를 자극하기 위함이란 말들은 아직까지 과학적인 연구로 전혀 증명된 바가 없다. 대신 우리는 앞서 말한 몇 가지 문제의 해결법에 관해 알아보자.

1_ 고양이 화장실 위치

만약 고양이가 고양이 화장실 이외의 구역에 배설을 하는데 그 구역의 표면 구조도 신경 쓰지 않고 그런 곳이 한두 군데로 제한된다면 그 구역들이 바로 예전의 고양이 화장실이 놓였던 곳일 수 있다. 또는 그곳들이 접근하기 쉽고, 한적하면서도 쉽게 도망갈 수 있는 곳에 위치하고 있을 수도 있다. 그 때문에 고양이가 그 구역에 배설하기를 좋아하는 것이다. 물론 보호자가 그곳을 가는 길목을 막는다면 고양이는 기존의 화장실로 돌아가 배설하기도 한다.

또한 고양이 화장실을 고양이가 좋아하는 곳으로 옮겼더니 고양이가 그 안에 배설했다면 이는 단순히 그 위치를 좋아한다는 뜻이다. 하지만 고양이 화장실을 그 위치로 옮겨줘도 고양이가 여전히 화장실이 아닌 곳에 배설을 한다면 이는 분명 다른 문제가 있다는 뜻이다. 만약 고양이가 좋아하는 위치가 정말 고양이 화장실을 놓기에 적합하지 않다면 당신이 받아들일 수 있는 위치까지 조금씩 화장실을 움직이는 것이 좋다. 때로는 보호자와 고양이는 서로 적당히 타협할 수 있어야 한다.

2_ 고양이 화장실 표면

고양이는 같은 표면 구조의 구역을 골라 배설을 하는 편인데 대부분 부드러운 표면(카펫이나 세탁물, 침대 같은)을 선택하지만 매끄러운 표면(욕조나 세면대, 타일 같은)을 고르기도 한다. 이를 해결하기 위해선 고양이가 좋아하는 고양이 모래로 바꿔줘야 한다. 예를 들어 부드러운 표면을 좋아하는 고양이라면 고운 입자에 잘 뭉칠 수 있는 고양이 모래를 써야 한다. 또한 매끄러운 표면을 좋아하는 고양이라면 신문지나 파라핀지 같은 것을 깐 빈 고양이 화장실을 마련해주거나 화장실 바닥에 아주 얇게 고양이 모래를 까는 것이 좋다. 이처럼 고양이 화장실 안에 고양이가 좋아하는 모래를 깔아주면서 같은 물질이 있는 다른 곳에서 배설하는 것을 막아야 한다.

3_ 고양이 모래나 고양이 화장실을 싫어할 때

만약 고양이가 고양이 화장실을 싫어해 화장실이 아닌 구역에 배설을 한다면 고양이 화장실을 그곳으로 이동하면 된다. 하지만 고양이가 다리를 모두 화장실 안에 두지 않고, 앞다리를 고양이 화장실 가장자리에 대고 있거나 배설물을 덮으려고 하지도 않고, 화장실 밖으로 나가 발톱을 자꾸 턴다면 어떨까? 이는 고양이가 고양이 화장실이나 고양이 모래를 싫어하는 경우로, 고양이가 좋아하는 구역에 고양이 화장실을 옮겨줘도 배설하지 못한다.

고양이가 단순하게 고양이 모래를 싫어하는 거라면 그 고양이가 좋아하는 고양이 모래로 바꿔주면 된다. 하지만 고양이가 다른 이유로 고양이 모래나 화장실을 싫어한다면 거기에 맞게 문제를 해결해야 한다. 고양이 모래가 너무 두껍다든지, 고양이 화장실이 지나치게 지저분하다든지, 도망갈 퇴로가 부족하다든지, 고양이 화장실의 위치가 조용하거나 한적한 곳은 아닌지, 고양이 화장실로 가는 길이 고양이가 좋아하는 경로가 아니라든지, 고양이 화장실 안에서 무섭거나 고통스러운 경험을 한 적이 있는지 등 원인은 다양하다.

4_ 두려움과 관련된 문제

고양이가 고양이 화장실을 쓰지 않는 것은 고양이 화장실까지 가는 것이나 화장실 안에 있는 것이 무서워서일 수 있다. 이는 대개 고양이의 마음에 공포심이 생긴 것으로 고양이 화장실 자체의 모양이나 특성과는 크게 상관이 없다.

고양이는 보통 새로운 환경에 처할 때 상당한 공포심을 드러낸다. 이럴 경우 고양이는 고양이 화장실이 아닌 더 은밀한 곳에 배설할 수 있다. 간혹 어떤 보호자들은 고양이의 배설물을 발견하고 고양이를 고양이 화장실로 데려가 제대로 배설물을 처리하라며 벌을 주기도 한다. 이외에도 고양이가 집에서 다른 고양이에게 놀란 경우 한동안 고양이 화장실을 쓰지 않고 몸을 숨길 수도 있다.

두려움이 드러나는 행동은 잠재적으로 문제가 깔려 있다는 뜻으로, 반드시 그 원인이 무엇인지 확인하고 거기에 맞는 행동 치료를 해줘야 한다. 고양이가 소변을 지리거나 공격하는 등의 문제행동은 치료 방법이 동일하다.

앞서 언급했다시피 고양이의 배설에 대한 문제행동도 심각한 것과 경미한 것으로 나눌 수 있는데 경미한 문제는 보호자 혼자서 해결이 가능할 정도로 쉽게 나아질 수 있다. 하지만 다소 복잡하고 다양한 심각한 문제라면 시간과 돈을 들여야 해결할 수 있으며 보호자가 신경을 많이 써야 한다.

일반적으로 배설행동에 대한 문제는 빨리 발견할수록 쉽게 해결할 수 있다. 일단 문제를 질질 끄면 치료가 상당히 까다로워질 수 있으니, 보호자는 반드시 정기적으로 고양이의 배설행동을 관찰해야 한다. 또한 고양이에게서 문제행동이 발견된다면 전문 수의사와 상담하는 것이 좋다.

B 수컷 고양이의 오줌 스프레이

애묘인이라면 누구나 한번쯤 자신이 사랑하는 수컷 고양이(특히 고환이 있는 수컷 고양이, 암컷 고양이는 오줌을 뿌리는 일이 거의 없다)가 주거 수칙을 어기고 여기저기 오줌을 뿌리고 다니는 고통스러운 경험을 한 적이 있을 것이다. 이렇게 내뿜은 오줌은 냄새도 심할뿐더러 색깔도 매우 노란 편이며 집 안에서 짙은 지린내가 날 수밖에 없다. 게다가 당신이 아무리 어르고 혼내도 고양이는 모르는 척하며 더 보란 듯이 여기저기에 오줌을 뿌리고 다닌다. 책상이나 의자 다리, 벽, 문 심지어 당신의 다리도 수컷 고양이의 오줌 테러를 피해갈 수 없다. 이럴 때 당신은 인내력에 한계를 느끼고 해결 방법을 구하기 위해 노력해보지만 결국 그 지린내에 익숙해지고 만다. 그렇게 당신이 더 이상 고양이의 오줌 지린내에 신경 쓰지 않게 됐을 때 수컷 고양이의 오줌 스프레이가 멈춘다.

오줌 스프레이의 의미

오줌 스프레이는 아직 중성화 수술을 받지 않은 수컷 고양이에게서 자주 일어난다. 수컷 고양이는 바로 선 자세로 꼬리를 높게 치켜들고 수직으로 있는 물체의 표면에 오줌을 조금씩 뿌린다. 이를테면 책상이나 의자 다리, 벽면 같은 곳에 말이다. 왜 수컷 고양이는 이런 행동을 하는 것일까?

고양이는 본래 영역을 매우 중요하게 생각하는 동물로 자신만의 영역을 정해두고 날마다 그곳을 고정적으로 다니며 침입자가 없는지 살펴본다. 그렇다면 고양이는 어떻게 자신의 영역을 정할까? 고양이는 목 양쪽에 특별한 샘이 있어 특정한 냄새를 분비한다. 게다가 모든 고양이는 자기 몸의 냄새와 다른 고양이 몸의 냄새를 구분할 줄 안다. 그래서 고양이는 종종 소파나 테이블 다리, 의자 다리 , 벽 가장자리, 문 가장자리, 보호자 다리 등에 목을 문질러 자신의 냄새를 묻힌다. 이는 자신의 영역임을 확인하고 식별하기 위한 것으로, 고양이는 날마다 사방을 다니며 자신의 냄새가 남아 있는지 맡아본다. 그리고 만약 냄새가 옅어지거나 다른 냄새가 덮여 있으면 다시 목으로 문질러 자기 냄새가 강해졌는지 확인한다.

그런데 집 안에는 새로운 사람이나 다른 동물의 냄새가 들어오게 마련이다. 이럴 경우 고양이는 자신의 영역 안에 고유한 냄새가 망가졌다고 생각해 불안감을 느끼게 된다. 목으로 무질러도 자신의 영역인지 확인이 되지 않으며 고양이는 나쁜 꾀를 내게 되는데 그것이 바로 오줌을 몇 방울씩 뿌리고 다니는 행동이다. 모든 고양이는 오줌에 자신만의 특유한 냄새가 있어 자신의 영역을 확인하는 징표로 삼을 수 있다. 그 때문에 고양이는 사방에 오줌을 뿌리고 다니며 전체 환경을 자신의 지린내로 채워 잃어버린 영역을 다시 찾았노라고 선언하는 것이다.

또한 오줌을 뿌리고 다니는 것은 고양이의 심리 상태에 기인할 수도 있다. 고양이는 자신의 몸 냄새를 맡으며 마음의 안정을 찾는데 일단 고양이가 심리적으로 상처를 입거나 좌절하게 되면 냄새로 위안을 찾으려고 한다. 이를테면 보호자에게 크게 혼이 났다든지, 먹잇감을 사냥하는 데에 실패했다든지, 환경에 큰 변화가 생겼다든지, 보호자가 전처럼 사랑해 주지 않는다든지, 새로 온 고양이가 보호자의 사랑을 받는다든지, 멀리서 발정한 암컷 고양이의 냄새가 풍겨오는데 교배를 할 수 없다든지 하는 등의 상황이 고양이를 불안하게 만든다. 그래서 수컷 고양이는 자기 냄새를 뿌리고 다님으로써 상처받은 자신의 마음을 위로받고자 하는 것이다.

01 / 수컷 고양이가 발정했을 때 오줌을 누는 자세
02 / 수컷 고양이는 발정이 나면 사방에 오줌을 뿌리고 다닌다.

불안의 원인 찾기

고양이도 불안을 느낄 수 있다고 하면 보호자들은 항상 이렇게 말한다. "말도 안 돼요. 제가 고양이한테 얼마나 잘해주는데요. 바뀐 거 하나도 없어요! 우리 고양이가 불안하다고요? 제가 보기에 저희 고양이는 괜찮던데요. 새로 온 고양이와도 얼마나 잘 지낸다고요! 새로 온 녀석 때문에 저희 고양이가 오줌을 뿌리고 다닐 리가 없어요!"

이럴 때 나는 이렇게 말하곤 한다. "오줌을 뿌리는 건 불안 때문입니다. 불안의 원인은 보호자가 직접 찾아야 고양이의 문제행동을 치료할 수 있습니다. 원인을 찾지 못하면 이동장 안에 가두거나 약을 먹어야 합니다. 최후의 수단으로 중성화 수술을 할 수도 있습니다."

고양이가 불안을 가질 만한 원인은 다양하다. 보호자가 불안의 원인을 개선해주는 것이야말로 수컷 고양이의 오줌 스프레이를 근본적으로 해결할 수 있는 가장 좋은 방법이다.

성 충동

이론상 오줌 스프레이는 수컷 고양이, 그중에서도 중성화 수술을 받지 않은 경우에 많이 나타난다. 일단 암컷 고양이가 발정하는 시기가 되면 몇 킬로미터 밖까지 성페로몬 냄새를 풍긴다. 따라서 집에 암컷 고양이가 발정하지 않더라도 수컷 고양이는 성 충동을 느껴 매일 울어댄다. 하지만 성 충동을 느끼는 수컷 고양이를 보호자가 잠재울 순 없다. 물론 다른 암컷 고양이와 교배를 할 수 있는 기회를 만들어줄 수 있지만 그런 일들이 반복되면 중독 증상이 나타날 수 있다.

수컷 고양이는 극도의 불안을 느끼는 상황이 되면 어딘가에 욕구를 풀고 싶어 한다. 그래서 많은 수컷 고양이들이 오줌을 여기저기에 뿌리는 것으로 마음의 위안을 얻는다. 이럴 때는 중성화 수술을 해주는 것이 수컷 고양이의 오줌 스프레이를 해결할 수 있는 첫 번째 방법이다.

새로운 침입자

많은 애묘인들은 고양이가 혼자 집에 있으면 외로울 것이라고 생각한다. 그래서 친구나 형제를 만들어주려고 새 고양이를 입양하기도 한다. 이것은 애묘인들의 착각일 수 있다. 예를 들면 일 때문에 바쁜 남편이 사랑스러운 아내가 집에 혼자 있다고, 자신의 여자친구를 집에 들여 함께 생활하게 해주는 것과 같다. 매우 황당하게 들리겠지만 고양이가 외로울 것이라고 새 고양이를 들이는 것은 위와 같은 상황과 다르지 않다.

고양이는 영역을 중시하는 동물이다. 자신의 영역을 다른 고양이와 나눠 생활하라고 하는 것은 좀 잔인한 처사일 수 있다. 이뿐만 아니라 보호자의 사랑까

고양이는 새로운 침입자로 마음이 불안해져 곳곳에 오줌을 뿌리고 다닐 수 있다.

지 다른 고양이와 나누라고 하니, 고양이에겐 심리적인 상처가 될 수 있다. 어쩌면 고양이는 자신의 이런 불안과 불만을 오줌 스프레이를 통해 해소하고 자신의 영역을 다시금 확인하면서 마음의 위로를 얻으려고 하는 것인지도 모른다.

물론 고양이에게 불안을 일으키는 새로운 침입자란 다른 고양이 외에도 새로 온 개나 가족 구성원, 새 가구나 침대보 등이 될 수도 있다.

벌 주기

많은 애묘인들은 처음 수컷 고양이가 오줌 스프레이 증상을 보이면 화를 내면서 고양이를
잡고 혼을 내거나 고양이가 오줌을 뿌린 곳에 데리고 가 그 앞에서 벌을 주기도 한다. 그러
나 사실 이런 방식은 아무 효과가 없을뿐더러 오히려 고양이를 더 불안하게 만들 수 있다.
그래서 고양이는 그로 인한 마음의 불안을 풀려고 더 많은 곳에 오줌을 뿌릴 수도 있다.
보호자는 수컷 고양이가 오줌을 뿌리고 다니는 상황을 목격한다 해도 절대로 벌을 주면
안 된다. 오히려 고양이의 마음을 읽으려 노력해야 한다. 그렇지 않으면 오줌 스프레이 증
상은 더 심각해질 것이다.

이동장에 가두기 ▬▬

수컷 고양이의 오줌 스프레이의 원인을 도저히 찾아내지 못했거나 원인을 찾았지만 상황
을 개선시킬 수 없다면 고양이를 이동장에 가두는 것이 가장 간단한 해결법이다. 물론 이
런 방법은 고양이에게 불공평한 처사로, 효과도 부정적일 수 있다. 하지만 잠시라도 다른
사람들의 불만을 가라앉혀야 할 때(가족들의 불평 등) 그렇게 할 수는 있다. 물론 오랫동
안 이동장에 방치해서는 안 되고, 약간의 시간이 흐른 다음 고양이를 이동장에서 꺼내야
한다.

약물 치료 ▬▬

수컷 고양이의 불안한 감정을 풀어주는 데는 '항우울제'나 '신경안정제' 등의 약물 치료도
한 방법이 될 수 있다. 하지만 약물 치료를 할 경우 복용 기간을 잘 지켜야 하며 점차 약을
끊은 다음에 오줌 스프레이 증상이 다시 나타나는지 잘 관찰해야 한다.

C 공격적인 행동

당신이 소파에 앉아 고양이를 안아주니 고양이가 기분 좋은 "그르렁" 소리를 냈다. 하지만 당신이 고양이의 배를 만지려 하니 갑자기 몸을 돌려 발톱으로 당신의 손을 할퀴었다. 그러고는 순식간에 당신의 손을 꽉 껴안고 뒷발로 차는 것도 모자라 아주 세게 깨물었다. 순간 당황했던 당신이 정신을 차리고 보니 고양이는 이미 멀리 도망간 뒤다. 도대체 무슨 일이 일어난 걸까?

애묘인이라면 누구나 이런 상황을 겪어봤을 것이다. 우리는 고양이의 갑작스런 공격적인 행동을 심심찮게 볼 수 있다. 이는 고양이 행동치료 전문가가 두 번째로 많은 의뢰를 받는 상담이기도 하다.

많은 애묘인들에게 고양이의 갑작스러운 공격은 슬프고도 두려운 문제다. 고양이의 행동을 예측하기 어렵기 때문에 언제 어떻게 공격적인 성향이 나올지 모른다. 이런 고양이의 행동은 보호자의 마음을 다치게 할 뿐만 아니라 고양이 발톱병(Cat scratch fever)이나 세균 감염으로 치료를 받아야만 하는 상황이 될 수 있기에 결코 가볍게 넘길 문제가 아니다.

애묘인들은 고양이가 갑자기 공격했다고 하겠지만 사실 고양이는 공격에 앞서 미묘하게 몸의 자세의 바꾼다. 바로 이 미묘한 변화가 공격적인 행동이 일어날 것을 예측할 수 있는 단서이자 보호자가 주의해야 할 공습경보다.

어떤 고양이들은 보호자가 만져줄 때 갑자기 그 손을 깨문다.

공격 행동의 전조

1_방어 자세

고양이가 방어 자세를 취하는 것은 일종의 무장으로, 몸을 작게 보이게 함으로써 자신을 보호하기 위해서다. 이런 방어 동작에는 쪼그리고 앉거나 비행기 날개(양쪽 귀를 눌러 머리꼭대기와 일직선이 되게 하는 것으로 정면에서 보면 비행기 날개처럼 보인다) 자세 등이 있다. 고양이는 도망가고 싶을 때 상대를 공격하는 소리를 내며 앞발을 휘두르고 털을 바짝 세우거나 머리를 아예 숨기기도 한다.

고양이는 불안을 느낄 때 자신을 보호하기 위해 상대를 공격하는 소리를 낸다.

방어 동작을 취하는 고양이는 보통 어떤 상황에 두려움이나 불안을 느끼고 있는 것이다. 이런 상황은 쉽게 눈에 보일 수도 있지만 사람이 전혀 알아채지 못할 수도 있다. 만약 보호자가 고양이를 불안하게 만든 원인 제공자가 아니라 해도 고양이는 두려움 때문에 얼마든지 당신을 공격할 수 있다.

2_공격 자세

고양이가 공격 자세를 취하는 것은 자신을 더 크고 건장하게 보여서 상대에게 겁을 주기 위해서다. 이런 자세를 위해 고양이는 발끝을 세우듯 다리를 쭉 뻗고, 털을 바짝 세운다. 그리고 당신에게 다가와 노려보면서 귀를 세우고 으르렁 소리를 내며 꼬리를 바짝 세운다. 꼬리를 바짝 세우면 털이 풍성하게 보이면서 몸이 커 보인다.

사진 속 오른쪽 고양이는 자신의 몸을 커 보이게 함으로써 공격 준비를 하고 있는 것이다.

당신이 앞서 말한 자세를 보게 되면 고양이를 만지거나 놀아주는 것을 멈춰야 한다. 곧 있으면 고양이가 당신을 공격할 수 있기 때문이다. 공격 상태에 있는 고양이는 엄청나게 빠른 속도로 움직여 공격을 감행한다. 고양이의 날카로운 치아와 네 개의 예리한 발톱으로 당신을 공격하면 큰 상처를 입을 수 있으니 주의해야 한다.

공격적인 행동의 원인　▬▬

고양이의 공격적인 행동은 여러 가지 유형으로 나눌 수 있다. 상황이 어떻게 된 것인지 파악하려면 공격적인 행동이 일어나기 전 어떤 일이 벌어졌는지 알아야 한다. 문제의 핵심적인 단서도 거기에 있다.

1_공포형

공포형은 고양이가 두려움을 느낄 때 혹은 그것에서 벗어날 수 없다고 판단될 때 나오는 공격적인 행동이다. 이는 고양이가 과거의 경험에서 배운 행동일 수 있지만 보호자는 바로 고양이가 무엇을 두려워하는지 정확히 확인하기 어렵다.

고양이는 두려움을 느낄 때
공격적인 행동을 하기도 한다.

2_통증형

통증형은 갑작스럽게 병의 통증으로 고양이가 공격적인 행동을 하는 것인데 가장 흔한 원인이라고 할 수 있다. 특히 나이 든 고양이나 평소 온순한 고양이가 공격적인 행동을 보인다면 통증형인 경우가 많다. 이를테면 관절염이나 구강질환, 상처, 감염이 있는 상황에서 통증이 있는 곳을 건드리면 고양이가 공격을 할 수도 있다. 통증 외에도 고양이는 나이를 먹으면 인지능력이 떨어져 정상적인 감각을 잃거나 신경계에 문제가 생겨 공격적인 행동을 하기도 한다.

고양이는 자신의 영역을 침범당했다고
생각이 들면 공격적인 행동을 하기도 한다.

3_영역형

고양이는 누군가 자신의 영역을 침범했다고 느끼면 영역형의 공격적인 행동을 할 수 있다. 대부분 이런 공격의 대상은 다른 고양이인 경우가 많지만 사람이나 다른 동물도 공격을 받을 수 있다. 바로 낯선 사람이나 새 반려동물이 집에 왔을 때 공격적인 행동이 일어나는 것이다.

4_ 쓰다듬기형

보호자가 쓰다듬어주는 것을 좋아하던 고양이가 갑자기 마음을 바꿔 공격적인 행동을 하는 것을 쓰다듬기형 공격적인 행동이라 한다. 고양이는 어떤 행동을 즐기다가 갑자기 기분을 바꿔 불쾌함을 느끼기도 한다. 익숙한 행동이 자극적으로 느껴져 공격성을 띠는 것이다.

많은 고양이가 자신을 쓰다듬어주는 것을
즐기다가 갑자기 불쾌해져 상대의 손을 공격하기도 한다.

전환형 공격적인 행동은 예측이 불가능하며
매우 위험하다.

5_ 전환형

전환형의 공격적인 행동은 가장 예측할 수 없으며 동시에 위험한 유형이기도 하다. 고양이 눈앞에 왔다 갔다 하는 쥐나 다른 동물에게 갑작스럽게 날카로운 소리를 낸다든지, 고양이가 구역질이 날 만큼 나쁜 냄새가 풍기다든지 하면 고양이의 공격성은 최고조로 올라갈 수 있다. 이럴 때 아무 잘못도 하지 않은 당신이 곁을 지나가기만 해도 난데없는 화풀이 대상이 될 수 있다.

대응 방식

당신이 딱히 도발적인 행동을 하지 않았는데도 고양이가 공격적인 행동을 한다면 우선 전문 수의사에게 상담을 받아보는 것이 좋다. 고양이의 공격적인 행동이 질병으로 인한 통증일 수도 있기 때문에 그것을 확인하기 위해서다. 고양이에게 아무런 이상이 없다면 동물행동을 전문적으로 진단하는 동물병원에서 진료를 받아보는 것이 좋다. 그곳에서 고양이의 공격성을 유발하는 원인이 무엇인지 확인하고, 보호자가 가정 내에서 실천할 수 있는 행동 치료법에 대한 조언을 얻을 수 있다.

어떤 상황에서든 고양이는 공격성을 보이기 전에 미세한 전조 증상을 보인다. 이를 잘 알아차리기만 해도 위험을 피할 수 있다.

만약 당신이 고양이의 불안 원인을 찾지 못한다고 해도(원인을 안다고 해도 쉽게 상황을 통제하거나 개선하기 어려울 수 있다) 고양이를 정말 사랑한다면 고양이가 안정을 되찾을 수 있는 편안한 공간을 마련해주는 것이 최선의 방법일 것이다.

더불어 그것이 다른 사람이나 고양이에게 주는 피해를 줄일 수 있다. 또한 당신이 인내심을 갖고 고양이의 전조 증상을 살펴본다면 대부분의 고양이는 금세 정상적인 가정생활로 돌아올 수 있을 것이다.

Ⓓ 발톱 긁기

고양이가 당신이 가장 아끼는 소파나 비싼 스피커를 발톱으로 긁어놨다. 얼마나 속상하겠는가? 하지만 고양이에게 있어 이 행동은 나쁜 의도가 있었던 것은 아니다. 그저 '발톱을 긁어' 어떤 욕구를 만족시키기 위한 행동이었다.

발톱을 긁는 것은 고양이에게 있어 일종의 영역을 표시하는 행동(수컷 고양이가 오줌을 뿌리는 것과 마찬가지로)이다. 고양이 발가락 사이에는 냄새샘이 있어 자신의 영역을 표시할 수 있을 뿐만 아니라 발톱을 짧게 갈아내면 걸을 때 불편함이 생기는 걸 피할 수 있다. 게다가 긁고 남은 흔적과 떨어져 나간 발톱 부스러기는 고양이의 자신감 회복에 도움을 주기도 한다.

발톱을 긁는 것은 고양이의 본능적인 정상행동이기 때문에 완전히 멈추게 할 수 없다. 하지만 애묘인이라면 스크래처 같은 적당한 물건에 발톱을 갈도록 이끌어줄 수 있다. 또한 다음에 소개하는 세 가지 방법을 참고한다면 고양이의 발톱 긁는 행동을 어느 정도 고칠 수 있을 것이다.

고양이가 좋아하는 재질과 방식의
스크래처를 선택해야 한다.

고양이의 취향 식별하기 ▄▄▄

당신의 고양이가 어떤 물체를 긁기 좋아하는지 이해하려면 반드시 고양이의 행동을 자세히 관찰해야 한다. 고양이가 카펫이나 커튼, 나무, 다른 표면 중에 무엇을 좋아하는가? 혹시 고양이가 발을 쭉 뻗어 자신의 머리 꼭대기보다 더 높은 곳을 발톱으로 긁지는 않는가? 아니면 수평면을 긁는가? 일단 고양이가 좋아하는 재질과 긁기 방식을 확인했다면 그에 맞는 스크래처를 선택하는 것이 좋다.

긁기 도구 마련해주기 ▄▄▄

대부분의 애완동물 가게에는 여러 가지 형태와 다양한 표면 무늬의 스크래처와 캣타워를 판매한다. 기둥이 카펫 재질로 둘러싸여 있는 캣타워는 평소 카펫을 긁어대는 고양이에게 적절한 선택이 될 수 있다. 만약 당신의 고양이가 소파나 거친 표면을 좋아한다면 마 끈으로 기둥을 감아놓은 캣타워를 선택하는 것이 좋다. 고양이가 커튼에 매달려 올라가 발톱 긁기를 좋아한다면 높이가 높은 캣타워나 스크래처를 골라야 한다. 또는 그런 것들을 벽 위나 문 위쪽에 설치해주는 것도 좋다. 만약 고양이가 수평면을 긁는 것을 좋아한다면 평평한 나무판지 상자가 가장 좋은 선택일 수 있다. 하지만 어떤 도구든 단단히 고정돼 있어야 고양이가 발로 긁는 도중에 뒤집어지지 않을 수 있으며, 힘껏 긁을 수 있다.

DIY를 좋아하는 애묘인이라면 자신만의 아이디어로 고양이가 발톱을 긁을 수 있는 놀이터를 만들어줄 수도 있을 것이다. 이를테면 카펫과 마 끈 재질로 나무를 덮은 다음 단단히 고정해 고양이가 기어오르거나 뛰어내리면서 자유롭게 휴식을 취할 수 있는 고양이 나무를 만들어준다면 재미는 물론 발톱을 긁는 기능도 함께 만족시킬 수 있다. 또한 발톱을 긁는 기둥이나 스크래처의 높이는 적어도 고양이를 세워서 몸을 완전히 쭉 폈을 때의 높이와 같아야 한다.

이런 캣타워나 스크래처, 고양이 나무는 고양이가 긁기 좋아하던 곳 근처에 설치해야 고양이가 호기심을 갖고 다가가서 발톱을 긁을 수 있다. 혹은 근처에 고양이가 좋아하는 음식을 놓아두거나 개박하(캐트닙)를 뿌리는 것도 도움이 된다. 고양이가 새로운 캣타워나 스크래처 등에 익숙해지면 점차 당신이 원하는 곳으로 조금씩 이동하면 된다. 고양이가 완전히 새로운 긁기 도구에 적응하면 상으로 간식을 주거나 쓰다듬어주며 칭찬해줘야 한다.

그런데 긁기 도구에 긁힌 자국이 많다고 해서 교체해줄 필요는 없다. 이 흔적은 고양이가 잘 사용 중이란 증거이며, 우리가 예측한 목표를 이뤄가고 있다는 뜻이기도 하다.

고양이의 발톱 긁기에서 보호자의 소중한 물건을 지키는 방법

때론 고양이는 보호자가 소중히 여기는 가구나 물건을 발톱으로 긁곤 한다. 이럴 때 가장 간단한 방법은 고양이가 그 물건에 가까이 다가갈 수 없게 만드는 것이다. 하지만 고양이가 가지 말란다고 가지 않는 종족이라면 쉽겠지만 가지 말라면 더 가고 싶어지기도 한다. 이럴 때는 그 물건 근처에 플라스틱 컵으로 탑을 쌓아보자. 고양이가 그 물건을 긁을 때 그 진동으로 컵들이 와르르 쏟아지면 고양이는 겁을 먹고 그 물건에 다가가려 하지 않는다.

또한 카펫이나 플라스틱 판, 양면의 플라스틱 덮개를 고양이가 잘 긁는 곳에 두면 고양이의 발톱 긁는 행동을 막을 수도 있다. 그리고 고양이가 잘 긁는 곳에는 영역을 표시할 수 있는 냄새가 나기 때문에 주기적으로 그곳으로 가 발톱을 긁는데 이런 순환을 깨기 위해 그곳에 소취제나 방향제 등을 뿌리면 그런 행동을 막을 수 있다.

이뿐만 아니라 애묘인들은 정기적으로 고양이의 발톱을 잘라줘 긁는 행동을 줄일 수 있으며, 시중에 제품으로 나온 발톱 보호 커버를 고양이에게 신겨줄 수도 있다. 하지만 이런 제품은 얌전한 고양이에게만 사용해야 한다. 특히 발톱 보호 커버는 물건에 상처가 나지 않는 효과를 거둘 수 있지만 유효 기간이 6~12주 정도로 그때마다 새 제품으로 교체해줘야 한다.

일반적으로 고양이는 보호자가 발톱으로 긁는다고 벌을 줘도 알아듣지 못한다. 벌과 발톱으로 긁는 동작 사이에 어떤 관련이 있는지 알지 못하기 때문이다. 고양이는 그저 보호자가 자신을 괴롭힌다고 여기며, 이런 벌은 고양이의 공격적인 행동을 유발하기도 한다. 게다가 대부분의 벌은 오히려 고양이의 문제행동을 불러일으킬 수 있다(오줌을 뿌린다든지 특발성 방광염이 생긴다든지). 그러므로 기상천외한 대응법이 차라리 고양이에게는 가장 좋은 벌일 수 있다. 이를테면 앞서 소개한 플라스틱 컵을 쌓는 것이 그런 예다. 갑작스럽게 컵이 와르르 무너지는 것이야말로 고양이에게는 상상도 못한 벌이 될 수 있다.

가끔 고양이의 발톱을 제거하는 수술을 하기도 하는데 이 문제는 지금까지도 이론이 분분한 편이다. 이 수술은 단순히 발톱만 제거하는 것이 아니라 고양이의 발가락뼈 첫 마디를 절단하는 상당히 잔인한 수술이기 때문이다. 뿐만 아니라 다른 외과수술과 마찬가지로 고양이를 마취했을 때 위험한 일이 생길 수 있고, 수술한 뒤에도 합병증(출혈이나 감염 같은)이 생길 수 있다. 또한 고양이가 집밖에 나갔을 때 자신을 보호할 도구를 잃었기 때문에 위험이 닥쳐도 나무를 타고 도망칠 수 없다.

그래서 나는 내 병원에서 이런 수술을 허락하지 않는다. 고양이의 발톱을 제거하려는 보호자는 고양이를 키울 자격이 없다고 생각하기 때문이다.

고양이가 아무 데나 발톱을 긁어대는 것을
막기 위해선 다양한 방법을 활용해보는 것이 좋다.

Ⓔ 고양이의 이식증

많은 애묘인들이 자신의 값비싼 옷이 고양이에게 씹혀 너덜너덜해졌다고 불평을 하곤 한다. 심지어 고양이는 실내에서 키우는 귀한 식물을 죽이기도 하고, 보호자의 피부나 자신이나 다른 고양이의 유두를 빨기도 한다. 간혹 고무제품이나 전선, 비닐 노끈, 실 등을 무는 고양이도 있다. 이런 상황이 일어났을 경우 당신의 고양이는 이식증에 걸렸을 수 있기 때문에 동물병원에서 치료를 받아야 한다.

고양이는 고무 재질의 물체도 씹을 수 있다.

이런 문제행동이 나타는 것은 고양이가 빨거나 먹지 말아야 할 어떤 것에 특별한 애정이 생겼기 때문이다. 고양이가 빨거나 씹는 대상은 주로 양모나 방직물 같은 섬유제품, 보호자나 다른 고양이, 식물 같은 것이다.

섬유제품 빨기

많은 사람들이 샴과 버미즈 두 품종의 고양이에게서만 양모나 방직물 같은 섬유제품을 빠는 취향이 있다고 생각했다. 하지만 훗날 연구를 통해 다른 품종의 고양이들에게서도 같은 문제가 발견됐다. 샴의 55% 정도, 버미즈의 28% 정도가 이식증 증상을 보이며, 아시아 품종도 가끔 이식증이 생긴다. 그에 비해 혼혈 고양이는 이식증에 걸리는 비율이 11% 정도로 낮은 편이다.

고양이가 처음 이식증에 걸리는 연령은 보통 2~8개월로, 일반적으로 유전 때문이라고 알려져 있지만 갑상샘 기능부족으로 생기기도 한다. 어떤 사람들은 이식증을 유년기에 젖을 빨던 행동에서 옮겨온 것이라 여긴다. 이식증에 걸린 고양이는 앞발톱으로 섬유제품을 꾹꾹 누르다가 물고 빠는 동작을 더하게 된다. 이때 고양이는 편안하고 만족스러운 표정을 짓는다. 물론 어떤 고양이는 섬유제품을 꾹꾹 누르는 동작을 하지 않기도 한다.

지나치게 일찍 젖을 떼면
보상행동으로 누군가의 피부를
빨 수도 있다.

보호자나 다른 동물의 피부 빨기

뭔가를 빠는 것은 갓 태어난 새끼 고양이에게는 지극히 정상적인 반사행동이다. 이런 행동은 23일 정도 되면 점차 사라진다. 그에 비해 어른이 되어서도 여전히 빠는 반사행동이 남은 고양이들은 대부분 엄마를 잃었거나 영양이 결핍되었거나 일찍 젖을 뗀 경우다.

엄마를 잃은 새끼 고양이에게 위관으로 젖을 주면 편리하고 시간도 절약되지만 나중에 문제행동이 생길 수도 있다. 그러므로 가장 좋은 방법은 젖병으로 젖을 먹이는 것이다. 어미 고양이는 보통 8~10주가 되면 새끼 고양이의 젖을 끊지만 어떤 보호자는 6주 정도의 이른 시기에 젖을 끊기도 한다. 이럴 경우 이후에 보상행동으로 빨기를 할 가능성이 있다. 또한 이런 고양이가 주로 빠는 대상은 보호자의 피부나 함께 사는 고양이의 귀, 유두, 음경 등이다. 뿐만 아니라 이런 행동은 대부분 앞발톱으로 꾹꾹 누르는 동작과 함께 이뤄진다.

식물 물어뜯기

고양이가 식물을 먹는 행동은 섬유질과 무기질, 비타민을 얻을 수 있기 때문에 보통은 정상적인 섭식 행동이라고 할 수 있다. 하지만 독성이 있는 식물을 먹는다거나 지나치게 많이 먹거나 값비싼 것만 골라서 먹는다면 보호자의 걱정과 불만이 생길 수 있다.

대부분의 육식성 동물은 식이 섬유소를 분해하고 포도당으로 전환시킬 수 있는 효소(포도당은 소화기에서 흡수)가 부족하다. 그렇기 때

고양이가 지나치게 많은 식물이나 캣닙을 먹으면
구토 증상이 나타날 수 있다.

문에 이런 식물은 소화기에 원래 상태로 있다 다시 배설된다(아주 적은 양). 만약 식물을 지나치게 많이 먹을 경우 위를 자극해 구토 증상이 나타날 수 있다. 고양이가 모구증에 걸렸을 때 식물을 먹고 싶어 하는 것도 이 때문이다.

치료 방법

대부분의 물고 빠는 행동은 의존성이 큰 고양이에게서 나타나는데 어린 시절의 의존 심리가 여전히 남아 있기 때문이다(정상적인 고양이는 상당히 독립적이다). 그러므로 이런 과도한 의존 심리를 중점적으로 치료하면 물고 빠는 문제행동을 개선할 수 있다. 또한 고양이에게 놀이로 자극을 더해주고, 집에서의 활동을 늘려주며, 새로운 물건으로 호기심을 자극해주는 것도 좋은 치료법이다.

가능하다면 고양이는 외부와 많은 접촉을 해야 한다. 이를테면 안전에 주의하며 고양이를 집밖에 있는 이동장에 놓아둔다든지, 고양이에게 줄을 채워 산책을 나가는 것도 좋다.

이외에 고양이가 먹는 음식에 식이 섬유소 물질을 첨가해주는 것도 식물을 물어뜯는 습관을 낫게 하는 한 방법이다. 고양이가 섬유제품을 빠는 행동을 막으려면 그것 위에 유칼립투스나 박하 오일처럼 냄새가 강한 차단제를 뿌려두는 것이 좋다. 그러면 고양이가 접근하지 못한다. 이런 문제행동을 예방하는 가장 좋은 방법은 새끼 고양이에게 서둘러 젖을 끊지 않고 충분한 포유기를 주는 것이다.

Ⓕ 아무 데나 소변 보기 - 특발성 방광염

예전에는 고양이들이 아무 데나 소변을 보는 것을 영역을 표시하기 위한 행동으로 여겼다. 하지만 이론상 영역을 표시할 수 있는 것은 수컷 고양이, 그것도 중성화 수술을 하지 않은 경우일 뿐이다. 게다가 영역을 표시하는 행동은 소변을 몇 방울 뿌리는 것이지 한꺼번에 많이 싸는 것이아니다. 그렇다면 오늘날 아무 데나 함부로 소변을 보는 암컷 고양이나 중성화 수술을 한 수컷고양이를 어떻게 이해해야 할까? 그것도 영역을 표시하기 위함일까?

문제는 함부로 소변을 보는 것이 영역을 표시하는 행동이 아니라 질병이란 사실이다. 우리는 앞서 수컷 고양이의 오줌 스프레이 행동에 대해 알아봤다. 그들은 오줌 몇 방울을 물체에 수직으로뿌리는 반면 여기서 말하고자 하는 고양이들은 이불이나 침대보, 카펫 등 평면의 물체에 아무렇게나 소변을 본다. 심지어 소변의 양도 몇 방울이 아니라 엄청나게 많다. 사실 그 원인은 특발성방광염일 가능성이 가장 높다.

수컷 고양이가 영역을 표시하는 것과
함부로 소변을 보는 배뇨 방식은 완전히 다르다.

수컷이든 암컷 고양이든, 중성화 수술을 한 고양이든 아니든 모두 특발성 방광염에 걸릴수 있다. 특히 비만인 고양이나 중성화 수술을 한 고양이, 페르시안 고양이, 사료만 먹는 고양이, 스트레스를 받는 고양이는 특발성 방광염에 걸리기 쉽다. 게다가 특발성 방광염은유전적 요인으로 발병할 수 있다. 다시 말해 부모 중 한 마리라도 특발성 방광염에 걸렸다면 새끼 고양이도 특발성 방광염에 걸릴 가능성이 높다.

그렇다면 고양이는 왜 특발성 방광염에 걸리는 걸까? 첫 번째 가능성은 고양이의 방광 점막의 상피세포가 단단히 결합되지 않아 소변이 방광 근육층에 스며들어 배뇨 통증을 유발하는 것이다. 두 번째 가능성은 고양이 방광에 통증을 느끼는 신경섬유가 많아 스트레스를 받으면 신경성 염증기제가 유발되는 것이다. 세 번째 가능성은 부신피질의 저장 능력이 모자라서다. 이 모든 가능성을 쉽게 말하면 고양이의 체질과 스트레스, 지나치게 편안한 생활 때문이라고 할 수 있다.

특발성 방광염이 체질과 관련이 있는 것은 어쩔 수 없다지만 스트레스는 어떨까? 스트레스는 보호자가 잘만 관리해주면 특발성 방광염에 걸리는 것을 막을 수도 있다. 그렇다면 지나치게 편안한 생활은 어떨까? 이 부분도 보호자가 열심히 노력하면 충분히 나아질 수 있다.

우선 소변이 방광 근육층에 스며들어 생기는 통증은 소변에 매우 높은 농도의 칼륨이온이 있기 때문이다. 이 점은 캔이나 습식 사료를 통해 수분을 보충해주면 개선할 수 있다. 물을 더 많이 마셔서 소변의 칼슘이온 농도를 낮추는 것이 좋다. 하부 비뇨기질환의 처방은 주로 캔이나 습식 사료를 섭취하는 것으로, 여기에는 정신적

고양이가 함부로 소변을 볼 때는
주로 평면에 눈다.

으로 안정을 주는 영양 성분도 함유돼 있다. 이 성분은 스트레스를 낮추는 데에도 도움이 되기 때문에 특발성 방광염을 치료하는 첫 번째 방법으로 꼽는다. 단점은 이런 캔이나 습식 사료의 가격이 비싸다는 것이다.

다음으로 어떻게 해야 고양이가 지나친 스트레스를 피하고 적당한 스트레스 자극만 받으며 살 수 있을까(적당한 부신의 기능을 유지하면서)? 이 점은 이 책의 '고양이 스트레스' 편을 참고해주기 바란다.

마지막으로 특발성 방광염을 치료하는 가장 어리석고 나쁜 방식은 약을 먹는 것이다. 일단 약은 몇 개월 정도를 먹어야 뚜렷한 효과가 나타나지만 갑자기 약을 끊어서도 안 된다. 특히 약은 서서히 줄이면서 끊어야 하는데 그렇지 않으면 무서운 부작용이 나타날 수 있다. 그러므로 약물 치료를 할 경우 반드시 전문 수의사의 지시에 잘 따라야 한다.

통증

통증 때문에 아무 데나 함부로 소변을 보는 고양이들은 대부분 나이 든 고양이로, 이런 통증은 보통 척추질환과 관련이 있다. 예를 들어 우리가 흔히 알고 있는 골극bony spur, 뼈의

일부가 불거져서 튀어나온 것을 가리킴 같은 것 말이다. 또한 만성 퇴행성 관절염도 고양이가 아무 데나 소변을 보게 만들 수 있다.

보통 고양이 화장실은 높이가 어느 정도 있어 고양이가 안에 들어갈 때 다리를 구부려야 하는데 나이가 들면 이 동작을 할 때 통증을 느낀다. 그 때문에 고양이는 고양이 화장실에 들어가기를 겁내면서 화장실 근처에 소변을 보거나 때로는 대변을 보기도 한다. 이런 고양이는 대부분 뒷다리가 마르ㄱ 약한 편ㅇ로 동물병원에 가서 신경 검사와 X-ray와 MRI 촬영을 받아보는 것이 좋다.

일단 이런 질병이 있다는 것을 확인하면 수의사의 치료에 잘 협조하면서 가정 내 고양이 화장실을 조금 고칠 필요가 있다. 편안하게 화장실에 갈 수 있도록 적당한 비탈을 만들어준다면 나이 든 고양이가 통증을 느끼지 않고 들어갈 수 있다.

화장실의 문제

고양이 화장실의 모양과 고양이 모래의 재질, 화장실 위치, 화장실의 청결도 모두 고양이가 아무 데나 함부로 소변을 보게 만드는 요인이 될 수 있다. 이 부분은 48페이지 '고양이 화장실' 편을 참고하기 바란다.

PART

8

고양이 질병
반려묘가 아파요!

Ⓐ 고양이가 아프다는 신호

고양이는 말을 하지 못하므로 눈에 띄는 증상이 없으면 어디가 불편한지 알아채기 어렵다. 그 때문에 애묘인들은 고양이가 밥을 잘 먹지 못하거나 물을 못 마시게 되어서야 동물병원을 찾는다. 이럴 때 애묘인들은 고양이의 몸에 이상이 생긴 것을 좀더 일찍 눈치 채지 못한 자신을 탓한다. 하지만 평소 고양이가 걸릴 수 있는 질병에 대한 상식이 없으면 증상이 나타나도 어디가 아픈지 알기 어렵다.

사실 고양이가 아프면 초기에 그들의 일생생활에 뚜렷하지는 않지만 약간의 변화가 일어난다. 평소 보호자가 고양이를 주의 깊게 관찰하는 것도 매우 중요하다. 다음에 소개하는 고양이의 이상 행동을 알아둔다면 사랑하는 고양이가 아프다는 사실을 눈치챌 수 있을 것이다.

체중 감량 ▬▬

고양이의 체중을 매주 측정하는 것은 고양이의 만성질환을 발견하는 가장 좋은 방법이다. 하지만 절대 성인의 몸무게를 측정하는 체중계를 사용하면 안 된다. 보통 보호자가 고양이를 안고 체중을 재곤 하는데 정확도가 많이 떨어지기 때문에 신생아나 반려동물용 체중계를 사용하는 것이 좋다.

또한 고양이 체중 기록표를 작성해 고양이의 체중에 변동은 없는지 확인해야 한다. 체중이 지속적으로 감소하고 있다면 만성 신장질환, 간질환, 당뇨, 갑상샘 기능항진증, 종양 또는 다른 질환의 지표가 될 수 있다. 예를 들어 몸무게가 4kg의 고양이가 3.8kg 이하로 체중이 빠졌다면 사람으로 치면 80kg가 76kg 이하로 빠지는 것과 같다. 고양이의 몸무게가 지속적

01 / 빛을 잘 보지 못하고 눈에 통증을 느끼는 고양이   02 / 눈 안에 황록색 분비물이 있다.
03 / 얼굴이 납작한 고양이는 눈 안에 쉽게 눈물이 맺힌다.

으로 줄어들고 있다면 가능한 한 빨리 동물병원에서 검사를 받아야 한다.

눈곱과 눈물

고양이도 자다가 막 일어나면 사람처럼 까맣고 마른 눈곱이 눈가에 붙어 있다. 이런 분비물은 가볍게 닦아내면 되는 것이기에 그리 걱정할 문제가 아니다.

하지만 고양이의 눈가가 붉어지고 과다하게 눈물이 분비된다면 분명 눈에 염증이 발생했다는 뜻이다. 심각하면 눈 안안쪽이나 눈가 주위에 황록색의 고름 같은 분비물이 생긴다. 이런 분비물이 눈꺼풀 주위에 묻으면 위아래 눈꺼풀이 달라붙어 고양이 눈이 안 떠지는 경우도 있다. 어떤 고양이들은 눈이 아프고 밝은 빛을 똑바로 보지 못해 눈동자가 커졌다 작아졌다 한다. 혹은 앞발로 계속 눈 주위를 닦기도 하는데 이런 행동들이 고양이의 눈 상태를 더 악화시킬 수 있다. 그러므로 고양이의 눈에 분비물이 있거나 눈을 제대로 뜨지 못할 때는 먼저 물에 젖은 솜으로 눈 주위를 깨끗이 닦아준다. 또한 증상이 더 악화되기 전에 병원에 데려가 검사하도록 한다. 새끼 고양이는 성묘보다 면역력이 약하다. 바이러스성 감염으로 안구질환에 걸려 상태가 심각해지고 제때 치료를 받지 못하면 시력을 잃거나 안구를 적출해야 할 수도 있다.

보통 얼굴이 납작한 페르시안 고양이나 이그저틱 쇼트헤어 고양이는 눈물을 많이 흘리는 편으로 오히려 눈물이 안 나올 때 문제가 된다. 고양이의 눈과 코 사이에는 비루관이 있는데 이 비루관에 만성 염증이 생겨 막히게 되면 눈물이 줄줄 흐를 수 있다. 또한 바이러스성 감염으로 생긴 염증도 과도한 눈물을 유발한다. 그러므로 질병이 만성으로 변하기 전에 고

01 / 빛을 비췄을 때 동공이 확진히 확장된 상태　　02 / 노란 고름이 코 주위에 묻어 있다.
03 / 심각한 상부 호흡기 감염으로 생긴 코의 궤양

양이를 병원에 데려가 검사받는 것이 좋다.

고양이 눈 상태를 보고 알 수 있는 질병

❶ 각막 혹은 눈가가 붉을 때 : 결막염 혹은 각막염

❷ 눈을 비췄을 때 잘 보지 못하면 : 긱막염, 결막염 혹은 녹내장

❸ 눈 주위에 다량의 황록색 분비물이 생길 때 : 안구건조증, 심각한 상부 호흡기 감염으로 생긴 결막염 혹은 각막염

❹ 눈에 빛을 비췄을 때 동공이 비정상적으로 커진다면 : 갑상샘 기능항진증 혹은 고혈압으로 인한 시력 손상

콧물과 코 분비물

고양이의 콧구멍 주변을 보면 가끔 작고 까만 코딱지가 붙어 있는데 이는 코 분비물과 먼지가 섞인 것으로 물에 젖은 솜으로 깨끗이 닦아내면 된다. 그러나 눈에 띄게 콧물이 많이 나오면 특별히 주의해야 한다. 맑고 투명한 콧물이라면 코가 민감하거나 상부 호흡기 감염으로 인한 초기 증상일 수 있으니 병원에 데려가 치료를 받아야 한다. 그렇지 않으면 코에 염증이 생겨 만성 비염이 될 수 있으며 치료도 더욱 어려워진다.

맑은 콧물이 황록색의 고름 같은 분비물로 변하면 고양이의 염증 증상이 만성이 됐다는 뜻이다. 이런 상태가 심각해지면 피가 섞인 고름 분비물이 나올 수도 있다. 이때 제대로 치료하지 못하면 고양이의 코가 막혀 음식의 냄새를 맡지 못하게 되며 식욕이나 체중 저하로 이어진다.

침과 입 냄새

침은 구강 안에서 음식을 부드럽게 넘어갈 수 있게 하는 역할을 하며 살균 기능도 있다. 고양이가 음식물을 씹을 때 침과 함께 섞여 식도를 지나 위로 들어가게 된다. 또한 침 속의 소

화효소는 음식의 일부를 소화시키기도 한다. 정상
적인 상황에서 침은 당연히 식도 안으로 흘러들어
간다. 하지만 구강에 문제가 생기면 식도가 아닌
입 밖으로 흘러나오게 된다. 다만 고양이가 긴장하
거나 약 같은 먹기 싫은 음식의 냄새를 맡았을 때
침을 흘리기도 한다.

또한 고양이의 구강 안 잇몸이나 구강 점막 혹은
혀 등에 염증이 생기면 입에서 악취가 나게 된다.
마찬가지로 고양이 몸 안 기관에 신장병 같은 질병
이 생겨도 구취 증상이 나타날 수 있다.

구강에 문제가 생기면 고양이 입 주위에 침이 흐른다.

고양이가 침을 흘리거나 입 냄새를 풍길 때 알 수 있는 질병
❶ 과도하게 침을 흘릴 때 : 잇몸 염증, 구강 염증, 치주질환, 혀 궤양, 중독, 신장
　질환으로 인한 구강궤양 등
❷ 입 냄새 : 구강 염증, 잇몸 염증, 신장질환 등

재채기와 기침

고양이가 재채기를 하거나 기침을 하면 유심히 관찰해야 한다. 본래 바이러스나 먼지가 비
강으로 들어가 코 점막을 자극하면 재채기가 난다. 반면 기침은 바이러스나 먼지 같은 이물
질이 구강으로 들어가 기관지를 자극하면 나오게 된다. 다시 말해 재채기와 기침은 이물질
이 비강이나 구강을 통해 체내에 들어가는 것을 방지하기 위한 반응 행동이다. 코에 자극
을 받으면 고양이는 여러 차례 재채기를 한다. 이를테면 개박하를 먹거나 털을 핥을 때도
개박하, 털, 먼지 등의 자극으로 재채기를 하는데 이는 극히 정상적이 생리 현상으로 그리
걱정할 문제가 아니다. 또한 어떤 고양이들은 물을 마시면서 실수로 콧속으로 물이 들어가

거나 자극적인 냄새를 맡았을 때 코 점막에 자극을 받아 재채기를 하기도 한다. 그러나 고양이가 하루에도 여러 차례 재채기를 하는데다 잠깐의 자극으로 일어난 생리적인 반응 같지 않다면 질병으로 코 점막에 염증이 생겨 유발된 재채기일 수 있다. 또한 재치기를 하면서 콧물과 눈물도 함께 난다면 고양이에게 상부 호흡기 감염이나 특정한 과민 반응이 생긴 것일 수도 있다.

간혹 고양이가 지나치게 빨리 먹을 경우 사례가 들려 기침이 날 수도 있는데 이런 증상이 잠깐이고 일회성이라면 그다지 염려할 필요가 없다. 여름에 에어컨을 틀어도 찬 공기가 고양이의 기관지를 자극해 돌발적인 기침이 나기도 한다.

하지만 기관지염이나 폐렴, 심장사상충에

01 / 고양이가 기침할 때는 어미 닭처럼 쪼그리고 앉아 머리를 앞으로 쭉 편다.
02 / 고양이가 긴장하면 입을 벌리고 숨을 헐떡거린다.

감염됐을 때도 고양이는 천식과 비슷하게 캑캑거리며 기침을 한다. 이런 기침 소리는 염증으로 기관지가 좁아져 공기가 기관지를 지나기 어려울 때 나온다. 그러나 많은 애묘인이 고양이가 기침을 하면 헛구역질을 한다고 착각하기도 한다. 아무것도 토하지 않는데 겉으로 보이는 증상은 구토와 비슷하기 때문이다.

호흡곤란 ▰▰▰

호흡곤란 증상은 호흡이 가빠지거나 힘을 주며 호흡할 때 나타난다. 이런 증상이 심각해지면 배로 호흡하거나 입을 열고 호흡한다. 고양이의 평균 호흡수는 1분에 20~40회 정도로 긴장을 풀고 있는데도 호흡수가 50회가 넘어가면 특별히 주의하고 수의사와 상담해야 한다. 하지만 여름에 날씨가 무더울 때는 선풍기만 틀어도 호흡이 빨라지거나 입을 벌리고 숨을 쉴 수 있다.

고양이의 호흡이 지나치게 빠르거나 호흡곤란이 있을 때는 먼저 수의사에게 전화해 문의하고, 필요할 경우 즉시 진료를 받아야 한다. 병원으로 가는 동안에는 고양이가 과도하게 긴장하지 않도록 최대한 안심시키도록 한다. 호흡곤란에 빠진 고양이 대부분은 물에 빠진 것처럼 당황해 연이어 쇼크나 사망에 이를 수도 있다. 이렇게 위급한 순간에는 반드시 빠르고 정확한 판단과 처치가 필요하다.

호흡곤란을 일으키는 증상이나 질병

❶ 빈혈 : 구강과 혀의 색이 창백해지고 외상으로 피가 났을 때 혹은 내장 질환으로 적혈구가 파괴돼 생기는 빈혈, 자가면역* 질환으로 적혈구가 파괴됐을 때 (용혈성 빈혈) 일어날 수 있다.

❷ 심장과 폐질환 : 혀가 푸른 보라색으로 변한다면 혈액 속 산소량 부족으로 인한 호흡곤란일 수 있다. 이럴 때는 심장이나 폐와 관련된 질병을 의심해야 한다.

❸ 상부 호흡기 감염 : 고양이에게 상부 호흡기 감염이 있을 경우 비강에 염증이 생기거나 코 막힘이 있을 수 있다. 이럴 때 고양이는 호흡곤란 때문에 입을 열고 숨을 쉬는 증상을 보인다.

● 자신의 조직 성분에 대하여 면역을 일으키거나 과민성인 상태

구토

고양이는 원래 구토를 자주하는 동물이긴 하지만 만약 매일같이 토한다면 특별히 주의해서 관찰해야 한다. 보통 고양이는 털을 핥아 정리하는데 이때 입으로 들어간 털 뭉치가 위에 쌓여 종종 모구증에 걸린다. 이럴 때 고양이는 헤어볼을 빼내려고 구토를 하게 된다. 때로는 지나치게 많이 혹은 빨리 먹다 잠시 뒤 토를 하기도 한다. 문제는 이렇게 구토하는 고양이를 보면 그냥 집에서 관찰해야 할지, 서둘러 동물병원에 데려가야 할지 정확히 모르겠다는 사실이다.

구토는 위장염이나 기타 질병이 있을 때 혹은 신경성 질환이 있을 때도 일어날 수 있는 증

상이다. 만약 고양이가 토한 뒤에도 여전히 식욕이 좋고 물을 마시며 정신적 문제가 없다면 정상적인 상태로 탈수를 걱정하지 않아도 된다. 다만 그럴 경우라도 토하는 횟수와 먹고 나서 얼마 뒤에 토하는지, 무엇을 토하는지, 토하는 액체의 색은 무엇인지 등을 자세히 관찰했다가 증상이 악화되면 동물병원에 데려가 수의사에게 알려줘야 한다.

배변

고양이는 수분 섭취량이 많지 않기에 직장直腸의 분변에서 수분을 흡수한다. 그래서 고양이의 분변은 짧고 딱딱하며 양의 대변처럼 한 알씩 나온다. 사람이 보기에는 고양이에게 변비가 있는 것처럼 느껴질 수도 있는데 어떤 고양이들은 분변을 가늘고 길게 누기도 한다. 또한 어떤 고양이들은 음식이 바뀌면 분변의 모양도 바뀌어 변이 물러지거나 설사를 할 수도 있다. 이처럼 배변은 고양이의 건강을 확인할 수 있는 지표이므로 매일 색깔과 형태, 성질을 관찰해 질병에 걸렸는지 확인한다.

특히 심각한 설사나 혈변, 구토가 있을 경우 고양이에게 탈수 현상이 나타날 수 있으며 식욕이 떨어지고 정신적 문제가 생길 수도 있다. 이는 급성 위장염이나 고양이 범백혈구 감소증, 암 등 고양이의 생명을 위협하는 질병의 전조일 수 있으니 우선 동물병원에서 검사하는 것이 좋다.

고양이 구토물 판단 단계

소화되지 않은 음식물 과립

소화되지 않은 긴 관형의 음식물

반만 소화된 유미즙(chyme)

위산이 섞인 침

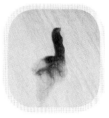
헤어볼(털 뭉치)

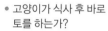

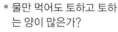
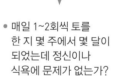

- 고양이가 식사 후 바로 토를 하는가?
- 한 번만 토하는가, 혹은 연달아 2~3회 토하는가?

- 식사할 때마다 토하는가?
- 물만 먹어도 토하고 토하는 양이 많은가?
- 구토 횟수가 많고 하루에도 여러 번 토하는가?

- 매일 1~2회씩 토를 한 지 몇 주에서 몇 달이 되었는데 정신이나 식욕에 문제가 없는가?

- 고양이가 자주 토한다.
- 토한 액체에 소량의 털이나 헤어볼이 있다.
- 정신, 식욕에는 큰 문제가 없다.

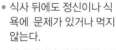

- 토한 뒤에도 식욕이 있는가?
- 토한 뒤에도 정신이 멀쩡한가?

- 식사 뒤에도 정신이나 식욕에 문제가 있거나 먹지 않는다.
- 아무것이나 먹어 플라스틱 같은 것도 삼켰다.

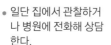

- 일단 집에서 관찰하거나 병원에 전화해 상담한다.

- 일단 집에서 관찰하거나 병원에 전화해 상담한다.

- 만성 구토이므로 병원에 데려가 정확한 검사를 해야 한다.

- 털갈이 때는 털을 빗겨준다.
- 주기적으로 헤어볼 치료제를 먹인다(일주일에 2~3회).
- 헤어볼로 인한 장폐색을 예방한다.

고양이 대변 판단 단계

정상적인 대변

형태를 갖춘 무른 변

물이나 소프트아이스크림 같은 설사
대부분 급성 위장염이거나 전염병이다. 다만 장에 악성 종양이 있을 때도 이런 설사를 한다.

회충이 있는 대변
대변은 정상이거나 설사인데 위에 면발이나 쌀알 크기의 벌레가 있다면 회충이나 촌충이다.

소량의 혈액 혹은 콧물 같은 점액
대변 끝에 피가 있거나 점액 같은 것이 섞여 있다면 대장 질환일 가능성이 높다.

피가 섞인 물 같은 설사
새끼 고양이가 바이러스성 장염에 걸렸을 때 피가 섞인 설사가 나기 쉽다.

까만 타르 같은 설사
위나 소장에 질병이 있을 수 있다.

회백색의 분변
고양이가 구토를 하면서 정신적 문제가 있고 식욕이 떨어지면 간질환이나 췌장염일 수 있다.

수분 섭취량의 비정상적 증가

고양이가 유난히 물을 많이 마신다면 주의해서 관찰할 필요가 있다. 고양이는 본래 물을 많이 마시지 않는 동물로 평소 통조림을 먹는다면 물 마시는 횟수가 더 적을 수 있다. 그러므로 고양이 물그릇에 담긴 물의 양이 확연히 줄었거나 고양이가 물그릇 앞에 앉아 있는 시간이 길어졌다면 비뇨기질환이 생긴 것은 아닌지 주의해야 한다. 고양이가 물을 많이 마시면 그만큼 배뇨량도 늘게 되는데 일반 집고양이들은 고양이 모래를 사용하므로 이를 청소할 때 배뇨량이 얼마나 늘었는지 추측할 수 있다.

갑자기 수분 섭취가 늘었을 때 의심되는 질병

❶ 만성신부전 : 고양이는 본래 사막에서 태어난 동물로 수분의 유실을 막기 위해 체내의 노폐물이 쌓이게 했다가 농축되면 소변으로 배출한다. 하지만 그로 인해 신장의 부담은 증가된다. 노폐물을 여과하는 신장 기능이 떨어질 경우 수분이 흡수되지 않기에 배뇨량이 늘어난다. 배뇨량이 늘어나는 만큼 마시는 물의 양도 증가한다.

❷ 당뇨 : 비만인 고양이는 당뇨에 걸리기 쉽다. 혈액 속에 당분이 많으면 세포의 탈수가 일어나고 배뇨량이 늘어난다. 또한 혈액의 농도가 걸쭉하면 고양이가 마시는 물의 양도 많아진다.

❸ 자궁축농증 : 자궁 안에 고름 같은 분비물이 쌓이면 열이 나는데다 세균 속 독소의 작용으로 물을 많이 마시고 배출하는 증상이 나타난다.

❹ 기타 : 내분비질환 즉 부신피질 기능저하증 같은 병에 걸려도 물을 많이 마시거나 배뇨를 자주 할 수 있다.

비정상적 식욕 변화

사람과 마찬가지로 고양이도 질병에 걸리면 식욕이 저하되어 음식을 잘 먹으려 하지 않는다. 반면 어떤 질병에 걸리면 평소보다 훨씬 많은 양의 식사를 하기도 한다. 고양이가 매일

먹는 음식량은 정해져 있는데 갑자기 음식을 더 달라고 하거나 먹지 않으려 한다면 주의 깊게 살펴봐야 한다. 예를 들어 고양이가 원래 양만큼의 사료를 먹고도 밥그릇 앞에 앉아 있거나 야옹야옹 울면서 음식을 더 달라고 하면 어떤 질병의 전조라고 할 수 있다. 고양이가 계속 먹는데도 만족하지 못한다면 당뇨거나 갑상샘 기능항진증, 부신피질 기능항진증 등의 질병일 수 있다.

고양이의 식사량이 비정상적으로 증가하면
질병의 유무를 확인해야 한다.

배변에 어려움을 겪을 때

고양이가 계속 화장실에 가는데 막상 청소하려고 보면 아무 배설물도 없는 경우 주의 깊게 관찰해야 한다. 분명 힘을 주고 있거나 쪼그리고 앉아 있는 시간이 긴데도 대소변을 배출하지 못한다면 비뇨기나 장에 질병이 생겼을 가능성이 높다.

화장실에서 힘을 주고 소변을 보는 고양이의 모습

화장실에 잘 가지 못할 때 생길 수 있는 질병

❶ 소변보며 지나치게 힘을 줄 때 : 하부 요로 증후군Feline Lower Urinary Tract Disease, FLUTD이나 요독증 등의 질병에 걸렸을 때 고양이는 화장실에 있는 시간이 길어지지만 정작 소변은 몇 방울 나오지도 않는다. 어떤 고양이들은 아무 곳에나 소변을 보려고 하는데 이는 배뇨의 통증 때문이다.

❷ 대변보며 지나치게 힘을 줄 때 : 변비나 거대결장증●, 장염, 기생충 감염, 이질 등의 질병일 수 있다. 대변이 커서 고양이가 누지 못할 경우 항문 주위에 똥물이 묻을 수도 있다. 그러나 자세히 관찰하지 않으면 소변이 잘 나오지 않는 것으로 오해할 수도 있다. 또한 어떤 고양이들은 대변이 나오지 않으면 식욕이 떨어지고 스트레스를 받는다.

● megacolon, 다양한 원인에 의해 결장이 확장된 채 대변이 정체되어 있는 질병이다. 선천적으로 장으로 이어진 신경 문제나 골반 문제, 사고 등으로 신경이 손상되는 경우에도 발생할 수 있다. 고양이들은 특히 원인이 명확하지 않은 특발성 거대결장증이 많아 지속적인 관리가 필요하다.

비정상적인 털 핥기

정상적인 고양이는 하루에 3분의 1의 시간을 털을 정리하는 데 사용한다. 이를테면 식사를 한 뒤나 화장실에 다녀와서도 털을 핥는다. 하지만 고양이가 이보다 훨씬 많은 시간을 털을 핥는 데 쓰거나 털이 뽑히는 증상이 나타난다면 정상적인 범위를 넘어선 것이다. 일반적으로 고양이는 불안하거나 초조할 때 특정 부위의 피모를 과도하게 핥아대며 그 때문에 부분적인 탈모가 생긴다. 또한 통증이나 상처가 가려울 때도 털을 과하게 핥는다. 즉, 고양이가 지나치게 털을 핥는다면 과민성 피부염이거나 심리적인 문제일 수 있다.

고양이도 과도하게 털을 핥으면
부분적인 탈모가 생길 수 있다.

가려운 부분을 긁을 때

고양이에게 심각한 가려움증이 나타났다면 대부분 피부, 귀와 관련된 질병에 걸렸을 가능성이 높다. 고양이가 유난히 한 곳만 긁는다면 먼저 그 부위에 탈모나 상처, 습진 혹은 딱지가 없는지 확인한다. 만약 이런 증상이 있다면 동물병원에서 검사를 받는 것이 좋다.

과도한 가려움증으로 생긴 탈모와 피부 각질의 원인
❶ 과다한 피부 각질 : 영양불량이나 노화로 과다한 피부 각질이나 피부 건조증이 생길 수 있다.
❷ 기관의 질병 : 외상이 없다면 영양불량이나 내분비 이상의 문제로 질병에 걸릴 수 있다.

고양이가 심하게 긁어댈 때 걸릴 수 있는 질병
❶ 귀 진드기와 외이염 : 고양이 귀에 매일 많은 양의 흑갈색의 귀지가 생긴다면 귀 진드기에 감염됐거나 만성 외이염일 수 있다.
❷ 옴 : 옴 진드기는 주로 머리에 기생하는데 머리와 귀 주변 피부에 딱지가 앉아 두꺼워지며 다리와 전신까지 퍼진다.
❸ 과민성 피부염 : 눈 위와 입 주변, 머리, 목, 뒷다리와 허리 등의 부위에 궤양과 약간의 출혈이 생길 수 있다. 또한 벼룩이 고양이의 피부를 물면 그 침이 체내로 들어가 과민성 피부염을 일으킨다. 이런 피부염은 대부분 머리와 등 한가운데, 배 아래에 나타난다.

머리 흔들기 ▬▬▬

정상적인 상황에서도 고양이는 가끔 머리를 흔들지만 귀에 문제가 생기면 더 자주 흔든다. 예를 들어 귀에 이물질이 있거나 질병이 생긴 경우 머리를 흔드는 횟수가 확연하게 늘어나니 주의해야 한다. 이럴 때 귀를 뒤집어 검사할 수 있는데 안에 흑갈색의 귀지가 많다면 귀 염증이나 귀 진드기 감염일 수 있다. 또한 귀 안의 출혈은 밖에서는 보이지 않아 치료하지 않을 경우 심각한 중추신경장애에 걸릴 수 있으니 동물병원에서 정밀검사를 받는 것이 좋다.

고양이가 머리를 자주 흔들 때 의심되는 질병

❶ 까맣고 마른 귀지나 갈색의 축축한 귀지가 있다면 귀 진드기 감염이나 세균성 감염에 의한 외이염일 수 있다. 고양이가 귓바퀴나 귀 안쪽을 할퀴어 빨갛게 붓거나 털이 빠질 수 있다.

❷ 귀 안에 황록색 고름 같은 분비물이나 귀 밖에 고름처럼 축축한 귀지 분비물을 발견할 수 있으며 심하면 악취가 나기도 한다. 심각한 외이염이나 중이염, 외상으로 인한 화농이 생기면 고름 같은 귀지가 분비된다.

❸ 귀지가 많지 않은데도 머리를 계속 흔든다면 속귀에 염증이나 출혈이 있을 수 있다.

절뚝거리며 걸을 때 ▬▬▬

고양이의 걷는 모습이 평소와 다르다면 어느 다리에 문제가 있는지 관찰하고 스마트폰으로 고양이가 걷는 모습을 찍어둔다. 막상 고양이가 병원에 가면 긴장해 걷지 않으려 할 수도 있기 때문이다. 또한 외상이 있다면 상처나 피하 울혈은 있는지, 발톱이 부러진 것은 아닌지 확인해야 한다. 고양이가 잘 걷지 못할 때는 대부분 통증이 있는 것이므로, 고양이가 놀라지 않게 부드럽게 만져 살펴본다. 만약 고양이가 만지는 것도 싫어하면 동물병원에서 검사를 받는 것이 좋다.

고양이가 다리를 절뚝거릴 때 의심되는 질병

❶ 발에 상처가 있을 때 : 고양이가 싸워서 물리거나 할큄을 당한 후 피부 표면
  은 나은 것 같아도 피부 속에서는 염증이 나고 곪아서 붓거나 궤양이 생길 수
  있다.

❷ 발톱이 부러졌을 때 : 긴장을 잘하는 고양이는 목욕을 하거나 붙인힐 때 심
  하게 발버둥치다 발톱이 부러지기도 한다. 이를 바로 발견하지 못하면 염증이
  나 화농이 생겨 악취를 풍기기도 한다.

❸ 골절 : 고양이는 대부분 뜻밖의 사고(높은 곳에서 뛰어내리거나 교통사고)로
  골절을 당한다. 골절이 있으면 통증 때문에 발로 바닥을 제대로 짚을 수 없고
  골절된 부위가 붓기도 한다.

❹ 무릎뼈 탈구 : 고양이는 무릎뼈가 탈구되면 절뚝거리며 걷는다. 또한 관절염
  이 생겨도 걷는 모양이 부자연스러울 수 있다.

항문을 바닥에 문지를 때 ▰▰▰

고양이가 앉은 자세로 뒷다리를 앞으로 향해 쭉 뻗고 항문을 바닥에 문지른다면 기생충
감염이나 항문낭 염증일 수 있다. 항문낭이 정상적으로 나오지 않으면 염증이 생길 수 있으
며 통증과 가려움이 동반되어 항문낭을 바닥에 문지르는 것이다. 또한 지속적인 설사가 있
으면 항문 주위가 염증과 더불어 빨갛게 부어 가렵게 되고 이를 해결하기 위해 이런 동작
을 하게 된다.

고양이가 엉덩이로 바닥을 문지를 때 의심되는 질병
항문선 염증, 기생충(촌충 같은) 감염, 항문 주위의 피부염, 설사 등

수면

고양이는 몸이 불편하면 자는 시간이 길어지며 잠자는 자세까지 달라진다. 정상적인 고양이도 자는 시간은 긴 편이지만 마음이 놓이는 곳에 있으면 잠자는 자세도 편안해진다. 이를테면 게으르게 옆으로 잔다든지 배를 드러내고 대자로 자기도 한다. 또한 쉽게 눈에 띄는 곳에서 잠이 든다. 반면 아플 때는 구석이나 어두운 곳에 숨어 잘 나오지 않으며 쉴 때도 어미 닭처럼 쪼그리고 앉아 있다. 뿐만 아니라 평소 좋아하던 통조림이나 간식도 먹지 않으며 냄새도 맡지 않으니 유심히 관찰하자.

고양이는 불편하면
어미 닭처럼 쪼그리고 앉아 있다.

Ⓑ 눈 질병

흔히 눈은 영혼의 창이라고 하지 않던가. 고양이의 민첩함과 눈길을 끄는 매력은 모두 눈 덕분이라고 할 수 있다. 사실 눈 자체는 생명과 아무 관련이 없지만 눈이 없다면 분명 고양이의 활동에 영향을 줄 것이다. 이를테면 생활은 불편해지고 성격도 변해 안정감이 없고 쉽게 화를 낼 수 있다. 고양이 눈에 질병이 있다면 통증이나 부적응 현상 외에도 몸 안에 어떤 무서운 질병이 생겼다는 신호일 수 있으니 절대로 가볍게 생각해서는 안 된다.

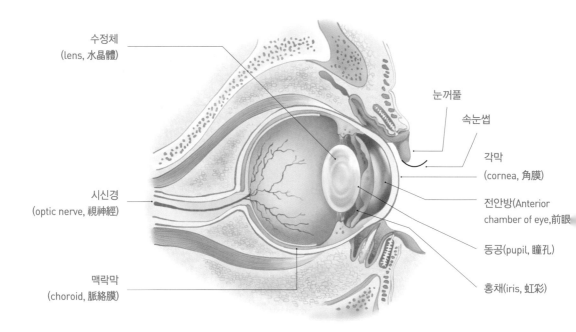

수정체
(lens, 水晶體)

눈꺼풀

속눈썹

각막
(cornea, 角膜)

시신경
(optic nerve, 視神經)

전안방(Anterior
chamber of eye,前眼

동공(pupil, 瞳孔)

맥락막
(choroid, 脈絡膜)

홍채(iris, 虹彩)

결막염 ▬▬

결막은 많은 혈관이 있는 점막 조직으로 자극을 받거나 감염이 되면 충혈되고 붓기 때문에 고양이의 눈꺼풀만 살짝 뒤집어 봐도 빨갛게 부은 결막을 볼 수 있다. 고양이의 상부 호흡기 감염은 결막염에 걸리는 가장 주요한 원인이다. 이외에 세균성 감염이나 알레르기, 이

물질, 면역 매개성 질환, 외상 등을 통해 결막염이 발생하기도 한다.

결막염에 걸리면 고양이가 눈을 잘 뜨지 못하고 눈물을 흘리며 빛을 잘 보지 못하거나 눈을 긁고 통증을 느끼는 증상이 나타난다. 제때 치료하지 못해 상태가 심각해지면 결막 부종이나 각막염, 각막궤양, 각막 천공과 같은 무서운 합병증이 올 수 있다.

각막염 ▬▬

각막은 투명한 조직으로 혈관이 전혀 없기에 그 투명도를 유지할 수 있다. 이런 각막에 염증이 생기면 투명도에 문제가 생겨 뿌옇게 변한다. 각막염에 걸리면 고양이의 눈이 잘 안 떠지거나 눈물을 흘리고 빛을 보지 못하며 눈을 긁고 통증을 느끼는 등의 증상이 나타난다. 각막염에 대한 응급처치법은 결막염과 같으며 가능한 한 빨리 동물병원에서 진료를 받아야 한다.

각막궤양 ▬▬

정상적인 각막은 매우 매끄럽고 평평한데 만약 고양이의 각막에서 우둘투둘하고 움푹 들어간 부분을 발견했다면 각막궤양이 일어났다는 뜻이다. 각막궤양은 외상이나 감염(바이러스 혹은 세균), 눈물 감소, 안검내반증eyelid entropion, 속눈썹이 눈을 찌르는 증상, 이물질과 부분적 자극으로 나타날 수 있으며, 화학적 상처로 생기기도 한다.

01 / 상부 호흡기 감염으로 결막염이나 눈 분비물이 생길 수 있다.

02 / 고양이가 각막염에 걸리면 눈 표면이 혼탁해진다.

03 / 형광염색(螢光染色)으로 각막궤양을 진단할 수 있는데 형광물질을 떨어뜨리면 각막이 형광 녹색으로 변한다.

증상

고양이가 각막궤양에 걸리면 통증으로 눈을 잘 뜨지 못한다. 게다가 눈물을 흘리고 빛을 잘 보지 못하며 눈을 긁는 등의 증상을 보인다. 또한 각막이 붓거나 충혈되고 새 각막 혈관이 자라거나 동공이 수축되기도 한다. 심할 경우 황록색 분비물이 나오거나 각막에 천공이 생길 수 있다.

치료

각막궤양에 걸리면 궤양의 심각성에 따라 항생제 안약을 처방하므로 시간에 맞춰 넣어주면 1~2주 만에 충분히 개선될 수 있다.

또한 고양이가 치료 과정 중에 눈을 긁거나 지나치게 얼굴을 닦지 않도록 원통형 목 보호대를 채워준다. 하지만 고양이들 대부분은 처음 이 목 보호대를 불편해하며 어떻게든 벗으려고 할 것이다. 보호자들도 행여 고양이가 밥을 먹지 못할까 봐 식사 때는 풀어주기도 하는데 그럴 경우 고양이는 밥을 먹는 대신 얼굴을 먼저 닦는다. 그러므로 눈의 상처가 더 심해지지 않게 하려면 치료 기간 중에는 반드시 목 보호대를 채워야 한다.

눈물흘림증 ▬▬

눈물샘에서 분비하는 눈물은 눈 깜박임이나 제3안검을 통해 건조해진 각막에 분포돼 각막 세포가 괴사되는 것을 막는다. 보통 눈물은 끊임없이 생산되기 때문에 지속적으로 안각눈 안으로 들어오며 다시 비루관을 통해 비강으로 배출된다. 그런데 눈물이 과도하게 생산되거나 비루관이 막히면 안각 안쪽에서 눈물이 넘친다. 바로 이런 질환을 눈물흘림증epiphora, 流淚症, 유루증이라고 한다. 눈물이 흘러넘치면 주위의 피모가 오랫동안 축축해서 염증이 생기거나 털의 착색이 일어난다. 얼굴이 납작한 품종의 고양이는 비루관이 비정상적으로 휘어져 있기 때문에 눈물 배출에 한계가 있다. 하지만 어린 고양이들은 심각한 상부 호흡기 감염이 될 경우 누점•과 비루관에 영구적인 상처가 생겨 눈물흘림증에 걸릴 수 있다.

이를 치료하려면 바늘로 막힌 비루관을 뚫어 세척하면 되는데 효과가 확실하지 않고 마취를 해야 하기 때문에 그다지 추천하는 방법은 아니다. 돌발적인 눈물흘림증이라면 특정 안약을 써서 비루관을 세척할 경우 괜찮은 효과를 볼 수 있다. 만약 당신의 고양이가 오랫동안 이 증세로 고생하고 있다면 청결한 습관을 들이고 안각 피모를 깨끗이 닦고 건조하도록 한다. 또한 스테로이드가 들어 있지 않은 안약을 사용하면 질병을 예방하는 데 효과적이다.

● lacrimal point, 내안각(內眼角)에서 6~6.5㎜ 떨어진 위아래 눈꺼풀 가장자리에 1개씩 있는 누도(淚道)의 입구 부분

녹내장

안구 안에는 안방수●란 액체가 가득차 안구의 정상적인 형태를 유지시킨다. 안방수는 끊임없이 순환하는데 일단 이 안방수가 눈 안에서 제대로 돌지 않으면 안압이 올라간다. 이런 증상을 바로 녹내장이라 부르며, 흐름의 경로에 결손이 생기는 부위가 주로 동공이나 홍채각막각虹彩角膜角이다. 흔히 녹내장은 원발성이거나 다른 안구질환을 유발하는 질병이라고 한다. 그중에서도 원발성 녹내장은 주로 전방각●●의 발육 불량으로 일어난다. 이는 빗살인대pectinate ligament에 선천적 이상이 있는 얇은 조직이 생겨나 모양체●●●의 입구를 좁게 만들기 때문이다.

정상적인 안압은 15~25mmHg으로 급성 녹내장인 경우 눈에 통증이 있으며 눈꺼풀 경련과 눈물흘림증이 나타난다. 또한 고양이가 통증으로 비명을 지르거나 잠을 자지 못하고 식사를 거부하기도 한다. 이런 상태가 심각해지면 녹내장이 발생하고 24~48시간 안에 눈이 실명할 수도 있다. 또한 녹내장에 걸리면 각막 부종이나 공막의 얕은 층에 울혈 등이 생기기도 한다. 하지만 만성 녹내장의 경우 유발되는 통증 증상이 뚜렷하지 않으며 급성 녹내장의 부분적 증상이나 모든 증상이 나타나기도 한다. 보통 급성에 비해 정도는 경미하지만 결코 소홀히 해서는 안 된다.

수의사는 녹내장의 긴급한 정도에 따라 여러 치료 방법을 선택하는데 목표는 안압을 조절하고 영구적인 시력 상실을 막는 것이다. 예를 들어 삼투성 이뇨제를 정맥주사로 놓거나 안압을 낮추는 안약을 넣는다든지 외과수술을 하는 등의 치료 방법이 있다. 이미 눈이 멀거나 통증이 있고 녹내장에 걸려 위에서 언급한 치료 방법을 사용할 수 없다면 안구 적출술을 시행하고 실리콘 의안義眼을 삽입해야 한다.

● 眼房水, 눈이 각막과 수정체 사이(전안방) 및 홍채와 수정체 사이(후안방)를 가득 채운 물 같은 액체

●● 전안방을 채우는 안방수가 빠져나가는 통로

●●● 척추동물의 수정체 주변을 싸고 있는 근섬유의 다발을 포함하는 기관

백내장

수정체는 원래 상피上皮, 동물의 체내외의 모든 표면을 덮는 세포층의 투명한 조직에서 유래한 것으로 수많은 투명 섬유를 포함하고 있다. 그런 면에서 백내장은 어떤 원인에 의해 수정체 섬유 혹은 수정체낭水晶體囊이 비생리적으로 혼탁해진 상태라고 정의할 수 있다. 고양이의 동공을 봤을 때 깊은 검은색이 보이지 않는다면 백내장을 의심할 수 있다. 실제로 백내장에 걸리면 동공이 하얗게 되고 빛의 강약에 따라 동공이 커졌다 작아졌다 한다.

백내장은 다양한 원인으로 유발될 수 있는데 부분적 원인으로는 선천적 기형이나 유전, 독소, 외상, 복사 현상 등이 있으며 안구질환, 전신성 질병, 노화 등도 원인이 될 수 있다. 시중에서 백내장 안약을 구매할 수 있는데 백내장의 악화 속도를 늦추는 효과가 있다. 하지만 고양이의 시력을 회복할 수 있는 유일한 치료 방법은 외과수술(수정체적출술)뿐이다. 하지만 이 수술을 할 때는 고양이의 건강과 행동 상태를 고려해야 하며, 전문적이고 경험이 풍부한 수의사에게 맡겨야 한다.

01 / 녹내장에 걸린 고양이
02 / 백내장에 걸린 고양이

안과 검사

수의사는 고양이의 안과 검사를 할 때 시진을 포함해 직접 검안경검사, 각막 형광염색, 안압 측정 등을 실시한다. 이렇게 다양한 검사를 통해 완벽한 진단을 내려야 안구질환으로 생길 수 있는 여러 합병증을 막을 수 있다.

집에서 갖춰야 할 안과용품

고양이의 눈은 생각보다 자주 문제가 발생해 빨갛게 붓거나 동공이 확대 혹은
축소되기도 한다. 만약 한밤중에 이런 상황이 일어난다면 어떻게 하겠는가? 그
럴 때는 병원을 찾느라 시간을 낭비하지 말고, 평소 기본적인 안과용품을 구비
해 대처하면 된다.

❶ 생리식염수 : 안경점이나 약국에서 구입할 수 있으며 깨끗한 솜에 적셔서 가
　볍게 눈 분비물을 닦아주면 된다. 다만 생리식염수에 이상 물질이 생기지는
　않았는지 수시로 확인한다.

❷ 솜 : 약국에서 구입할 수 있다.

❸ 스테로이드가 들어가지 않은 항생제 안약 혹은 안연고 : 자주 가는 병원에서
　처방 받아 구입한다. 한밤중에 고양이 눈에 문제가 생길 경우 이런 안약이나
　안연고를 먼저 사용하면 된다. 스테로이드 성분이 없기에 각막궤양의 악화를
　걱정할 필요 없이 우선적으로 세균의 감염을 막을 수 있다.

❹ 원통 목 보호대 : 고양이는 결막염에 걸리면 다리로 얼굴을 닦는 동작을 반
　복한다. 그런데 고양이의 눈은 부드러운 편이라 각막에 깊은 상처가 나기 쉽
　다. 하지만 목 보호대를 채워놓으면 얼굴을 닦는 행동으로 눈에 상처가 생기
　는 일을 줄일 수 있다.

POINT

응급 상황일 때는 3~4시간마다 한 번씩 안약을 넣고 고양이를 빛이 들지 않는
곳에 둔다. 빛이 고양이의 눈을 자극해 더 불편해질 수 있기 때문이다. 아침 평소
이용하는 동물병원이 문을 열면 고양이를 바로 데려가 검진을 받는다.

ⓒ 귀 질병

귀의 염증은 어느 부위에 생겼느냐에 따라 이름이 다른데 크게 외이염(귓바퀴), 중이염(고실, 고막, 고막, 청소골), 내이염(반고리관, 전정기관, 달팽이관)으로 나눌 수 있다. 귀에 염증이 생기면 일단 귀지가 비정상적으로 증가한다. 이렇게 귀에 귀지가 많이 쌓이면 고양이는 청력이 저하된다. 외이염은 대부분 세균성, 곰팡이성, 기생충(귀 진드기 같은) 감염과 관련이 있으며, 식품성 및 알레르기성 질병도 만성 귀 염증을 유발한다. 중이염은 주로 인두(식도와 후두에 붙어 있는 깔때기 모양의 부분)와 비강에서 염증이 발생하는데 유스타키오관(eustachian tube, 가운데귀와 코 인두를 연결하는 관)을 통해 염증이 번진다. 또한 귀 진드기 감염으로 만성 외이염이 악화되면 고막파열이 일어나 중이염으로 발전하기도 한다. 내이염에 걸릴 경우 고양이는 목이 기울어지고 눈 밑 떨림 증상과 운동실조증*을 겪게 된다.

● ataxia, 사지, 머리, 몸통의 운동 부조화를 야기하는 신경의 기능이상

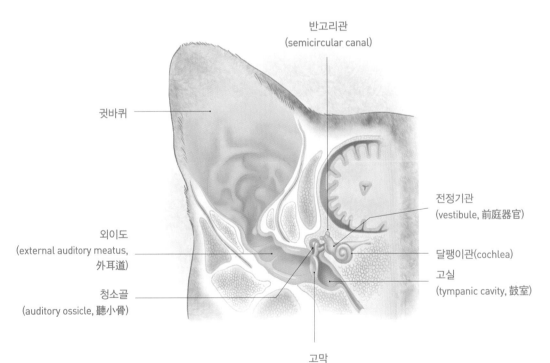

반고리관
(semicircular canal)

귓바퀴

전정기관
(vestibule, 前庭器官)

외이도
(external auditory meatus,
外耳道)

달팽이관(cochlea)

고실
(tympanic cavity, 鼓室)

청소골
(auditory ossicle, 聽小骨)

고막
(tympanic membrane, 鼓膜)

외이염　▬▬▬

외이염은 귓바퀴나 외이도에 생긴 염증 반응을 가리
킨다. 귓바퀴가 찢어지거나 농양, 종양, 이개혈종aural
hematoma, 耳血腫, 이개의 피부와 연골 사이에 일어난 혈종 등이 생
기면 귓바퀴에 염증이 생긴다. 또한 흔히 볼 수 있는 귀
종양은 편평 세포 종양Squamous cell carcinoma, 비만 세포
종양mast cell tumor, 귀지샘 종양ceruminoma 등이다. 이뿐
만 아니라 외이도에 걸릴 수 있는 질병으로는 세균, 효
모균, 귀 진드기의 감염이나 알레르기가 있는데 모두 염
증을 일으킨다. 귀에 염증이 생기면 외이도가 빨갛게 붓

고양이의 외이(바깥귀)에서
발견된 종양

고 협착이 일어나며, 귀의 내분비샘도 염증이 생겨 다량의 암갈색 귀지를 분비한다. 이럴 경
우 외이도가 막혀 청력이 떨어지며 외이도 안이 축축하고 따뜻해져 세균이나 곰팡이가 번
식하기도 한다.

세균성 혹은 곰팡이성 외이염

외이의 감염은 보통 세균이나 곰팡이 때문으로 머리를 흔들거나 귀가 가려워 긁어 분비물
이 나오는 증상을 보인다. 상태가 심각하고 치료하지 않은 감염, 특히 얼굴에 심한 피부염이
생겼을 때 외이도 협착이 일어난다. 일반적으로 외이염이 발생하는 원인은 외이도의 환경
이 바뀌어 세균이나 진균*이 자라기 쉬워졌기 때문이다. 이런 경우 검이경으로 확인했을 때
흑갈색 혹은 황록색 귀지가 많이 보이며, 심각하면 외이도 속이 잘 보이지 않는다.

- 眞菌, 곰팡이, 효모, 버섯을 포함한 72,000종 이상의 균종으로 구성하는 미생물군. 주로 부생균으로 자연계의
  유기 분해에 관여하지만, 일부는 동식물에 기생 또는 공생한다.

진단

심각한 외이도 감염이 진행된 고양이는 세균 배양과 항생제 알레르기 검사를 실시해 감염
된 세균의 종류를 확인하고 효과적인 항생제로 치료해야 한다.
항생제가 함유되거나 항세균 성분의 귀약을 귀 안에 떨어뜨리면 1~2주 정도 후에 귀의 염
증이 개선될 수 있다. 그러나 이렇게 치료할 때 면봉으로 귀를 청소하면 안 된다. 면봉이 귀
지를 외이도 안으로 밀어넣을 수 있기 때문이다. 굳이 귀를 청소하고 싶다면 귀 청소액을 사

용해 효과적이고 안전하게 제거하는 것이 좋다. 또는 고양이를 마취시킨 뒤 외이도를 씻어
내고 건조해도 된다.

특이성(환경) 및 식품성 알레르기성 외이염

특이성 알레르기와 관련된 외이염은 보통 식품성 알레르기보다 흔히 볼 수 있다. 특이성
혹은 식품성 알레르기성 외이염은 다른 피부 알레르기보다 증상이 빨리 발견된다. 이런 증
상은 동시에 나타나며 귀 양쪽에만 영향을 미친다. 또한 이런 종류의 외이염은 세균성과
효모성 감염을 일으킨다. 특이성 알레르기 외이염은 특히 이개혈종을 유발하기 쉽다.

진단

이런 종류의 외이염에 감염될 경우 고양이의 외이도는 빨갛게 붓고 귀 안에 황갈색의 분비
물이 많이 생긴다. 심지어 귀를 청소한 지 며칠 만에 엄청난 양의 분비물이 다시 쌓이기도
한다. 또한 고양이가 자주 귀를 긁거나 머리를 흔드는 등 상태가 심각해지면 머리를 흔드
는 동안 "치치" 하는 물소리가 들리기도 한다.

01 / 귀에 염증이 생기면 고양이는 얼굴과 귀 뒤를
자주 긁는다.
02 / 귀에 다량의 귀지 분비물이 있으면 귀의 피부도
염증이 생긴다.

치료

알레르기성 귀 염증은 직접 2차 감염을 개선하거나 염증을 줄이고 귀지를 제거하거나 귀약
(항생제, 스테로이드 혹은 항진균제)을 사용하여 치료한다. 식품성 알레르기가 있다면 문
제가 되는 음식을 배제하면 되는데 천천히 음식을 바꿔 알레르기를 일으키는 식재료를 골
라낸다. 혹은 알레르기가 덜한 가수분해 단백질물을 첨가하는 조건에서 분해가 되는 단백질을 섭취
하면 된다. 또한 환경에서 알레르기를 일으킬 수 있는 화초나 먼지 등을 최대한 줄이려고
노력해야 한다.

귀 진드기

귀 진드기는 매우 작고 하얀 거미처럼 생긴 체외 기생충으로 고양이의 귀 안에 기생하며 다량의 흑갈색 귀지를 만들어낸다. 그 때문에 고양이는 귀가 가려워 계속 긁게 된다. 대부분 귀 진드기에 감염된 고양이와 자주 접촉하다 감염된다.

증상

귀를 긁거나 머리를 흔드는 행동이 빈번해지며 갈색이나 까만색 귀지도 유난히 많아진다. 매일 귀를 청소해줘도 다음 날이면 더 많은 귀지가 생기기도 한다. 이는 귀 진드기가 귀지샘을 자극해 귀지를 분비하도록 하기 때문이다. 어떤 고양이들은 귀 주위를 지나치게 긁어서 귀 안과 목덜미 피부에 염증이 생기고 피가 나며 이개혈종이 생기기도 한다.

진단

검이경으로 검사하면 작고 하얀 귀 진드기들이 귀 안을 기어 다니는 모습을 볼 수 있다. 면봉으로 소량의 귀지를 채취해 현미경으로 관찰하면 반투명한 거미 모양의 귀 진드기가 보인다.

치료

귀 진드기의 수명은 21일 정도로, 외용 기생충 약을 사용할 경우 3~4주 정도 치료해야 한다. 가정 내 감염되지 않은 고양이가 있다 하더라도 함께 기생충 약을 사용해 귀 진드기의 감염을 예방한다.

예방

감염된 고양이와의 직접적인 접촉을 피하고 집에 새로 온 고양이가 있다면 검사를 해야 할 뿐만 아니라 우선 최소 한 달 정도 격리해야 한다. 또한 매달 주기적으로 고양이에게 살충약을 발라 귀 진드기를 예방하는 것이 좋다.

검이경으로 볼 수 있는 귀 진드기와 충란(蟲卵). 파란색 화살표가 가리키는 것이 귀 진드기이고, 빨간색 화살표가 가리키는 것이 충란이다.

이개혈종 ▄▄

고양이의 이개혈종은 주로 외이염이나 귀 진드기의 감염 때문에 생기는데 음식에 대한 알레르기성 피부염이나 외이도 용종 혹은 종양으로 인해 생기기도 한다. 외이염이나 귀 진드기에 옮은 고양이는 과도하게 긁고 머리를 흔들어대는데 그러다 보면 귀의 피부 안쪽에 출혈이 생기고, 축적된 피가 귓바퀴를 붓게 한다. 이것이 이개혈종으로, 그 크기는 경우에 따라 다르며 작은 것은 직경이 1cm, 큰 것은 귓바퀴만 하다.

진단
검이경을 통해 귀 진드기 감염이나 외이염, 외이도 용종으로 생긴 이개혈종인지 확인한다. 만약 용종이나 종양이 있을 경우 반드시 병리조직검사를 통해 병의 원인을 알아내야 한다.

치료
이개혈종뿐만 아니라 이 질환을 유발한 근본적 원인을 함께 치료해야 한다. 외용의 귀약으로 외이염 혹은 귀 진드기를 치료하는데 치료 기간은 14~21일 정도 걸린다. 필요하다면 내복 항생제로 심각한 감염을 치료한다. 또한 외과수술을 통해 이개혈종을 치료할 수도 있다.

이개혈종에 걸린 고양이

D 구강 질병

생명 유지를 위해 고양이는 반드시 입으로 음식과 물을 섭취해야 한다. 또한 자신을 보호하기 위해 구강을 무기로 적을 공격하기도 한다. 뿐만 아니라 고양이는 혀로 자신의 피모를 빗질하듯 정리할 수 있다. 그러나 만약 고양이가 외상이나 이물질, 치주질환, 구내염 혹은 면역성 질환으로 구강질환에 걸릴 경우 음식을 먹기 어려워지며 몸도 충분한 영양을 얻지 못해 생체 기능의 운용에 이상이 생길 수 있다. 다시 말해 구강에 병이 생길 경우 고양이는 자신을 보호할 수 없을 뿐만 아니라 생존에 위협을 받을 수도 있다.

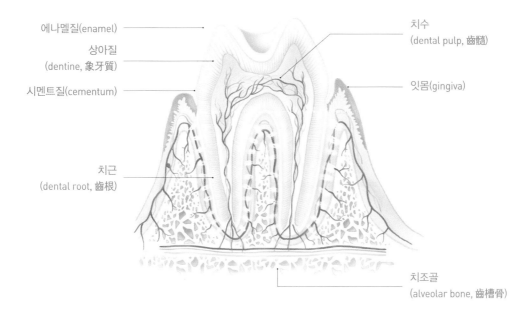

에나멜질(enamel)
상아질
(dentine, 象牙質)
시멘트질(cementum)
치근
(dental root, 齒根)
치수
(dental pulp, 齒髓)
잇몸(gingiva)
치조골
(alveolar bone, 齒槽骨)

치주질환

고양이에게 가장 흔히 나타나는 구강질환으로 3세 이상의 고양이 중 80% 이상의 고양이가 치주질환을 앓고 있다. 또한 나이 든 고양이의 경우 대사代謝와 면역력이 점차 저하되며 두꺼운 치태와 치석이 잇몸과 구강 점막에 붙어 세균의 증식과 감염을 일으킨다. 이렇게 세균이 만들어낸 독소와 산acid이 치조골과 치아의 흡수를 일으켜 심각한 치주질환을 만든다.

증상

치주질환은 치아에 플라크plaque가 쌓여 생기는 질병으로 일반적으로 치은염gingivitis과 치주염periodontitis으로 나눌 수 있다. 치은염은 치주질환 초기 세균과 치석이 붙어 잇몸이 빨갛게 붓고 염증이 나는 병으로 심하면 잇몸이 위축되기도 한다. 반면 치주염은 치주질환 후기에 나타나는 질병으로 위축된 잇몸 때문에 음식물과 치석이 심하게 쌓여 치주를 지지하는 조직이 파괴되며 치근치아 뿌리이 드러나고 치아가 빠지기도 한다. 이는 만성적으로 진행되는 질병으로 플라크가 쌓이는 것을 막지 않으면 치료할 방법이 없다. 잇몸에 염증이 있으면 구강에 통증이 생겨 음식과 물을 먹기가 힘들어진다. 구강 염증이 심각할 경우 고양이는 침을 많이 흘리거나 악취를 풍기기도 한다.

치료

경미한 치석과 치은염에 걸린 고양이는 우선 수면 마취를 해 치아 스케일링을 하며 치석을 씻어내야 한다. 그런 다음 매일 이를 닦거나 효소가 든 치은염 연고를 발라 염증과 치석이 쌓이는 것을 줄여야 한다. 심각한 치석과 치은염일 때는 마취해 치아 스케일링을 하는 것뿐만 아니라 염증 때문에 치근 밖으로 드러난 치아를 뽑아야만 한다. 또한 남아 있는 경미한 염증의 치아도 매일 양치질하거나 효소가 든 구내염 연고를 발라야 한다.

예방

매일 고양이에게 양치질을 시켜주는 것 외에도 정기적으로 동물병원에 데려가 검사를 하거나 치아 스케일링을 해야 치주질환의 발생을 막을 수 있다.

만성 구내염　▬▬▬

이 질병에는 수많은 병명이 있는데 만성 치은염/구내염feline chronic gingivostomatitis, FCGS, 고양이 치은염/구내염/인두염 복합증feline gingivitis-stomatitis-pharyngitis complex, GSPC, 고양이 림프구성/형질세포성 치은염feline lymphocytic-plasmacytic gingivitis 등이다. 하지만 이는 의미가 분

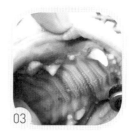
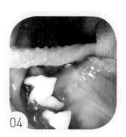

01 / 치석으로 생긴 잇몸 염증

02 / 경도 치주질환, 잇몸이 살짝 빨갛게 부었다.

03 / 중도 치주질환

04 / 심각한 치주질환, 치석을 제거하니 치근이 심하게 드러났다.

명하지 않고 병의 원인도 잘 확인할 수 없는 흔한 질병이다.

다만 고양이가 구내염에 걸리는 원인은 만성 칼리시바이러스나 헤르페스바이러스, 코로나 바이러스, 고양이 면역결핍 바이러스, 고양이 백혈병 등 때문일 수 있다. 또한 플라크나 치주질환 혹은 자가면역성 질환도 만성 구내염과 관련이 있다.

증상

경미한 염증이 있는 고양이는 식욕도 정상이고 구강 통증 반응도 없다. 발병 초기에는 고양이에게 눈에 띄는 임상 증상이 나타나지 않으므로 구강 검사를 해야만 잇몸과 구강 점막이 빨갛게 붓고 염증이 생긴 것을 발견할 수 있다. 그 때문에 대다수 애묘인은 고양이가 침을 흘리고 식욕을 잃어 앞발로 자신의 입을 계속 때릴 때가 돼서야 뒤늦게 동물병원을 찾는다.

중도의 염증을 앓고 있는 고양이는 식욕이 떨어져 비교적 부드러운 음식을 좋아하고 입 냄새를 풍기기까지 한다. 뿐만 아니라 입 주변 털에는 짙은 갈색 분비물이 묻어 있기도 하다. 심각한 구강 염증에 시달리는 고양이는 식욕이 완전히 사라져 음식을 멀리하고 심한 입 냄새와 함께 침을 흘린다.

이렇게 구강 염증으로 고생하는 고양이는 통증 때문에 음식을 제대로 씹지 못하며 씹다가 갑자기 비명을 지르기도 한다. 비만인 고양이 역시 음식을 멀리하다 급성 지방간과 황달 증상이 생길 수 있다.

진단

치은염 및 구내염은 다른 여러 질병 때문에 걸릴 수 있으므로 진단할 때 완벽한 검사를 해야 잠복하고 있는 병의 원인이나 다른 합병증을 찾아낼 수 있다. 하지만 막상 검사를 하려 하면 고양이가 통증으로 입을 잘 열지 않기 때문에 수면 마취를 해야 한다. 이렇게 고양이의 입을 열면 어금니와 앞어금니 부위의 잇몸과 구강 점막이 심각하게 부어 있는 것을 볼 수 있다. 또한 빨갛게 붓는 증상 외에도 용종●이 증식할 수 있고 매우 빨갛게 증식한 조직이 인후두에서 발생할 수 있다. 또한 혈액검사를 할 때는 반드시 FIV/FeLV고양이 면역결핍 바이러스/고양이 백혈병 항목 을 포함해야 하는데 국제적인 사례를 보면 구강 염증에 걸린 고양이 가운데 적지 않은 수가 에이즈 양성 반응을 보이기 때문이다.

● polyp, 외부·점막·장막(漿膜) 등의 면에 줄기를 가지고 돌출되어 구 · 타원 · 난원상(卵圓狀)을 띤 종류(腫瘤)의 총칭

치료

사실 현재로서는 효과적인 치료 방법이 없다. 따라서 만성 구내염에 걸린 고양이는 장기간 치료를 할 마음의 준비를 해야 한다. 또한 전문적인 치아 스케일링과 가정에서의 철저한 치아 관리, 예후가 나쁜 치아의 발치가 반드시 뒤따라야 한다. 다만 치료가 어려운 사례 가운데 발치해서 증상이 뚜렷하게 개선된 경우는 7%에 불과하다. 그래서 이런 고양이에게는 약물을 따로 처방해야 하는데 2차성 세균 감염을 방지하기 위한 항생제와 가벼운 구강 염증과 침 흘리는 증상 치료인 스테로이드, 면역 억제제 · 면역 조절제interferon, 인터페론, 국부 사용 연고, 알레르기 방지를 위한 음식(신규 단백질 혹은 가수분해 단백질 식사) 등이 필요하다.

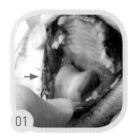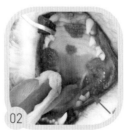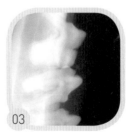

01 / 고양이의 입 주위에 짙은 갈색 분비물이 묻어 있다.
02 / 구강 점막에 난 염증   03 / X-ray로 촬영한 구강

고양이 치아 흡수증 ▰▰▰

고양이 치아 흡수증은 고양이에게서 흔히 볼 수 있는 구강질환으로 성묘의 20~75%가 앓고 있다. 나이를 먹을수록 이 질병에 걸릴 확률이 높아져 6세 이상의 고양이 60%에게서 발생한다. 고양이 치아 흡수증은 파골세포破齒細胞 때문에 일어나는데 본래 이 세포는 뼈조직을 파괴하거나 흡수하는 다핵 세포로, 정상적인 치아 구조의 재건을 담당한다. 하지만 이것이 비활성화 되어 억제 작용을 하지 못하면 치아를 망가뜨린다. 그 때문에 이 질병을 치아 흡수feline dental resorption 또는 고양이 파골세포 흡수성 병변feline odontoclastic resorptive lesion이라 부르는 것이다.

치아 흡수증은 치경* 부위에서 발생하는 염증 반응으로 치주질환과 관련이 있다. 그래서 치아 흡수증은 보통 치주질환과 함께 나타난다. 치아 흡수는 어느 치아든 생길 수 있지만 특히 뒤어금니에서 쉽게 발생한다. 치아 흡수 병변이 구강 세균을 통해 드러나면 주위의 부드러운 조직은 통증과 염증에 시달리게 된다.

● 齒頸, 이의 잇몸 속의 부분과 잇몸 밖의 부분이 나뉘는 부분

증상

치아 흡수증은 치주질환처럼 특별한 증상이 나타나지 않는다. 하지만 상태가 심각할 경우 음식을 잘 삼키지 못하거나 과도한 침이 흐르고, 앞발로 얼굴을 때리거나 이를 갈고 구강에서 피가 나며, 식욕이 떨어져 살이 빠지는 증상을 보일 수 있다.

진단

구강 검사를 할 때 치아에 붙어 있는 소량 혹은 다량의 플라크와 치석을 발견할 수 있다. 또한 증식된 잇몸이 간혹 침식된 치아 표면까지 연장될 수 있다. 치아 흡수증은 고양이의 치은염/구내염과 함께 올 수 있는데 특히 치근이 입에 남아 있을 때 그렇다. 또한 치아 흡수증은 5단계로 나눌 수 있는데 제1기가 조기 병변이며, 제2기에는 병변이 상아질로 들어간다. 제3기에는 병변의 범위가 치수강齒髓腔까지 넓어지며, 제4기에는 병변의 범위가 치수* 뿐만 아니라 폭넓은 치관** 상실로 이어진다. 마지막 제5기에는 치관이 상실되고 치근만 남게 된다.

● 齒髓, 치아 내부에 있는 치수강을 채우고 있는 부드러운 결합 조직과 살아 세포로 이루어져 있는 부분
●● 齒冠, 치아머리라고도 하며 치아에서 법랑질로 덮여 있는 부분을 가리킨다.

치료

고양이에게 치아 흡수증이 있다면 치아를 뽑는 것이 가장 좋은 선택이다. 만약 병변 부위가 치근이라면 치과 X-ray를 찍어 진단을 해야 하는데 X-ray에서 치근이 온전하다면 치아를 뽑고, 치근이 흡수됐다면 치관을 제거할 수도 있다.

 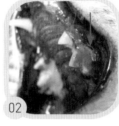 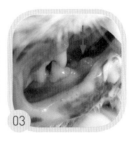

01 / 치아 흡수증 제1기   02 / 치아 흡수증 제2기   03 / 치아 흡수증 제3기

E 소화계통 질병

소화계통은 구강에서 항문까지의 기관을 가리키며 음식물을 더 작은 분자로 분해해 체세포가
영양분과 에너지를 흡수하고 이용하게 한다. 고양이도 사람처럼 소화기 질병에 걸리면 식욕이
떨어지고 구토가 나며 설사를 하는 등의 증상을 보인다. 하지만 소화기관 이외의 질병인 신장질
환, 내분비 이상, 감염, 종양 등도 소화기관의 각종 증상을 유발한다. 그중에서도 구토와 설사는
많은 질병에서 나타나는 증상으로 고양이가 소화기관에 문제가 생겼다면 구토물과 설사의 양,
빈도수, 색깔 등을 잘 관찰해 수의사에게 자세히 문의해야 한다.

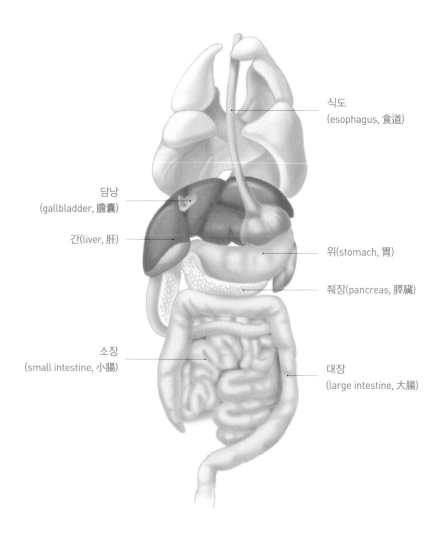

식도
(esophagus, 食道)

담낭
(gallbladder, 膽囊)

간(liver, 肝)

위(stomach, 胃)

췌장(pancreas, 膵臟)

소장
(small intestine, 小腸)

대장
(large intestine, 大腸)

자극성 위염

고양이가 털이나 풀을 잘못 삼켜 위를 자극하면 급성 구토가 일어난다. 특히 털갈이 시기에 고양이는 많은 양의 털을 먹는데 이런 털은 반드시 구토나 배변을 통해 몸 밖으로 나온다. 이때 과도하게 털을 훑으면 헤어볼을 토하면서 위에 자극을 받을 수 있다. 또한 비닐봉지를 훑거나 물기 좋아하는 고양이도 실수로 그 봉지를 삼킬 때가 있는데 이런 경우 위가 자극을 받아 급성 구토가 일어난다.

대부분 고양이는 다량의 헤어볼을 토하고 나면 24시간 동안 구토 증상이 계속된다. 고양이가 토를 다 한 뒤에도 식욕이 있고 식사 후에도 다시 토를 하지 않는다면 우선 집에서 상태를 관찰한다. 그러나 구토가 비교적 빈번하고 고양이가 잘 먹으려 하지 않는다면 구토와 탈수를 막기 위한 치료가 필요하다.

01 / 고양이가 토해낸 헤어볼
02 / 고양이가 개박하(고양이풀)를 많이 먹으면 잘 소화하지 못해 구토가 일어난다.

고양이들이 풀을 잘 먹는 것은 풀의 냄새를 좋아해서다. 하지만 풀은 대부분 소화가 잘 되지 않고 위벽에 자극을 주므로 많이 먹으면 미처 소화되지 않은 풀과 위의 내용물 일부가 구토를 통해 나온다. 이를 막기 위해 되도록 고양이에게 풀을 먹이지 않는 것이 좋다.

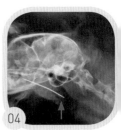

01 / 머리띠도 고양이가 잘 먹는 이물질이다.
02 / 플라스틱 재질의 카펫(푸른 슬리퍼를 포함해)은 고양이가 물기 좋아하는 최고의 물건으로 고양이의 장폐색을 일으키는 원흉이다.
03 / 고양이 혀 아래 걸린 재봉실
04 / 화살표가 가리키는 것이 금속 이물질(바늘)로 고양이의 인후두에 걸려 있다.

이물질에 의한 위장 폐색   ▓▓▓

고양이들은 대부분 작은 물건을 갖고 놀기를 좋아한다. 하지만 이렇게 작은 물건으로 장난을 하다 실수로 삼키게 될 경우 급성 구토가 일어나게 된다. 고양이 보호자들은 고양이가 놀거나 핥기만 할 뿐 진짜 삼킬 것이라고는 미처 생각하지 못하지만 실제로 그런 일이 일어난다면 어떻게 하겠는가?

고양이들이 흔히 삼키는 작은 물건으로는 머리띠, 귀마개, 플라스틱 슬리퍼 등이 있는데 이런 것들이 위에 들어가면 간헐적 구토와 식사 거부 증상이 나타난다. 또한 이물질이 소장을 막을 경우 고양이는 지속적인 구토와 더불어 식사를 하지 못하고 다량의 액체를 토해내게 된다. 구토가 심각해지면 탈수 증상이 나타나고 전신이 무기력해진다. 뿐만 아니라 고양이는 치실과 재봉실, 끈, 리본 같은 선線 형태의 이물질도 삼킬 수 있다. 이런 이물질의 길이가 30cm를 넘으면 장운동의 연동파蠕動波 길이를 초과해 소장에서 장 손상이 일어날 수 있으므로 외과수술을 통해 이물질을 제거해야 한다. 또한 장 중첩증intussusceptions, 심각한 장염 혹은 장 종양 등도 장폐색을 일으킬 수 있다.

진단

❶ 이학적 검사 : 이학적 검사를 할 때 선 형태의 이물질이 혀 밑에 엉켜 있으면 자칫 잘 보지 못할 수 있다. 또한 몸이 마른 고양이는 복부 촉진을 통해 이물질로 의심되는 물질을 장 안에서 만질 수 있다. 뿐만 아니라 장폐색이 심각하면 세균에 감염돼 복막염이 올 수도 있으니 세균에 감염되지 않도록 조심해야 한다.

❷ 청진 : 장폐색이 심하면 고양이의 복부에서 장음(연동음)이 들리지 않는다.

❸ 영상학적 검사 : 복부 초음파검사를 하면 장 중첩증을 진단할 수 있다. 폐색이 된 장 부위는 심각하게 팽창돼 선 형태의 이물질이 있으면 장이 구겨질 수도 있다. 반면 금속 이물질이 있을 경우에는 X-ray로 찍어도 광도光度가 뼈와 큰 차이가 없기 때문에 액체 현상액이나 과립형 현상제, 공기주입신우조영법으로 이물질 유무를 확인한다. 이런 현상제들이 이물질이 막힌 위치를 비교적 분명히 보여주기 때문이다

치료

❶ 수술 전에 탈수와 전해질 및 pH 이상을 회복할 수 있는 정맥 내 점적 주사를 놓아야 한다.

❷ 식도에 걸린 이물질은 내시경을 통해 뽑아낼 수 있다.

❸ 이물질은 개복수술을 통해 꺼낼 수도 있다.

❹ 고양이에게 구토를 멈추는 약과 장 점막 보호제를 준다.

❺ 수술 뒤 손상된 장 점막과 수술 부위의 장은 12~24시간 정도 휴식을 취하게 한다. 그런 다음 액체 형태나 부드러운 덩어리 형태의 음식을 먹인다. 필요한 총열량은 $60 \times$ 체중^{kg} 으로 계산한다. 첫째 날은 필요한 열량의 3분의 1만 주고 3일에 걸쳐 양을 늘린다.

만성 구토

만성 구토는 급성 구토보다 흔히 볼 수 있는 질병이다. 처음에는 고양이의 토하는 횟수가 매우 적지만(2개월에 1회 정도) 점점(1개월에서 1년이 넘어가면) 구토의 빈도수가 늘어나 매주, 3일에 한 번, 매일 한 번씩 토를 하기도 한다. 초반인 경우 고양이가 구토한다고 하더라도 식욕이 정상이고 정신이 멀쩡하기 때문에 문제가 될 것이라고 생각하는 애묘인은 별로 없다. 더군다나 고양이는 털을 토해내는 경우가 많기에 흔히 모구증으로 오해하기도 한다. 만성 구토에 시달리는 고양이는 검사를 통해 결과를 확실히 알 수 있다. 이런 고양이는 대부분 염증성 장질환이나 장 림프종에 걸려 있기 때문이다. 실제로 이런 질병에 걸리면 소장의 벽이 두꺼워져 초음파검사로 확진할 수 있다. 또한 음식 불내증* 때문에 만성 구토를 하기도 한다. 단백질 음식(토끼나 오리, 사슴 고기 같은)이나 가수분해 단백질 음식으로 식품 테스트를 해 만성 구토의 진단과 치료에 활용할 수도 있다.

● 食物不耐症, 소화효소 부족으로 인한 소화력 저하를 말하며 과민성 반응과는 다르다.

염증성 장질환

원발성의 염증성 장질환Inflammatory Bowel Disease, IBD은 정상적인 염증 세포가 위장 점막층에 침윤돼 위장에 생기는 질병이다. 보통 염증성 장질환은 품종이나 성별에 상관없이 중년이나 노년의 고양이(평균 8세)에게 자주 발생한다. 염증성 장질환은 침윤하는 염증 세포에 따라 분류되는데 가장 흔한 종류가 림프구성, 형질세포성 위장염이다. 염증성 장질환은 병의 원인이 분명히 밝혀지지 않았지만 다양한 가설이 존재한다. 이를테면 면역성 질환이나 위장 투과성 결함permeability defect, 음식 알레르기 혹은 불내증, 유전, 심리적 요인, 전염병 등이 가능한 원인이 될 수 있다.

증상

고양이가 염증성 장질환에 걸렸을 때 가장 흔히 나타나는 증상이 바로 만성 간헐적 구토다. 그 외에도 설사, 체중 감소, 음식 거부 등의 증상을 보이기도 하는데 임상 검사에서는 보통 뚜렷한 이상을 보이지 않는다. 염증성 장질환의 진단은 반드시 다른 비슷한 질병의 가능성을 배제한 다음에야 확진할 수 있다.

진단

❶ 기본 검사 : 전혈구검사Complete Blood Cell Count와 혈청생화학검사, 소변 분석 검사를 해도 염증성 장질환은 보통 정상으로 나온다. 다만 혈액검사를 통해 당뇨와 간질환, 신장질환의 가능성을 배제할 수 있다.

❷ 분변검사 : 이 검사를 통해 기생충 질환의 가능성을 배제할 수 있다.

❸ 파이로플라스마 ELISAenzyme-linked immunosorbent assay, 효소면역분석법 검사 도구 : 파이로플라스마 감염의 가능성을 배제할 수 있다.

❹ 세균 배양 및 항생제 알레르기 반응 검사 : 이 검사를 통해 살모넬라균salmonella 및 캄필로박터균campylobacter, 세균 내 독소 등을 배제할 수 있다.

❺ T4thyroxine 검사 : 만성 위장질환을 앓는 모든 나이 든 고양이에게 검사를 권하며 갑상샘 기능항진증의 가능성을 배제할 수 있다.

❻ 복부 초음파검사 : 이 검사를 통해 비정상적인 덩어리나 췌장질환 등을 배제할 수 있다.

❼ 병리조직검사 : 위장의 샘플을 채취해 병리조직검사를 진행한다. 염증 세포가 점막층에 침윤된 것이 확인되면 이를 근거로 염증성 장질환으로 진단할 수 있다.

치료

염증성 장질환 대부분은 적당한 치료를 실시하면 일주일 안에 증상이 완화된다. 하지만 심각한 염증성 장질환에 걸린 고양이(탈수 증세를 보이고 몸이 쇠약해진)는 점적 치료點滴治療를 해야 한다. 일반적으로 저자극성 또는 가수분해 단백질 음식과 면역 억제제로 치료한다.

❶ 약물 : 림프구성, 형질세포성 결장염을 제외하고 스테로이드는 모두 염증성 장직화에 가장 먼저 사용하는 약이다. 일반적으로 몇 개월 정도 장기간 복용해야 치료 효과가 검

증된다. 치료 기간 동안 약의 복용량을 점차 줄여야 하며 고양이 보호자가 임의로 약을 끊어서는 안 된다. 또한 전체 치료 과정 동안 저자극성 사료를 처방 받아 함께 사용해야 한다.

❷ 음식 : 고양이에게 처방 사료를 먹이는 것은 염증성 장질환을 치료하기 위한 필수 조건이다. 림프구성, 형질세포성 결장염에 걸린 고양이 중에는 약물 치료 없이도 증상이 완화되거나 조절되기도 한다. 하지만 처방 사료를 좋아하지 않는 고양이도 있기 때문에 무곡물 사료를 선택하는 방법도 있다. 그렇다고 모든 무곡물 사료가 염증성 장질환의 증상 개선에 도움이 되는 것은 아니므로, 다양한 무곡물 사료를 테스트해 적당한 사료를 찾아내야 한다.

예후

위와 소장에 발생하는 림프구성, 형질세포성 염증성 장질환은 보통 처방 사료와 약물로 치료하면 양호한 결과를 얻을 수 있다. 다만 완전히 치유되는 경우는 드물기 때문에 대부분 처방 사료를 평생 먹어야 한다. 염증성 장질환이 간 및 췌장 질환 등의 합병증을 동반할 경우 예후는 좋지 않다. 대장에서 발생하는 림프구성, 형질세포성 결장염은 보통 처방 사료만으로도 증상이 개선되기 때문에 예후가 좋은 염증성 장질환이라 할 수 있다. 다른 염증성 장질환은 치료에 꼭 반응하는 것은 아니다. 예를 들어 호산구● 침윤의 염증성 장질환은 보통 종양이 있기 때문에 다른 기관 혹은 조직(골수 같은)까지 침윤될 수 있어 예후가 좋지 않다.

● eosinophil, 好酸球, 호산구 색소 에오신에 물들어 빨갛게 되는 과립을 지닌 과립백혈구

지방간

지방간은 고양이의 간질환 가운데 가장 흔히 볼 수 있는 질병으로 간 지방 축적이라고도 한다. 고양이가 오랫동안 밥을 먹지 않으면 간에 저장된 지방이 분해돼 체세포 에너지로 제공된다. 그런데 간이 효과적으로 트라이글리세라이드중성지방를 사용 가능한 에너지로 전환하지 못하면 과다한 지방이 간에 쌓이게 된다.

이 병의 원인은 분명하지 않으나 다만 고양이가 오랜 시간 음식을 거부하면(일주일 이상) 지방간이 될 가능성이 높다. 그런데 비만인 고양이 역시 지방간 발생의 고위험군에 속한다.

그러므로 애묘인들은 고양이가 앓았던 질병 이력에 대해 수의사에게 상세히 알려야 한다. 그 외에도 음식을 새로 바꿨다든지, 다른 동물과 다툼이 있었다든지, 원래 보호자와 헤어졌다든지 하는 이유로 고양이가 음식을 거부하면 지방간이 생길 수 있다. 또한 담관간염, 감염, 당뇨, 호르몬 이상 등의 질병도 지방간을 유발하는 주요 원인이다.

지방간으로 귀 안쪽과
구강 점막이 누렇게 변했다.

증상

초기에는 식욕이 떨어지고 정신적 문제가 생기며 체중이 줄고 간혹 구토 증상이 있다. 지방간 후기인 고양이는 복부가 팽창하고 귀 안쪽과 잇몸이 누렇게 변하며(황달), 심한 경우 침을 흘리거나 의식이 흐려지고 경련이 일어나는 등의 신경 증상이 나타난다.

진단

❶ 혈액검사 : 간 수치가 눈에 띄게 상승하고(평소의 약 2~5배), 지방간에 걸린 고양이 가운데 50% 이상이 저단백혈증hypoalbuminemia이 나타나며 경미한 비재생성 빈혈에 걸리기도 한다.

❷ 소변검사 : 소변검사를 통해 빌리루빈뇨urinary bilirubin가 나타날 수 있다(소변에 헤모글로빈에서 만들어지는 빌리루빈이 존재하는 것).

❸ 세포 검사 : 세포 검사는 고양이를 마취시켜야 안정적으로 간 조직 샘플을 채취할 수 있으며, 며칠 동안 입원해 치료를 받아야 한다.

입원 치료

❶ 구토 조절 : 고양이가 구토를 빈번하게 한다면 하루 필요 열량을 섭취할 수 없어 살이 빠지기 쉽다.

❷ 정맥이나 피하 수액을 놓아 탈수를 막는다.

❸ 영양 섭취는 매우 중요한 치료의 일환으로 균형 잡힌 영양분을 제공하면 효과적으로 지

방간을 개선할 수 있다.

❹ 항생제를 사용하면 혹시 있을 수 있는 감염을 막을 수 있지만 부작용으로 구토 증상이 생기는 것이 있으니 주의해야 한다.

❺ 간 건강식품은 간에 대해 항염증과 항산화 작용을 한다.

❻ 비타민K의 보충은 지방간 치료에 매우 중요한데 샘플을 채취하기 전 비타민K를 고양이 에게 주면 샘플 채취 부위의 출혈을 줄일 수 있다.

❼ 비타민 B군은 고양이의 식욕을 자극해 간 기능의 개선에 도움을 준다.

가정 치료

❶ 간세포 기능 개선에 도움이 되는 항생제와 약물 치료는 2~4주 정도 지속한다.

❷ 가정에서도 영양 섭취는 가장 중요하다. 분유용 음식을 먹이면 효과적으로 영양분을 섭 취할 수 있다. 어떤 고양이들은 억지로 먹게 하면 거부감을 드러내기 때문에 이럴 경우 먹는 양이 제한적일 수밖에 없다.

❸ 매일 3~6회, 소량씩, 여러 번으로 나눠 음식을 준다. 지방간에 걸린 고양이는 위의 용량 이 작아지기 때문에 1회 식사량이 많으면 구토를 할 수 있다.

예후

고양이의 식욕이 정상으로 돌아오면 치료를 중단한다. 식욕 이 회복되는 평균 기간은 6주 정도다. 간 기능이 정상으로 돌아오면 장기적인 손상은 생기지 않는다. 다만 지방간 치료 에 실패하는 주요 원인은 지방간과 관련된 질병 치료에 성 공하지 못해 음식을 거부하는 상태가 길어지기 때문이다. 이렇게 음식을 멀리하는 상황이 연장되면 치료가 됐던 지방 간도 재발할 수 있다.

고양이에게 황달이 있으면
소변이 짙은 노란색으로 변한다.

염증성 간염 ▰▰▰

두 번째로 많이 볼 수 있는 간질환은 염증성 간염으로 간은 본래 소화에 필요한 담즙을 생산하는데 담즙은 담낭膽囊에 보관됐다 담도膽道를 거쳐 소장으로 운반된다. 그런데 세균이 십이지장에서 담도를 거쳐 담낭과 간으로 가면서 염증성 간염이 발생하는 것이다.
염증성 간질환은 두 가지 종류로 나눌 수 있는데 바로 담관염/담관간염 증후군feline cholangitis/cholangiohepatitis syndrome과 림프성 간염이다. 담관간염은 간과 담낭, 담도에 생기는 염증 혹은 감염을 가리키며 다시 급성과 만성으로 나눌 수 있다.

급성 담관염/담관간염

급성 담관염/담관간염은 주로 세균 감염으로 발생한다. 세균 대부분은 십이지장을 통해 담낭과 담도로 들어가는데 세균은 몸의 다른 부위로도 감염돼 혈액을 타고 간에 도달하는 것이다. 임상 증상으로는 식사 거부와 구토, 혼수상태, 황달 등이 있으며 간혹 복통이 나타나기도 한다. 하지만 만성 담관간염은 발열 증상이 나타나지 않는다.

림프성 간염

림프성 간염은 간 안의 염증 반응을 가리키는 질병으로 식사를 거부하고 체중이 줄며 토를 하는 증상이 나타난다. 일반적으로 심각하지 않은 담관간염이 림프성 간염을 유발한다.

진단

❶ 기본 검사 : 전혈구검사와 혈청생화학검사, 소변 분석 검사, FeLV/FIV 검사를 진행한다. 급성 담관간염에 걸리면 백혈구 증가증이 나타나기 쉬우며, 간 수치도 상승한다.

❷ 영상학적 검사 : 복강 초음파검사를 통해 간실질肝實質 및 담관계膽管系를 평가할 수 있으며 합병증으로 온 췌장염도 발견할 수 있다. 또한 X-ray 촬영은 특별한 진단의 의미는 없지만 간의 크기를 평가할 수 있으며, 간혹 상관없는 질병을 찾아내기도 한다.

❸ 간 조직검사 : 간 조직검사와 병리조직검사는 담관간염을 확진할 수 있는 유일한 방법이다. 초음파검사를 한 뒤 생체검사 바늘로 조직 샘플을 채취하거나 개복수술로 직접 샘플을 채취한다.

치료

염증성 간염의 치료는 질병의 종류를 먼저 확정해야 가능하다. 하지만 어떤 종류의 감염이든 수액 치료와 전해질의 균형 및 영양 보충이 매우 중요하며 출혈 현상이 일어나면 비타민 K₁을 줘야 한다. 아래의 내용은 치료할 때 주의할 사항이다.

❶ 항생제 치료로 감염 통제 : 감염을 막기 위해 6~12주 이상의 항생제 치료가 필요하다.

❷ 담즙 분비촉진제 : 담즙의 배출을 개선할 수 있으며 독성이 적은 담즙산 생성을 촉진한
　다. 또한 간세포의 면역 반응도 낮출 수 있다.

❸ 간 건강식품 : 항염증 및 항산화 작용이 있으며 위가 비었을 때 섭취하면 가장 효과가
　좋기 때문에 식사 1시간 전에 먹게 한다.

❹ 스테로이드 : 염증 반응을 줄이는 데 사용한다.

예후

고양이 염증성 간염의 예후는 질병의 심각한 정도에
따라 다르다. 또한 고양이의 면역체계가 얼마나 온전한
지 보호자가 장기적으로 어떻게 보살피고 치료하느냐
에 따라서도 달라진다. 급성 담관간염의 경우 대부분
정상적으로 건강을 회복하며 장기적으로 아무런 영향
을 받지 않는다. 하지만 만성 담관간염이나 림프성 간
염에 걸린 고양이는 장기적 혹은 재발에 대한 치료가
필요하다.

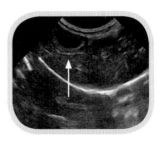

초음파검사 결과 염증이 난 담낭벽이
두꺼워진 것을 확인할 수 있었다.

췌장염

고양이 췌장염pancreatitis 사례 가운데 3분의 1이 급성 췌장염이며, 나머지가 만성 췌장염이
다. 보통 급성 췌장염은 증상이 심각한 편이고, 만성 췌장염은 경미한 편이다. 췌장염을 일
으키는 위험 요인으로는 외상과 감염, 저혈압 등이 꼽히며 품종이나 성별, 연령의 특이성은
없다. 만성 췌장염 대부분은 원발성으로 질병의 실질적인 발생률은 알려지지 않았다.

증상

고양이가 췌장염에 걸리면 대부분 뚜렷한 증상이 나타나지 않는다. 다만 심각한 췌장염에
걸린 고양이에게는 기면증이나 식욕부진, 탈수, 저체온, 황달, 구토, 복통 등의 증상이 나
타날 수 있다. 또한 촉진을 할 경우 복부에 덩어리가 만져지며 호흡곤란이나 설사, 발열 증
상이 나타날 수도 있다. 뿐만 아니라 췌장염에 걸린 고양이는 염증성 장질환과 담관염 같
은 합병증에 시달린다. 이는 해부학적인 구조상의 문제로 담관膽管과 췌관膵管의 공동 입구

가 십이지장에 있기 때문이다. 췌장염이 합병증인 담관염과 염증성 장질환과 함께 올 경우 치료가 곤란해진다. 쇼크나 쇠약증, 저체온 등의 합병증이 췌장염의 예후에 심각한 영향을 미치기 때문이다.

진단

❶ 혈액검사 : 실험실 검사(CBC, 혈청생화학검사, 소변 분석 검사)를 시행한다. 대부분의 검사는 정상이지만 결과를 통해 다른 질병을 배제하다 보면 췌장염을 확진하는 데 도움이 된다. 또 전해질의 이상을 교정할 수도 있다.

❷ 췌장 기능 검사fTLI/fPLI● : fPLI 검사 도구는 현재 고양이 췌장염을 진단하는 정확하고 빠른 검사 방법으로 초음파검사와 함께하면 진단의 정확성을 더욱 높일 수 있다.

❸ 영상학적 검사 : X-ray 촬영은 췌장염 진단에 큰 도움이 되지 못하지만 다른 질병의 가능성을 배제하는 데는 도움이 된다. 다만 비교적 심각한 상태일 때는 탈수 현상과 함께 췌장의 저에코hypoechoic성, 췌장 주위 장간막mesentery, 腸間膜의 고에코hyperechoic성, 지방 괴사로 인한 췌장과 담관의 팽창, 조직이 붓거나 석회화石灰化, 액포液胞가 나타나는 등 췌장의 다른 변화가 발견된다.

❹ 조직 샘플 채취 : 췌장염을 확진할 수 있는 가장 효과적인 방법은 조직 샘플 채취와 병리조직검사를 실시하는 것이다. 이는 급성과 만성 질환을 구분하는 유일한 방법이기도 하다. 하지만 조직 샘플 채취를 모든 사례에 적용할 수 있는 것은 아니다. 수술과 마취의 위험이 크고 부분적 병소를 잘못 알 수도 있기 때문이다.

●   fTLI : feline trypsin-likeimmunoreactivity
     fPLI : feline pancreatic lipase immunoreactivity

치료

❶ 수액 치료 : 적극적인 수액 치료와 지지요법은 췌장염을 치료하는 데 매우 중요하다. 이를 통해 탈수현상을 개선할 수 있으며 전해질과 pH도 조절할 수 있고 췌장염의 전신성 합병증도 예방할 수 있다.

❷ 구토 억제 : 고양이가 구토하면 음식과 물을 끊고 약물로 억제해야 한다. 고양이가 토하지 않으면 식사를 소량으로 여러 번 나눠 먹인다.

❸ 진통제 : 만성 췌장염은 경미하거나 부분적인 고통이 있을 수 있으므로 고양이에게 진통제를 먹이면 불편함을 덜 수 있다.

❹ 식욕 촉진제 : 식욕이 부진한 기간에
식욕 촉진제를 주면 고양이의 식사량
을 늘릴 수 있다.

❺ 영양 섭취 : 발병 초기에 영양 섭취는
매우 중요하다. 특히 췌장염일 때는 저
지방, 저탄수화물 음식이나 소화하기
쉽고 입맛에 맞는 음식을 줘야 한다. 고
양이가 억지로 먹이는 것을 싫어하면
비위관鼻胃管이나 식도위관食道胃管으
로 먹여야 음식에 대한 고양이의 거부
감을 줄일 수 있다. 이런 튜브로는 매

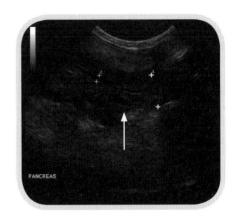

복부 초음파검사를 통해 염증이 생긴 췌장이
눈에 띄게 두꺼워진 것을 확인할 수 있었다.

일 필요한 열량 위주로 1회에 15~20ml, 1~2시간마다 식사를 줘야 한다. 고양이에게 구토
증상이 있으면 반드시 양을 줄여야 한다.

변비

변비란 마르고 단단한 분변이 직장에 쌓여 쉽게 배출되지 못하는 상태를 말한다. 고양이
가 하루에 배변하는 양은 먹는 음식의 양과 성분, 체중, 운동량, 수분 섭취량에 따라 달라
진다. 다만 매일 배변을 할 수 있으면 가장 이상적인 상태라고 할 수 있다. 노령묘나 병에 걸
린 고양이는 운동량과 수분 섭취가 부족하며 장 연동 운동이 잘 안 돼 변비에 걸리기 쉽다.
또한 어떤 고양이들은 플라스틱이나 섬유, 머리카락, 털 혹은 칼슘을 많이 먹어 분변이 단
단해지기도 한다. 간혹 교통사고로 척추나 골반이 부상을 입거나 선천적 척추, 골반의 변형
으로 정상적인 배변이 어려워 변비가 생기기도 한다. 항문낭이 파열된 고양이 역시 통증 때
문에 배변이 어려워 종종 변비에 걸린다.

증상

❶ 고양이가 계속 화장실에 들어가거나 오래 앉아 있는데도 분변이 배출되지 않는다.

❷ 고양이가 배변할 때 통증으로 비명을 지르고, 배출되는 분변이 마르고 단단하다.

❸ 복부에 줄곧 힘을 주거나 힘을 준 뒤에 쉽게 구토한다. 배변이 잘 안 되는 것을 배뇨를

잘 못하는 것으로 착각하기도 하는데 이는 두 자세가 매우 비슷하며 고양이가 계속 화장실로 달려가기 때문이다. 그러므로 자세히 관찰하지 않으면 오해하기 쉽다.

진단

촉진과 X-ray 촬영을 통해 진단하는데 직장을 촉진하면 직장 안의 분변이 단단하고 양이 많음을 확인할 수 있다. X-ray를 통해서도 직장 안에 많은 양의 분변이 있음을 볼 수 있는데 밀도도 일반적인 분변보다 높다.

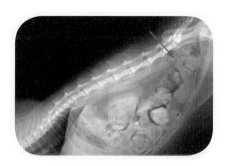

X-ray를 통해 직장 안에 많은 분변이
쌓여 있는 것을 볼 수 있다.

치료

❶ 정맥 내 점적 혹은 피하 점적 : 변비가 심각하면 고양이는 식욕이 떨어지고 토하는 횟수도 늘어나며 수분 섭취 능력도 떨어져 탈수가 일어난다. 이런 상태에는 수액 치료로 고양이의 탈수 증상을 개선해줘야 한다.

❷ 관장 : 변비가 정말 심할 때는 관장으로 배변을 도와야 한다. 고양이의 긴장과 불편함을 덜기 위해서는 마취 상태에서 15~20ml/kg의 온수로 관장한다. 점막을 자극하거나 손상시키지 않으려면 다른 오일을 첨가하지 않도록 한다.

❸ 적당한 식사 관리 : 변비 전용의 처방 사료를 먹으면 소화되기 쉽고 질량이 낮은 음식만 섭취하기 쉽다. 그러므로 고섬유질 음식도 먹여 대변을 부드럽게 만들고 배변을 자극해야 한다. 다만 고섬유질 음식은 다량의 분변을 만들어 결장結腸의 팽창을 악화시킬 수 있으니 주의해야 한다.

❹ 변비 치료제 : 변비 치료제는 단단한 분변을 부드럽게 만들어 배출하기 쉽게 한다.

예방

평소 고양이의 배변 횟수와 분변의 무르고 단단한 정도를 관찰하며 균형이 적절한 식단을 마련해주는 것이 변비를 예방하는 가장 근본적인 방법이다. 또한 분변을 부드럽게 할 수 있는 음식을 고르고 정기적으로 관장을 해주는 것 역시 변비 예방에 매우 도움이 된다.

거대결장증

고양이의 변비를 제대로 치료하지 않으면 지속적인 변비로 결장이 팽창되고 장 연동이 원활하지 않아 거대결장증에 걸리게 된다. 선천적으로 장 신경과 골반에 이상이 있거나 교통사고로 장 신경에 손상을 입은 경우 골반과 척추에 변형이 생겨 거대결장증이 생기기도 한다. 뿐만 아니라 지저분한 회장실처럼 환경의 변화로 고양이가 긴장하게 되면 장 연동이 지하돼 변비와 결장 팽창이 나타나기도 한다. 거대결장증은 다양한 연령에서 발생하지만 평균적으로 5~6세에 발병하며 품종이나 성별의 특이성은 없다. 다만 뚱뚱하거나 운동량이 적은 고양이의 경우 거대결장증에 걸릴 가능성이 높다.

증상
거대결장증에 걸리면 식욕이 저하되고 구역질이 나며 구토를 하고 체중이 줄어든다. 또한 털이 윤기를 잃고 탈수 증상이 나타나 고양이가 화장실에 들어가도 분변을 배출하지 못한다. 뿐만 아니라 항문 주위에는 점액과 액체 분변(아마도 설사와 섞인)이 묻어 있다. 고양이는 화장실에 앉을 때마다 통증으로 낮은 울음소리를 낸다.

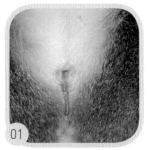

진단
변비의 진단 방법과 똑같다.

치료
거대결장증은 보통 오랫동안 약물과 변비 치료제, 식이요법으로 치료해야 한다. 대부분 변비의 재발을 막기 위해 결장을 절제하며 수술 뒤 경과도 좋은 편이다. 하지만 일부 고양이들은 다시 변비가 생기기도 한다.

❶ 변비의 치료법과 동일하다.

❷ 외과수술 : 팽창돼 수축할 수 없는 결장은 수술로 절제한다. 하지만 결장 일부는 남겨두기 때문에 재발할 가능성도 있다. 간혹 수술 후에 한동안 설사 증상이 나타나기도 하는데 이를 막기 위해 식이요법을 함께 병행할 것을 권한다.

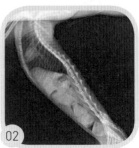

01 / 항문에 점성이 있는 액체 분변이 생겼다.

02 / X-ray에서 비정상적으로 다량의 단단한 분석(糞石)이 보인다.

F 신장 및 요로 질병

신장은 몸에서 매우 중요한 기관으로 체내의 수분과 전해질, pH의 균형, 혈압을 조절하는 기능을 하며 조혈 기능(造血機能)과도 관련이 있다. 뼈의 대사에서도 내분비의 기능을 담당한다. 신장이 이렇게 중요한 작용을 하는 것은 신체의 안정성을 일정하게 유지하기 위해서다.

고양이의 신장은 사람과 마찬가지로 2개이며 소변을 만들어내고 이 소변을 요관(尿管)을 통해 방광까지 보낸다. 방광에 소변이 일정한 양 이상 차면 방광 안의 신경이 대뇌에 정보를 보내 고양이에게 소변을 보라고 알린다. 방광 안의 소변은 연결된 요도를 통해 체외로 배출된다. 신장과 요관이 상부 비뇨기계를 구성하며, 방광과 요도가 하부 비뇨기계를 구성한다. 일반적으로 질병의 발생 부위에 따라 상부 비뇨기계 혹은 하부 비뇨기계 질병으로 구분한다.

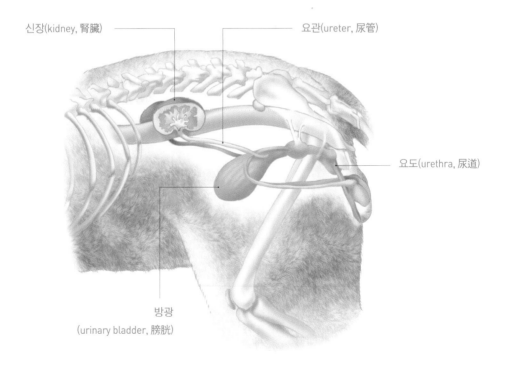

신장(kidney, 腎臟)   요관(ureter, 尿管)

요도(urethra, 尿道)

방광
(urinary bladder, 膀胱)

급성 신부전

급성 신부전acute renal failure은 보통 갑작스럽게 발생하며 신장에 나쁜 영향을 미치고 신장 기능을 저하시킨다. 이런 질병에 걸리는 원인은 몇몇 독소(약물, 화학약품)나 식물(백합), 외상(혈액 공급의 감소 혹은 상실), 신우신염pyelonephritis, 腎盂腎炎, 마취 기간 동안 발생한 저혈압과 요도폐색 때문이다. 발병 초기에 병력이나 발병 시간, 고양이의 거주환경, 접촉 가능한 유독有毒 식물, 약물, 화학약품을 파악하는 것이 매우 중요하다. 조기에 발견될수록 고양이의 생존율이 높아지고, 신장의 손상도 정상으로 회복될 확률이 높다.

진단

급성 신부전은 증상이 매우 다양하다. 음식을 멀리하거나 졸음이 쏟아지고 신장에 통증을 느끼거나 구토를 하기도 한다.

❶ 촉진 : 촉진을 통해 신장이 정상 크기인지 아니면 부었는지 확인할 수 있으며 통증 반응도 알 수 있다. 요도폐색이라면 촉진으로 방광이 부었는지도 확인할 수 있다.

❷ 혈액검사 : 검사 결과 BUN과 크레아티닌이 상승하고 전해질 이상이 나타나지만 급성 신부전의 적혈구 수치는 보통 정상으로 나온다. 또한 급성 신부전으로 빈혈이 유발되기도 한다. 단백질 농도는 정상이거나 높게 나올 수 있으나 고양이의 탈수 정도를 봐야 확진할 수 있다. 또한 신장에 염증이 있다면 백혈구 수치가 증가할 수 있다.

❸ 소변검사 : 소변의 비중과 단백뇨proteinuria, 소변 찌꺼기를 확인하고 소변을 배양하는 검사를 한다.

❹ 영상학적 검사 : X-ray 촬영과 초음파검사를 통해 결석으로 신장 혹은 요관이 막혔는지 확인할 수 있다.

❺ 병리조직검사 : 신장의 조직 샘플을 채취해 급성인지 만성인지를 구별할 수 있다.

치료

급성 신부전을 일으킨 병의 원인에 따라 치료하는데 아래와 같은 몇 가지 치료법이 있다.

❶ 정맥 내 점적 치료로 탈수와 이뇨를 개선할 수 있다.

❷ 항생제나 약물로 구토를 줄일 수 있다.

❸ 하부 비뇨기 폐색이라면 반드시 수술로 증상을 완화해야 한다.

❹ 필요하다면 복막 투석과 혈액 투석으로 빠르게 독소를 배출하고 전해질 균형을 맞출 수 있다.

예후

이 병의 예후는 병의 원인과 치료 시기에 따라 달라진다. 조기에 발견해 제때 치료를 받으면 치유될 수 있지만 완치되었다고 하더라도 종종 신장 기능이 떨어지는 경우가 있으므로 장기적인 치료가 필요하다.

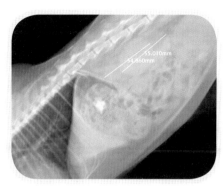

X-ray에서 하얀 선의 길이가 부은 신장의 크기다.

만성 신부전

만성 신부전은 여러 다른 질병 혹은 여러 해에 걸친 신장 손상으로 나타난 결과다. 이런 질병이나 손상에는 신우신염과 유독 물질 접촉, 정상적인 노화 혹은 외상 등이 포함되지만 정확한 병의 원인은 아직 밝혀지지 않았다. 질병으로 손상을 입은 경우 신장은 질병 이전의 상태로 기능을 회복하기 어렵다. 망가진 신장은 혈액 속의 노폐물을 효과적으로 제거할 수 없어 신부전°으로 발전하며 결국 만성 신부전에 걸리게 된다.

● 腎不全, 혈액 속의 노폐물을 걸러내고 배출하는 신장의 기능에 장애가 있는 상태

증상

애묘인들은 흔히 만성 신부전 초기에 고양이의 화장실을 청소하다 배뇨량이 늘어나고 치워야 할 고양이 모래가 많아진 것을 보고 고양이가 물을 많이 마신다는 사실을 눈치챈다. 고양이는 본래 물을 잘 마시지 않는 동물인데도 사람들은 고양이가 물을 많이 마시게 됐다며 좋은 현상이라고 착각하기도 한다. 자칫 그런 착각 때문에 고양이가 마시는 물의 양과 배뇨량을 점검할 기회를 놓쳐 고양이 신장에 이상이 있음을 모르고 악화시킬 수도 있다.

만성 신부전 중기에 이르면 고양이는 체중이 줄고 식욕이 점차 떨어진다. 또한 어떤 고양이

들은 털의 윤기가 사라지고, 구토하며 구취를 풍기기도 한다. 말기가 되면 신장 기능이 떨어져 잠이 쏟아지면서 탈수 현상이 일어나고 구강 점막이 창백해진다.

만성 신부전 분기

신장은 태어나자마자 독소와 접촉하기 시작하므로 시간이 흐름에 따라 기능은 저하된다. 사실 신장은 4분의 1 이상의 기능만 있으면 징싱직인 생활을 영위할 수 있다. 그러브로 신장질환을 어떻게 조기에 발견하고 신장 기능의 손상을 막을 수 있는지는 고양이 만성 신부전을 치료하는 데 중요한 과제라고 할 수 있다. 만성 신부전은 국제신장건강협회IRIS 기준에 따라 4단계로 구분하며 그것을 통해 심각 정도를 파악할 수 있다.

• 제1기 : 크레아티닌Crea/CRSC/creatinine이 1.6mg/d(140umol/L)보다 작거나 SDMA*이 18mg/dL 이하라면 고양이는 질소혈증(BUN이 정상치를 벗어나는 것을 의미하며, 신전성 및 신후성 등의 요인이 없다는 의미)이 없다고 할 수 있다(정상뇨 비중이 클 수 있다). 단 기저질환(부신피질 기능항진증, 고혈칼슘, 간질환, 요붕증**) 등이 있거나, 약물 또는 갑상샘 기능항진증이나 촉진이나 영상학적 검사에 이상이 있거나 신장에 지속성 단백뇨(요관, 방광 및 요도 염증으로 인한 단백뇨 이상 제외), 크레아티닌 수치가 지속적으로 상승하는 경우는 배제되어야 한다.

  ● 신장의 네프론과 사구체 여과율에 따라 그 배설이 결정되는 혈액 내 바이와커로 신부전을 초기에 발견할 수 있는 검사다.
  ●● 尿崩症, 비정상으로 다량의 오줌을 배설하는 병

• 제2기 : 크레아티닌이 1.6~2.8mg/dL(140~249umol/L) 사이, SDMA가 18~25mcg/dL 사이로 경미한 질소혈증이 있다고 할 수 있다.

• 제3기 : 크레아티닌이 2.9~5.0mg/dL(250~439umol/L) 사이, SDMA가 25~38mcg/dL 사이로 중등도 질소혈증이 있다고 할 수 있다. 전신성 임상 증상(다음, 다뇨, 체중 감소, 식욕 저하, 구토 등)이 나타난다.

• 제4기 : 크레아티닌이 5.0mg/dL(440umol/L 이상) 이상, SDMA가 38mcg/dL 이상으로 심한 질소혈증이 있다고 할 수 있다. 전신성 임상 증상을 보이는 경우가 많다.

F-1 신장 기능에 따른 증상

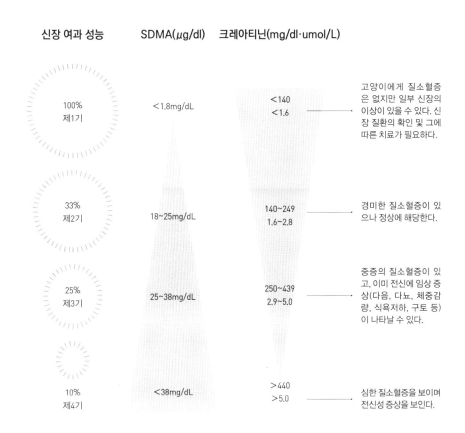

신장 여과 성능	SDMA(µg/dl)	크레아티닌(mg/dl·umol/L)	
100% 제1기	<1.8mg/dL	<140 <1.6	고양이에게 질소혈증은 없지만 일부 신장의 이상이 있을 수 있다. 신장 질환의 확인 및 그에 따른 치료가 필요하다.
33% 제2기	18~25mg/dL	140~249 1.6~2.8	경미한 질소혈증이 있으나 정상에 해당한다.
25% 제3기	25~38mg/dL	250~439 2.9~5.0	중증의 질소혈증이 있고, 이미 전신에 임상 증상(다음, 다뇨, 체중감량, 식욕저하, 구토 등)이 나타날 수 있다.
10% 제4기	<38mg/dL	>440 >5.0	심한 질소혈증을 보이며 전신성 증상을 보인다.

크레아티닌과 SDMA를 통해 고양이의 만성 신장질환에 대한 심각한 정도와 증상, 치료 및 예후를 자세하게 알아볼 수 있다. 고양이의 만성 신장질환은 수개월에서 수년 동안 진행될 수 있으며, 일부 요인은 단백뇨와 고혈압 등의 병의 진행 속도를 통해 평가할 수 있다.

진단

❶ 혈액 검사 : 신장이 25% 이상의 기능을 발휘할 경우 BUN과 크레아티닌의 수치는 뚜렷한 상승이 나타나지 않는다. 그 때문에 만성 신부전 말기가 되어서야 고양이의 혈액 속 크레아티닌 수치가 정상을 넘어서 5.0~6.0mg/dl에 이르기도 한다. 이외에도 인산염과다혈증hyperphospheremia, 저칼륨혈증hypokalemia, 산성혈증acidosis 등의 증상이 나타날 수도

있다.

❷ 촉진 : 촉진했을 때 신장이 정상 크기보다 작거나 표면이 매끄럽지 않다는 것을 알 수
있다.

❸ 영상학적 검사 : 비정상적인 신장 크기도 초음파검사와 X-ray 촬영을 통해 확인할 수
있다.

❹ 소변검시 : 신우신염은 신부전증을 확인힐 수 있는 흔한 원인이며, 소변 배양을 동해 세
균 감염을 검사할 수 있다.

❺ 혈압 측정 : 만성 신부전에 걸린 고양이는 전신성 고혈압이 동반됐을 가능성이 있다. 고
혈압이 심각할 경우 시력을 잃기도 한다.

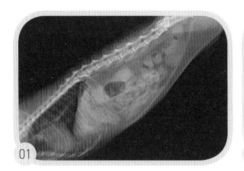 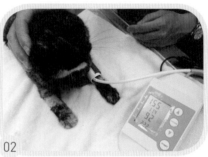

01 / X-ray 속 비정상적인 크기의 신장   02 / 혈압을 측정하는 고양이

치료

❶ 탈수와 이뇨 개선 : 만성 신부전을 치료하려면 보통 입원해 탈수와 이뇨 증상을 개선해
야 한다. 기능이 정상적인 신장 세포를 충분히 남길 수 있다면 정맥 내 점적 수액 치료를
통해 체내의 노폐물을 제거할 수 있다. 이 치료의 목적은 남은 신장 조직의 기능을 최대
한 향상시켜 BUN과 크레아티닌 수치를 낮추기 위한 것이다. 또한 점적을 통해 전해질의
불균형을 개선하려는 목적도 있다. 수액 치료를 하고 3~5일 뒤에 혈액검사에서 나아진
게 없다면 예후가 나쁘다고 할 수 있다. 또한 혈액검사에서 증세가 호전된 게 나타나고
고양이가 밥을 먹기 시작했다면 집에서 계속 치료할 경우 좋은 예후를 볼 수 있다. 하지만
이런 경우에도 신장 수치크레아티닌는 여전히 정상이 아니므로 장기간의 치료가 필요하다.

❷ 인 결합제phosphate binder, 磷結合劑 : 식이요법을 써도 혈액 속 높아진 인의 수치를 낮출 수
없다면 인 결합제를 사용한다. 인 결합제는 장의 인과 결합해 인이 흡수되는 것을 방지

한다. 보통 혈액 속 인 수치는 6mg/dl 이하로 조절하는 것이 좋다.

❸ 적혈구 생성소erythropoietin, EPO 사용 : 고양잇과 동물의 적혈구 평균 수명은 68일이며, 그 이후에는 파괴되고 새로운 적혈구와 교체된다. 신장은 적혈구 생성소(적혈구 생산을 자극하는 당단백질호르몬)를 만들어 골수가 적혈구를 생산하도록 자극한다. 따라서 만성 신부전으로 신장 기능이 정상적이지 못할 경우 EPO 생산이 줄어들거나 중지되어 비재생성 빈혈이 나타날 수 있다. 이럴 때 고양이에게 합성 형태의 EPO를 투여하면 빈혈을 교정할 수 있다. 다만 심각한 빈혈에 시달리는 고양이는 수혈 치료가 필요하다.

❹ 혈압 낮추는 약 : 고양이가 고혈압일 경우 혈압 낮추는 약을 복용해 혈압을 조절해야 시력 상실과 중풍을 예방할 수 있다. 또한 고혈압 때문에 악화된 신장 기능도 개선할 수 있다.

❺ 식욕 자극 : 혈액의 산가acid value가 불균형하면 신장에서 여과가 잘 되지 않아 위산이 증가하게 되며 메스꺼움과 식욕부진이 뒤따른다. 이럴 때 구토를 멈추는 약과 식욕 촉진제를 사용하면 효과적으로 고양이의 식욕을 회복할 수 있다.

❻ 식이요법 : 단백질과 인을 제한한 식사를 하면 신장의 여과로 생긴 노폐물을 줄일 수 있다. 하지만 저단백질의 음식은 입에 잘 맞지 않아 대다수 고양이가 좋아하지 않으며 아예 먹지 않으려 할 수도 있다. 그러므로 평소 먹던 음식에서 신장을 위한 처방 사료로 천천히 바꾸는 것이 좋다.

❼ 가정에서의 관리 : 어떤 고양이들은 치료하는 전반 3개월 동안 크레아티닌 수치가 낮아져 정상 범위로 돌아오기도 한다. 이는 치료에 대한 반응이 좋은 것이므로 지속적으로 치료를 이어나간다. 정기적으로 크레아티닌 등의 혈액 수치를 점검하고 체중과 식단 관리는 증상 개선에 매우 중요하다. 가정 내에서 고양이를 돌볼 경우 약물과 식사를 챙겨주는 것 외에도 피하 수액을 점적하는 법을 반드시 숙지해야 한다. 수액은 매주 피하에 2~7회 정도 맞히면 된다.

예후

일단 만성 신장병을 발견하면 신장 기능의 악화를 막는 데 치료의 초점을 맞춰야 한다. 예후는 신장 조직의 기능이 얼마나 남아 있는지에 따라 달라진다. 그러므로 평소 정기적으로 검사해 고양이의 치료 방법을 조절하고 보호자가 성실하게 실행해야 한다. 대부분 고양이의 예후가 좋고 건강 관리를 잘한다면 병이 재발하지 않는 한 1~3년 정도는 더 지켜볼 수 있다.

다낭신

다낭신polycystic kidney disease은 신장에 액
체로 가득한 낭종이 생기는 질병으로, 일
종의 유전병이다. 낭종의 수와 크기는 시
간이 지날수록 더 증기한다. 사람이나 고
양이, 개와 쥐 모두에게 생길 수 있는 질
병이지만 고양이 가운데 어린 고양이와
나이 든 고양이, 페르시안 고양이, 장모
종 고양이에게서 흔히 발생한다. 페르시
안 고양이에 대한 연구에 따르면 이 질병
은 우성 유전이라고 한다.

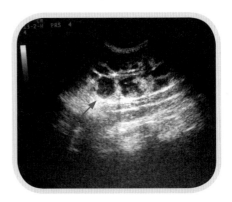

다낭신, 신장 안에 크기가 다른 검은 낭포가 있다.

진단

초기에는 뚜렷한 증상이 없지만 낭종 수가 많아지고 커지면서 원래 있던 신장의 기능을 망
가뜨리고, 결국 만성 신부전과 같은 증상이 나타난다.

❶ 영상학적 검사 : 다낭신은 한쪽 혹은 양쪽 신장에 발생할 수 있으며 촉진이나 X-ray 촬
   영을 통해 확진할 수 있다. 초음파검사를 통해 신장 전체에 번진 낭종들을 발견할 수 있
   다.
❷ 혈액검사 및 소변검사 : 만성 신부전과 동일하다.

치료

다낭신은 결국 신부전으로 발전하기 때문에 치료 방법이 만성 신부전과 똑같다. 낭종은 2
차성 세균 감염이 있을 수 있으므로 적당한 항생제 치료가 필요하다.

예후

고양이 신부전증이 발병하는 평균 연령은 7세이나 3세 이하에서도 병에 걸리는 고양이가
적지 않다. 예후는 고양이의 연령과 신부전의 심각한 정도, 치료에 대한 반응, 신장질환의
진전에 따라 달라진다. 어떤 고양이는 진단 후 몇 주 만에 죽기도 하지만 어떤 고양이는 몇
년 동안 정상적인 생활을 하기도 한다. 다낭신에 걸린 고양이는 정기적으로 초음파검사를

받아 조기에 치료를 해야 한다. 또한 다낭신은 유전병으로 일단 고양이가 확진을 받았다면 번식을 하지 않는 것이 좋다.

요로결석 ▰▰

요로결석은 비뇨기계에 생긴 결석calculus, 結石으로 배뇨에 장애를 일으킨다. 신장, 요관, 방광, 요도 모두에 결석이 생길 수 있으며 일단 형성되면 비뇨기계에 폐색을 일으켜 정상적으로 배뇨를 할 수 없으며 요독증에 걸리기 쉽다.

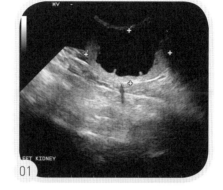

수신증 ▰▰

신장에서 만들어진 소변이 막혀서 배출되지 못하면 신우나 신우 게실diverticulum, 憩室에 차게 된다. 이렇게 축적된 소변량이 늘어나면 점차 신우가 팽창해 신장 피질부皮質部를 압박하고 허혈성 괴사가 일어나게 되는데 이를 수신증hydronephrosis, 水腎症이라 한다. 한쪽에만 나타나는 수신증은 한쪽 요관이나 신장이 막혔다는 뜻이며, 양쪽에 나타나는 수신증은 요도와 방광 혹은 양쪽 요관이 모두 막혔다는 뜻이다. 한

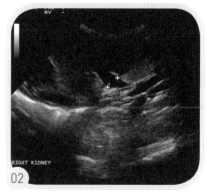

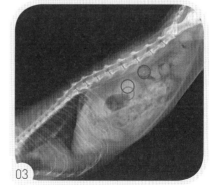

01 / 초음파검사상 피질부가 얇게 변했다.
02 / 초음파검사성 신우 부위가 뻥징됐다.
03 / X-ray 속 요관 위치에 결석 영상과 부은 신장이 발견됐다.

쪽에만 수신증이 오면 다른 신장은 정상적인 기능을 유지하다 수신증의 상태가 심각해진 뒤 보상성 비대가 일어난다. 반면 양쪽 요관이 모두 막히면 고양이는 수신증이 뚜렷하게 드러나기 전 급성 요독으로 사망할 수 있다. 수신증 발병 원인으론 선천성 기형이나 요관결석, 종양 등이 있는데 그중에서도 요관결석이 가장 흔하다.

진단

한쪽에만 나타나는 만성 폐쇄는 관찰이 쉽지 않으며 보통 건강검진을 하다 촉진을 하면서 한쪽은 크고 다른 한쪽은 작은 신장을 발견하게 된다. X-ray 촬영을 통해 요관결석을 정확하게 확인할 수 있다. 반면 양쪽에서 나타나는 폐쇄는 눈에 띄는 신부전 증세를 보여 식사를 거부하거나 구토를 하고 잠이 쏟아지며 살이 빠진다. 초음파검사를 해도 신우가 팽창된 영상을 볼 수 있으며, 폐쇄 정도에 따라 신장 피질부는 점차 얇아진다.

치료

수신증 치료는 폐쇄된 병의 원인을 진단하고 배제하는 것으로 비침습식 검사*로 확진할 수 있는 결석 외에 다른 병의 원인은 대부분 수술을 해야 확진하고 치료할 수 있다. 요관결석으로 일어난 폐쇄가 일주일 안에 완화되거나(요관결석이 순조롭게 방광으로 들어가거나 요도로 배출될 때) 요관결석 수술로 폐쇄 상황이 개선된 경우 신장 기능은 회복될 수 있다. 반면 폐쇄 기간이 15일을 넘어서면 신장의 손상은 돌이킬 수가 없이 점차 확장되고, 45일 이상이 되면 신장 기능의 회복은 기대할 수 없다. 수컷 고양이의 요관결석이 순조롭게 방광에 들어갔을 때에도 결석이 요도에 걸려 보다 심각한 배뇨 전면 폐쇄로 이어질 수 있음을 주의해야 한다. 그럴 경우 반드시 방광을 절개해 결석을 제거해야 한다.

● 검사 대상에게 고통을 주지 않고 실시하는 검사로 X-선(단층촬영 같은), 에코-EKG(초음파 같은) 등이 해당한다.

예후

다른 신장의 기능이 정상이라면 한쪽만 수신증에 걸린 경우 예후가 좋은 편이다. 문제가 있는 신장은 결국 위축돼 수술로 적출해야 하지만 고양이는 양호한 삶의 질을 유지할 수 있다. 하지만 양쪽에 오는 수신증은 제때 폐쇄를 풀지 못하면 예후가 나쁠 수 있다.

방광결석과 요도결석

방광결석은 방광 안에 결석이 생기는 것을 말하며, 결석이 좁은 요도로 들어가 폐쇄를 일으키면 이를 요도결석이라 한다. 가장 흔히 볼 수 있는 두 가지 결석이 인산마그네슘암모늄ammonium magnesium phosphate과 옥살산칼슘calcium oxalate 결석이다. 다른 종류의 결석으로는 인산칼슘calcium phosphate과 요산uric acid, 尿酸 결석이 있다. 결석은 혼합형으로 크기도 매우 다양하다. 수컷 고양이든 암컷 고양이든 모두 이 질병에 걸릴 수 있다.

방광결석이 생기는 원인은 아직 밝혀지지 않았지만 음식이 결석의 형성을 촉진할 수도 있다. 이를테면 소변에 결석을 만들 수 있는 칼슘, 마그네슘, 인산염 같은 재료가 포함돼 있다면 가능한 일이다. 또한 소변의 pH 수치가 요로결석의 형성에 어떤 작용을 할 수도 있다. 예를 들어 소변 pH 수치가 산성이 강하면 옥살산칼슘 결석이 만들어지기 쉽고, 알칼리성이 강하면 인산마그네슘암모늄 결석을 만들 수 있다.

비뇨기 결석 위치

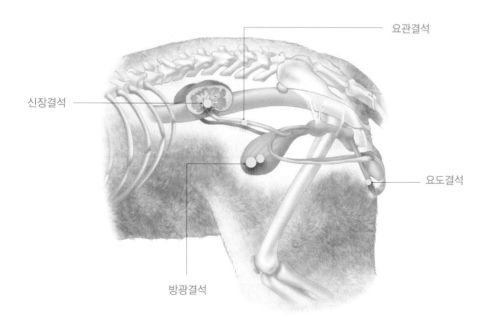

요관결석

신장결석

요도결석

방광결석

증상

고양이가 힘을 줘 배뇨하게 되고, 요도가 부분적으로 혹은 완전히 폐쇄되면 배뇨가 어려워진다. 방광 표면이 결석의 자극으로 출혈이 일어나면 혈뇨가 나타난다.

진단

결석은 크기가 비교적 작아 촉진으로 방광 안의 결석을 만지기는 어렵다. 그러므로 X-ray와 초음파검사를 진행하면 쉽게 결석을 발견할 수 있다. 또한 수컷 고양이의 요도는 비교적 가늘고 좁기 때문에 작은 방광결석이 요도로 들어가면 요도를 폐쇄할 수 있다. 이런 상태는 X-ray를 통해 확진할 수 있다.

치료

결석이 요도에 있으면 반드시 먼저 결석을 방광으로 올려 보낸 다음 방광을 절제해 결석을 제거한다. 결석을 방광으로 보낼 수 없으면 요도루urethral leak, 尿道漏 조성술을 실시해야 한다. 꺼낸 결석은 실험실에 보내 성분 분석을 한 다음 그에 맞춰 고양이에게 음식과 약물을 공급해 소변의 pH 수치를 조절한다. 만약 선택한 치료가 성공적이면 예후도 좋아진다.

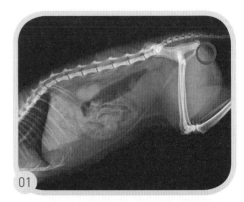

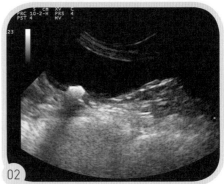

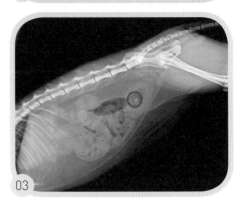

01 / 빨간 원 안에 3개의 요도결석이 있다.
02 / 빨간 화살표가 가리키는 것이 방광결석이다.
03 / 빨간 원 안에 방광결석이 있다.

고양이 하부 비뇨기계 증후군 ▨▨▨▨

음경과 요도, 방광 같은 하부 비뇨기계 기관에서 발생할 수 있는 질병을 일컫는다. 대부분 1세 이상의 어른 고양이에게서 발생하며 간혹 어린 고양이나 나이 든 고양이에게서도 나타난다. 일반적으로 하부 비뇨기계 증후군은 방광염과 방광결석, 요도폐쇄, 원발성 방광염 및 원인 불명의 비뇨기질환 등으로 나눌 수 있다.

❶ 방광염 : 대부분 방광 안 세균의 감염에 의해 발생한다.

❷ 방광결석 : 방광 안에 결석이 있으면 방광과 요도의 손상과 염증을 일으킨다.

❸ 요도폐쇄 : 방광 염증으로 방광 안 조직이 탈락해 요도를 막으면 탈락한 조직과 결정이 함께 요도에 색전*을 이루거나 염증 물질과 결정 및 탈락 조직이 요도 색전을 형성하기도 한다. 만약 색전이 요도를 1~2일 이상 완전히 막아버리면 고양이는 급성 요독으로 사망하게 된다. 이처럼 요도폐쇄는 매우 위급한 상황으로 즉각적인 치료가 필요하다.

❹ 원발성 방광염 : 앞서 소개한 내용을 통해 알 수 있듯이 고양이가 혈뇨를 본다든지, 배뇨 횟수가 빈번하거나(빈뇨증) 배뇨가 어려우면(배뇨통) 결석으로 폐색이 일어났다는 뜻이다. 최근 연구에 따르면 비뇨기질환의 사례 가운데 약 50~60%가 원발성 방광염에 속한다고 한다. 하지만 병의 원인은 분명하지 않고 치료가 긴급한 경우가 많다. 원발성 방광염은 품종과 상관없지만 성별에 따라 발생률이 다르며, 너무 이른 시기에 중성화 수술을 받은 수컷 고양이가 걸릴 가능성이 높다.

● embolus, 塞栓, 혈관이나 림프관 속에 유기 물질이 침착되어 관의 일부가 막히는 현상

비뇨기질환은 고양이 음식에 많은 양의 미네랄이 함유돼 있어 pH 수치가 높아지기 때문에 발생한다. 하지만 수분 섭취량에 따른 영향이 가장 중요한 원인이라고 할 수 있다. 성별이나 계절의 차이도 비뇨기질환 발병에 영향을 미친다.

❶ 성별 : 수컷 고양이의 요도는 암컷보다 가늘고 길기 때문에 방광 안에 염증으로 탈락한 조직이나 색전이 생기면 쉽게 요도폐쇄가 나타난다. 반면 암컷 고양이는 요도가 짧고 수컷보다 넓기 때문에 가늘고 작은 결석이 체외로 쉽게 배출돼 요도를 막지 않는다. 하지만 상대적으로 세균성 감염으로 인한 방광염은 잘 걸린다.

❷ 계절 : 고양이의 하부 비뇨기계 질병은 다른 계절보다 겨울에 발생하는 비율이 높다. 겨울에는 고양이가 움직이기 싫어하고 물을 적게 마셔서 화장실 가는 횟수가 줄기 때문에 세균에 감염될 기회가 많아져 소변에 쉽게 결석이 생긴다.

증상

❶ 화장실에 자주 달려가며 하루에도 10회 이상 간다.

❷ 고양이가 화장실에 앉아 있는 시간이 긴데 배뇨되는 것은 없으며 때로는 변비로 오해하기도 한다.

❸ 배뇨를 할 때 낮은 울음소리를 낸다.

❹ 배뇨량이 감소한다(고양이 모래 덩어리가 작고 많아진다).

❺ 소변에 피 색깔이 있다(고양이 모래 덩어리에서 핏발이 보이기도 한다).

❻ 고양이 화장실이 아닌 곳에서 소변을 본다.

❼ 배를 만지는 것을 싫어하고 만지면 아파하기도 한다.

❽ 생식기 등을 자주 핥는다.

진단

❶ 촉진 : 촉진을 하면 방광의 크기가 매우 작거나 크며 단단하다. 커진 방광은 언제든 파열될 수 있으므로 특별히 조심해야 한다.

❷ 혈액검사 : 요도폐쇄는 급성 신부전을 일으킬 수 있으므로 혈액검사를 통해 신장이 손상을 입지는 않았는지, 전해질 상태가 어떤지 등을 확인해야 한다. 요도가 폐쇄되면 대부분 BUN과 크레아티닌이 상승하는데 이런 혈액 수치는 폐쇄가 해결되면 48~72시간 후면 정상으로 돌아올 수 있다.

❸ 소변검사 : 소변검사에서 하부 비뇨기계 질병에 걸린 소변은 정상으로 나올 수도 있다. 하지만 혈액과 결정체의 pH 수치가 비정상적인 변화가 나타난다. 대부분 비뇨기질환에 걸린 고양이는 pH 수치가 높고 인산마그네슘암모늄 결정체가 있다.

❹ 소변 배양 : 세균성 감염으로 생긴 방광염은 소변 배양으로 적합한 항생제 치료를 선택할 수 있다.

❺ 영상학적 검사 : 방광염이든 원발성 방광염이든 초음파검사를 하면 방광벽이 두꺼워진 것을 볼 수 있다. 반면 요도폐쇄가 있는 경우 초음파검사에서 크고 둥근 방광을 볼 수 있다.

치료

❶ 비폐쇄성 하부 비뇨기질환으로 생긴 전형적인 방광염은 이미 다양한 치료 방법이 있으며 대부분 치료가 가능하다. 소염제 혹은 진경제경련성의 통증을 제거하는 약를 가장 많이 사

용한다.

❷ 폐쇄형 하부 비뇨기질환은 점액과 결정체 색전이 요도를 폐쇄해 발생하는데 제때 치료 하지 않으면 생명이 위험할 수도 있다. 도뇨관●을 방광에 삽입하면 소변이 순조롭게 방 광 밖으로 배출될 수 있다. 하지만 도뇨관 삽입은 3일을 넘지 않는 것이 좋으며 정맥 수 액 치료를 병행해 탈수를 막고 이뇨를 도와 방광 속 물질이 깨끗이 배출되도록 한다. 고 양이에게 계속 요도폐쇄가 반복되거나 도뇨관을 통해서도 폐쇄를 완화시킬 수 없다면 요도루 조성술을 시행할 것을 권한다.

● 導尿管, 방광 속의 소변을 배출시키기 위해 요도를 통해 삽입하는 도관

예후

적당한 치료가 이뤄지면 예후는 좋은 편이다. 요도폐쇄였던 고양이의 도뇨관을 제거한 뒤 집에서 돌볼 때 보호자는 고양이가 배뇨하는 상황을 주의 깊게 관찰해야 한다. 이 질병은 짧은 시간 안에 재발할 수 있기 때문이다. 또한 신장이 이미 손상을 입었다면 신부전 치료 를 받아야 한다.

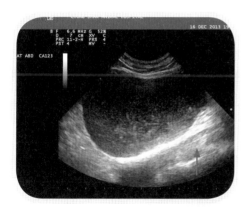 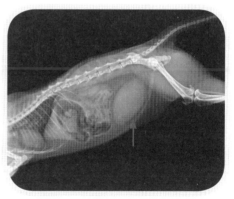

초음파와 X-ray를 통해 커진 방광을 볼 수 있다.

재발 예방을 위해 지켜야 할 사항

❶ 수분 섭취량을 늘린다. 고양이가 좋아하는 방법으로 물그릇의 위치나 물 주는 방식을 조절하고 겨울에는 따뜻한 물을 준다.

❷ 요로결석이 생기기 쉬운 간식을 줄인다. 건어물이나 가다랑이포는 미네랄 함량이 높기 때문에 오랫동안 먹이면 결석이 생기기 쉽다.

❸ 고양이 화장실의 청결과 위치를 확인한다. 고양이는 화장실의 위치나 배설 환경에 민감해 화장실의 크기와 높낮이, 고양이 모래의 크기와 재질, 화장실 주위의 소리와 냄새 등도 고양이의 배설에 영향을 미친다.

❹ 겨울에는 실내를 따뜻하게 유지해 고양이가 활발하게 활동할 수 있도록 한다.

❺ 고양이가 여러 마리일 경우 서로 사이좋게 지내야 긴장이 줄어든다.

❻ 처방 사료를 먹여 요도 질병에 걸릴 위험도를 낮춘다.

❼ 정기적으로 병원에 들러 초음파검사와 소변검사를 받는다.

Ⓖ 내분비기관 질병

내분비기관은 호르몬이란 물질을 분비해 체내 여러 기관의 다양한 기능을 조절한다. 내분비기관 질병은 내분비기관 자체만이 아니라 전신의 조절 기제에 영향을 미친다. 그중 고양이에게서 가장 흔히 볼 수 있는 내분비기관 질병은 갑상샘 기능항진증과 당뇨다.

갑상샘 기능항진증 ▬▬

갑상샘 기능항진증hyperthyroidism은 고양이가 가장 잘 걸리는 내분비기관 질병으로 몸에서 생산하는 티록신thyroxine, 갑상샘 분비 호르몬으로 아이오딘을 다량 함유이 과다하기 때문에 발병한다. 티록신은 체세포의 신진대사를 활성화시키는 역할을 하지만 티록신이 지나치게 많이 분비될 경우 체세포의 신진대사가 과도하게 왕성해져 몸에 나쁜 영향을 미친다. 갑상샘 기능항진증에 걸린 고양이는 활동력이

갑상샘 기능항진증은 대부분 8세 이상의 나이 든 고양이에게서 나타난다.

왕성해지고 식욕이 비정상적으로 증가하지만 체중은 감소한다. 이 질환을 치료하지 않으면 세포에 충분한 산소를 공급하기 위해 신체가 지나친 환기를 하게 되고 심장이 무리하게 일해 결국 심장마비나 고혈압에 걸리게 된다.

갑상샘 기능항진증은 일반적으로 4~22세(평균 연령은 13세)의 고양이에게서 나타나는데 대부분 10세 이후에 발병하고 품종이나 성별을 가리지 않는다. 이 질병은 대개 갑상샘 결절thyroid nodule의 자체 기능항진 혹은 갑상샘 종양 때문에 생기는데 현재 확실한 발병 원인은 밝혀지지 않았다. 갑상샘 기능항진증은 특별한 예방법이 없으며 조기에 고양이의 이상 증상을 발견해 혈액검사를 통해 질병을 확인하는 것이 좋다.

증상

❶ 고양이의 식욕이 비정상적으로 증가한다.

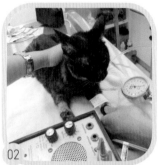

01 / 갑상샘 기능항진증에 걸린 고양이는 많이 먹지만 체중이 감소한다.

02 / 내분비기관 질병에 걸린 고양이에게 혈압 측정은 매우 중요한 검사다.

03 / 당뇨에 걸린 고양이는 비정상적으로 물을 많이 마신다.

❷ 고양이의 활동력이 왕성해진다.

❸ 많이 먹는데도 체중이 감소한다.

❹ 수분 섭취량과 배뇨량이 늘어난다.

❺ 지나치게 빨리 먹어 자주 토한다.

❻ 설사를 하기도 한다.

❼ 고양이 털이 거칠고 지서분해진다.

진단

❶ 이학적 검사 : 갑상샘은 후두 아래의 양쪽에 위치하는데 갑상샘이 부으면 촉진으로 만질 수 있다.

❷ 흉강 청진 : 고양이의 심장박동이 과도하게 빨리 뛰고 어떤 고양이의 심장에서는 잡음이 들린다.

❸ 혈액검사 : 갑상샘 기능항진증에 걸린 고양이는 대부분 간 수치 ALT 혹은 ALKP가 상승하지만 간질환은 아니며 갑상샘 치료를 받으면 정상으로 회복된다. 어떤 고양이들은 질소혈증에 걸리기도 한다(BUN 상승). 임상에는 빨리 검사할 수 있는 갑상샘 검사 도구가 있어 20~30분이면 결과를 알 수 있다.

❹ 영상학적 검사: 복강 초음파검사를 하면 잠복한 신장질환이 있는지를 확인할 수 있다. 갑상샘 기능항진증은 신체의 대사에만 영향을 미치는 것이 아니라 심장과 신장의 기능도 쇠약하게 한다. 그래서 갑상샘 기능항진증에 걸린 고양이는 반드시 심장과 신장도 검사를 받아야 한다.

❺ 혈압 측정 : 갑상샘 기능항진증에 걸린 고양이 가운데 87%가 고혈압이 있다.

치료

❶ 수의사의 지시에 따라 약물을 복용하고 정기적으로 티록신 수치를 측정한다. 이 수치에

따라 약물의 사용량을 조절한다.

❷ 다시 진찰할 때 혈압과 심장박동을 측정해 약물을 복용한 뒤 상태가 개선됐는지 확인한다.

❸ 고양이의 음식을 점차 처방 사료로 바꿔 효과적으로 갑상샘 기능항진증을 조절한다.

당뇨

당뇨diabetes mellitus, 糖尿 역시 흔한 내분비기관 질병으로 정상적인 상태에서는 췌장에서 베타 세포β-cell가 인슐린insulin, 췌장 세포에서 분비되는 호르몬을 생산해 체세포가 혈액 속 포도당을 이용해 에너지원으로 사용하게 한다. 그런데 인슐린이 결핍되면 체세포가 이 포도당을 사용할 수 없어 혈당血糖 농도가 과도하게 높아지고, 체내가 지속적인 고혈당高血糖 및 요당尿糖의 상태에 이르러 질병이 발생하게 된다. 당뇨는 일반적으로 두 가지로 나누는데 제1형 당뇨는 인슐린 의존형으로 베타 세포가 파괴돼 인슐린을 생산하지 못한다. 제2형 당뇨는 인슐린 비의존형으로 인슐린에 저항성이 있다. 다시 말해 인슐린이 충분히 생산되지만 정상적으로 일하지 못하는 상태로, 혈당을 정상적인 범위 안으로 조절하지 못한다. 당뇨에 걸린 고양이는 대부분 제2형에 속한다.

또한 당뇨의 평균적인 발병 연령은 10~13세로 중성화 수술을 한 수컷 고양이에게서 잘 발생하며 비만과 쿠싱 증후군Cushing's syndrome, 부신피질호르몬 중 코르티솔이 만성적으로 과잉 분비되면서 발생을 앓는 고양이의 발병률이 높은 편이다.

증상

❶ 수분 섭취량과 배뇨량이 비정상적으로 증가한다.

❷ 고양이가 쉽게 배고파하고 자꾸 더 먹으려 한다.

❸ 물을 많이 마시고 소변을 자주 배출해 심각한 탈수 증상이 생긴다.

❹ 고혈당 상태가 지속되면 케토산keto acid 중독으로 대사에 장애가 생겨 고양이가 잘 먹지 않고 잠을 많이 자며 체중이 줄고 구토를 한다. 심각한 경우 사망에 이르기도 한다.

소변검사기

진단

❶ 혈액검사 : 공복 뒤에 혈액 속 포도당 수치는 250~290mg/dl을 넘게 된다. 고양이는 쉽게 긴장해 그 긴장감이나 스트레스 때문에 혈당 수치가 증가하기도 한다. 하지만 이런 증상들이 당뇨와 다른 점은 몇 시간 안에 혈당이 정상 수치로 돌아온다는 사실이다. 또한 혈액검사를 통해 신장질환이나 갑상샘 기능항진증의 가능성을 배제할 수 있다.

❷ 당화혈색소HbAlc : 당화혈색소 검사적혈구 속 혈색소가 어느 정도 당화(糖化)됐는지 알아보는 검사를 하면 당뇨인지 긴장으로 유발된 고혈당인지 쉽게 구분할 수 있다.

❸ 전해질 이상 : 당뇨가 케토산 중독이나 다른 질병 등 합병증을 동반했다면 칼륨, 나트륨, 인 등의 이온 수치가 비정상적으로 측정된다.

❹ 소변검사 : 신장은 포도당을 여과하지 못하기 때문에 혈당 수치가 과도하게 높아지면 (250mg/dl 정도) 소변에서 포도당이 발견된다. 또한 당뇨에 걸린 고양이는 비뇨기 감염에 걸리는 경우가 많은데다 케톤 중독이 되면 소변에서도 케톤체*가 나타나므로 소변 배양 검사를 실시하는 것이 좋다.

❺ 췌장염의 혈액검사FpLI : 당뇨에 걸린 고양이 50% 정도는 합병증으로 췌장염에 걸리므로 이 검사를 통해 췌장염의 가능성을 배제하는 것이 좋다.

❻ 영상학적 검사 : 다른 합병증의 가능성을 배제한다.

● ketone body, 지방산의 대사산물로서 아세토아세트산, β-히드록시부티르산, 아세톤의 3종 화합물의 총칭

치료

고양이 당뇨는 현재 치료가 가능한 질병으로 조기에 억제하고 주기적으로 진찰해 정확히 혈당 농도를 측정하면 당뇨의 위험에서 벗어날 수 있다. 아래에 다양한 당뇨 치료 방법을 자세히 소개한다.

❶ 피하 인슐린 주입 : 임상에서 많이 사용하는 인슐린은 중간형과 지속형이 있는데 모두 효과적으로 혈당을 조절할 수 있다. 일반적으로 매일 여러 차례 혈당 수치를 체크하고 최고 및 최저 혈당 수치와 시간을 확인해 혈당곡선blood sugar curve, 혈중 글루코오스의 추이를 나타내는 곡선을 찾아내면 인슐린 치료의 상황과 효과를 이해하는 데 도움이 된다. 또한 이를 통해 인슐린의 사용량도 조절할 수 있다. 인슐린은 하루에 2회, 보통 식사를 할 때 함께 주사한다.

❷ 수액 치료 : 당뇨가 다른 합병증과 함께 올 때(케토산 중독 같은) 정맥 내 점적 치료가 필요하다. 고양이는 심각한 탈수와 전해질 이상에 시달릴 수 있기 때문에 가능한 빨리

이를 교정해야 한다. 그렇지 못하면 고양이의 상태가 더 악화돼 죽음에 이를 수도 있다.

❸ 합병증 치료 : 당뇨가 다른 합병증과 함께 발생하면 인슐린 치료의 효과가 떨어질 수 있다. 이런 질병으로는 부신 피질 기능이상, 췌장염, 감염, 비만 등 이 있다. 그러므로 당뇨를 치료할 때는 다른 합병증도 함께 치료해야 한다.

인슐린 피하 주사

❹ 식이요법 : 당뇨 치료에 있어 식이요 법은 매우 중요한 부분으로 인슐린 피하 주사 치료 외에도 반드시 식이요법을 병행해야 한다. 그래야만 당뇨 상태를 양호하게 조절할 수 있다. 또한 고양이가 식사를 하지 않으면 억지로라도 먹여야 한다. 오랫동안 음식을 먹지 않으면 합병증으로 간질환에 걸릴 수 있기 때문이다.

❺ 가정에서의 관리 : 당뇨에 걸린 고양이의 몸 상태가 안정되고 나면 가정에서의 관리가 매우 중요하다. 하루에 2회 인슐린을 주사하는 것 외에도 당뇨 전용 처방 사료나 저탄수화물(무곡물 사료 같은) 음식을 먹여야 한다. 또한 일정한 시간과 식사량에 맞춰 혈당을 조절하는 것도 도움이 된다. 보통 식사 시간에 인슐린을 주사한다.

❻ 정기검진 : 당뇨에 걸린 고양이는 정기적으로 검진을 받아야 한다. 집에서 식욕이나 체중, 수분 섭취 상황 등을 기록해 수의사와 상담하고 이후의 치료 방법을 결정할 것을 권한다.

당뇨 식이요법의 목적 및 주의 사항

❶ 충분한 열량을 제공해 적정 체중을 유지한다. 혹은 비만이나 체중 미달을 교정한다. 체중 조절은 당뇨 증상을 개선할 수 있다.

❷ 식사 후 고혈당을 최대한 피하고 정해진 시간에 일정한 양의 음식을 주면서 인슐린 주사를 함께 놓아 혈당의 흡수를 촉진한다.

❸ 비만은 인슐린의 시항성을 일으키므로 당뇨에 걸린 뚱뚱한 고양이는 체중 그

절을 통해 효과적으로 혈당을 조절해야 한다.

❹ 고양이는 육식성 동물로 탄수화물이 아닌 아미노산과 지방을 신체의 에너지원으로 사용한다. 그러므로 과다한 탄수화물 식사는 혈당 농도를 높일 수 있다.

❺ 당뇨에 걸린 고양이는 고단백질에 고섬유질, 저탄수화물 식사가 가장 적합하다. 다만 고단백질의 음식은 신장병이나 간질환이 있는 고양이에게는 맞지 않으므로 특별히 주의한다.

가정에서 관리하기 위한 주의 사항

❶ 고양이의 식욕을 관찰해 지나치게 많이 먹거나 오히려 먹지 못하는지 확인한다.

❷ 수분을 많이 섭취하고 자주 배뇨하는 증상은 고혈당일 때보다 감소했는지 살핀다.

❸ 정기적으로 체중을 재서 고양이가 적당한 체중을 유지하고 있는지 확인한다. 살이 쪘거나 빠졌는지를 자세히 관찰한다.

❹ 정신이 말짱한지 혹은 넋을 놓고 있는지 또는 줄곧 잠을 자고 있는지 관찰한다.

❺ 소변 검사지의 색깔에 당뇨 혹은 케톤체 반응이 나타났는지 살핀다(아침에 소변검사지를 사용할 것을 권한다).

저혈당 증상 주의

당뇨를 치료하는 과정에서 어떤 고양이들은 긴장하고 침을 흘리며 구토를 하거나 동공이 커지고 녹초가 되기도 한다. 심각한 경우에는 정신이 혼미해지거나 경련이 일어나기도 한다. 만약 이와 같은 저혈당 증상이 나타나면 주사기로 고양이에게 설탕물이나 50% 포도당액을 먹인 뒤 바로 병원에 데려가 치료하는 것이 좋다.

Ⓗ 호흡계통 질병

호흡계통의 가장 중요한 기능은 몸의 모든 세포에 산소를 공급하고 체세포가 생산한 이산화탄소를 제거하는 것이다. 고양이가 호흡할 때 공기 분자는 콧구멍을 통해 비강 안으로 들어가 작은 분자의 이물질을 여과한다. 그런 다음 기관지로 들어가 폐에 도달한 뒤 혈액을 통해 산소와 이산화탄소를 교환한다. 산소는 혈액을 타고 전신의 세포로 가고 이산화탄소는 체외로 배출된다.

정상적인 고양이의 호흡은 규칙적으로 1분당 30~40회 정도다. 그러므로 고양이가 입을 벌리고 숨을 쉬거나 복부가 빠르게 오르락내리락한다든지 숨쉴 때 힘을 준다면 호흡기 질병이 발생했다는 뜻이다. 또한 기침은 고양이에게서 흔히 볼 수 없는 증상으로 만약 고양이가 기침하는 모습을 보인다면 동물병원에 데려가 검사를 받는 것이 좋다.

고양이 천식

고양이 천식feline asthma은 호흡기질환 가운데 가장 흔히 볼 수 있는 것으로 환경 속 알레르기 항원에 대한 알레르기 반응이다. 이런 고양잇과 동물의 급성 호흡기 질병은 사람의 기관지천식과 비슷해 고양이가 천식에 걸리면 기침을 하거나 숨을 헐떡이고 운동을 견디지

고양이 천식 증상

못하며 호흡곤란 증세 등이 나타난다. 기관지에 계속 염증이 있어 붓게 되면 분비물이 많아져 좁은 기관지가 분비물로 형성된 점액 색전으로 막히게 된다.

고양이가 병의 원인이 되는 환경에 노출되면 그 병의 원인이 기관지로 흡입돼 기관지 평활근smooth muscle이 갑작스럽게 수축하며 염증이 생긴다. 이런 증상이 지속되는데 치료가 늦어지면 병세가 심해져 기관지 폐쇄로 건강을 회복될 수 없게 된다. 이때 고양이는 숨을 내쉴 수 없어 호흡장애가 오고, 뒤이어 폐기종emphysema과 기관지 팽창이 일어난다. 또한 사람이나 개와 비교해 고양이의 호흡기에는 호산구의 수가 많아 더 쉽게 천식에 걸린다.

기관지 과민성의 원인은 호흡기 점막 병변과 알레르기 반응 때문으로 천식을 일으키는 병인은 풀과 꽃가루, 담배, 비말飛沫, 털, 각질, 벼룩, 불결한 고양이 화장실, 오염된 공기, 방향제와 탈취제, 선향線香, 실외의 차가운 공기 등이 있다. 이 질병은 어느 연령에서든 발생할 수

있지만 주로 2~8세에 많이 나타난다.

증상

증상의 80%가 기침이며 재채기나 호흡할 때 헐떡이는 소리를 내기도 한다. 또한 고양이가 어미 닭처럼 쪼그리고 앉거나 목을 앞으로 곧게 뻗는 증상을 보일 때도 있다. 심각한 경우 고양이가 호흡을 잘하지 못하기도 한다.

진단

❶ 영상학적 검사 : 흉부 X-ray를 통해 폐에서 불투명 유리 같은 음영을 볼 수 있으며 기관지 벽이 두꺼워져 있는 것을 확인할 수 있다.

❷ 세포학적 검사 : 기관지폐포 세척액bronchoalveolar lavage, BAL 검사를 하면 다량의 호산구를 발견할 수 있다(천식에 걸린 고양이 20%는 말초혈액 속 호산구가 증가). 기관지 세척액은 세균 배양과 항생제 알레르기 검사에 쓰이며 감염 여부를 확인할 수도 있다.

❸ 심장사상충 검사 도구 : 기침 증상이 있는 고양이는 이 검사를 실시해 심장사상충 감염의 가능성을 배제하기를 권한다.

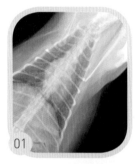

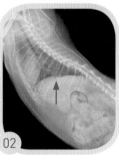

01 / 흉강 X-ray에서 폐는 원래 비교적 까만색이다.

02 / 오랫동안 천식에 시달린 고양이는 폐가 하얗고 불투명하게 변한다.

치료

천식에 걸린 고양이의 치료는 반드시 수의사의 판단에 따라 약물의 양과 사용 횟수를 조절해야 효과를 볼 수 있다.

❶ 산소 치료 : 호흡이 곤란한 고양이에게 산소를 공급해 편하게 숨을 쉴 수 있도록 한다.

❷ 스테로이드와 기관지 확장제 : 염증 반응을 덜고 증상을 완화하며 호흡곤란을 예방할 수 있으며 장기간 사용해야 한다.

❸ 항생제 : 폐렴이 동반된다면 항생제를 투약한다.

❹ 흡입성 약물 : 흡입성 스테로이드 약물은 정량을 분무제와 흡입기, 마스크를 이용해 흡입하게 한다. 내복용 스테로이드를 대신해 치료에 사용할 수 있다. 오랫동안 흡입성 스

테로이드를 사용해도 스테로이드의 부작용은 잘 나타나지 않는다.

예방

❶ 체중 조절 : 너무 뚱뚱한 고양이는 호흡곤란의 증상이 있을 수 있기 때문에 체중 감량을 하는 것이 좋다.

❷ 알레르기 제어 : 먼지가 잘 생기는 고양이 모래의 사용을 피하고, 집 안의 환기에 신경 써야 한다. 공기청정기의 효과가 제한되어 있기 때문에 특히 보호자는 집 안에서 담배를 피지 않는 것이 좋다. 천식에 걸린 고양이의 치료는 반드시 수의사의 판단에 따라 약물의 양과 사용 횟수를 조절해야 양호한 치료 효과를 볼 수 있다.

흡인성 약물의 사용

고양이 천식도 흡입기로 증상을 조절할 수 있다. 다만 고양이는 특수기구를 사용해야만 한다. 흡입제는 스테로이드Flixotide®와 기관지 확장제Servent®가 포함돼 있다.

❶ 고양이가 처음 흡입기를 사용할 때는 숨을 멈추고 긴장할 수 있기 때문에 흡입기가 보이지 않도록 얼굴을 가려주고 고양이를 쓰다듬으면서 조용히 달래면 긴장을 풀 수 있다.

❷ 흡입기를 처음 사용하거나 1주일 이상 사용하지 않은 경우에는 허공에 한두 번 분사한 뒤 사용해도 되는지를 확인한다.

❸ 매번 사용하기 전 흡입제를 가볍게 흔들어 바로 사용한다.

❹ 흡입제는 분사할 수 있는 횟수에 주의해야 한다. 일반적으로 사용할 수 있는 분사 횟수는 60회로, 사용할 때마다 기록하는 것이 좋고, 사용 횟수를 다 사용하기 전 새 약제를 준비해야 한다.

❺ 보통은 먼저 기관지 확장제를 사용해서 일단 기관지를 확장시킨 후 15분 후에 스테로이드를 사용해서 약물이 더 작은 기도에 들어가 작용하도록 한다.

흡입성 약물 치료에 사용하는 도구
(마스크를 포함한 흡입기와 약물)

천식 흡입기의 사용 방법

 Step1 마스크를 분리기의 한쪽에 연결하고 다른 쪽에 분무약제를 연결한다.

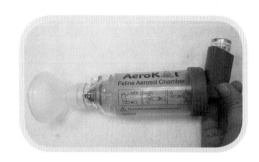

Step2 마스크로 고양이의 입과 코를 가볍게 가린다.

Step3 손가락으로 분무제를 누른다.

Step4 고양이가 7~10초 정도 호흡하게 한 뒤 마스크를 뗀다.

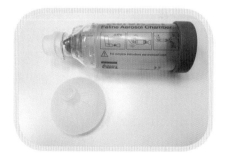

Step5 호흡기를 다 사용한 뒤 금속약통을 제거하고 마스크와 플라스틱 부분을 떼어내 물로 깨끗이 씻는다. 완전히 건조시킨 다음 다시 조립해 사용한다.

흉수 ▬▬

흉수pleural effusion, 胸水란 각종 질병을 유발하는 액체가 비정상적으로 흉막강胸膜腔 안에 차 있는 상태를 말한다. 흉수는 폐를 압박해 폐가 온전히 팽창할 수 없도록 만들어 고양이의 호흡곤란을 야기한다. 또한 혈관 내 염증, 혈관 내 압력 증가 혹은 혈액 속 알부민albumin이 감소하는 질병 모두 흉수가 생기게 할 수 있다. 다시 말해 울혈성 심부전congestive heart failure, 만성 간질환, 단백질 소실성 장염protein losing enteropathy, 악성 종양, 흉강 내 종양, 고양이 코로나바이러스 감염, 췌장염, 외상 등은 흉수를 유발할 수 있다. 다량의 림프관이 새는 증상을 유미흉*이라 하고, 화농성 삼출액滲出液이 흉강에 고여 있는 것을 농흉empyema, 膿胸이라 하며, 말초혈액의 25% 이상 혈액 성분이 흉강에 고여 있는 것을 혈흉hemothorax, 血胸이라 한다. 흉강천자**를 통해 채집할 수 있는 흉수를 누출액과 삼출액***으로 구분해 치료를 진행한다.

●   chylothorax, 乳糜胸, 가장 큰 림프관인 흉관의 손상으로 흉관 내의 유미가 흉강 내로 빠져나와 축적되는 상태
●● pleural puncture, 胸腔穿刺, 흉수저류질환에 대해서 진단적 또는 치료적으로 이루어진다.
●●● 누출액은 혈액의 액체 성분이 혈관에서 빠져나와 체강 또는 조직에 병적으로 축적되는 물 같은 투명 내지 담황색 액체로, 비염증성 원인(울혈, 저단백혈증 같은)에 의해 생기기 쉽다. 반면 염증성 원인으로 생기는 것이 삼출액이다.

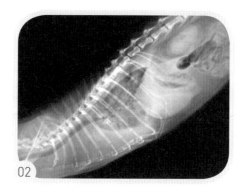

01 / 흉수가 있는 고양이는 힘을 주거나 입을 벌리고 호흡한다.
02 / X-ray 에서 심장 윤곽이 사라지고 하얀 안개처럼 보인다.

증상

고양이의 연령이나 품종, 성별에 상관없이 발생한다. 흉수는 단시간에 많은 양이 생기는 것이 아니라 신체에 과도하게 부담을 줄 때 발생한다. 따라서 조기에 발견하기 어렵지만 고양이를 유심히 관찰해보면 이상 증상을 발견할 수 있다. 흉수가 생긴 고양이는 초기에 잠을 많이 자며 음식을 멀리하고 체중이 줄어드는 증상을 보인다. 또한 흉수 증세가 심각해지면 고양이가 가쁜 숨을 쉬거나 입을 벌리고 호흡하며, 청색증cyanosis, 산소 결핍 때문에 혈액이 검푸르게 되는 상태, 발열, 탈수 증상을 보이거나 가만히 앉아 숨만 쉬는 경우도 있다. 자세히 관찰하면 호흡할 때 고양이의 복부가 눈에 띄게 푹 들어가는 것을 볼 수 있는데, 이는 호흡이 곤란하다는 뜻이다.

진단

❶ 청진 : 심장의 소리가 매우 작게 들린다.

❷ 혈액학적 검사 : 전혈구계수와 혈청생화학검사 및 바이러스 검사를 하면 전신의 상태를 이해하는 데 도움이 된다.

❸ 흉강 X-ray : 정상적인 X-ray와 비교할 때 고양이의 심장 윤곽이 잘 보이지 않으며 원래 검은색인 폐가 절반은 하얗게 보인다.

❹ 흉강 초음파검사 : 흉수가 고여 있을 때 작은 덩어리와 점막의 상태를 통해 발견할 수 있다.

❺ 심전도 : 심장질환의 진단에 도움이 되며 다른 가능성을 배제할 수 있다.

❻ 흉수 분석 : 고양이에게 흉수가 있다는 사실을 확인했다면 반드시 그 흉수를 채취해 호흡곤란 상태를 완화할 뿐만 아니라 흉수의 종류를 구분한다. 흉수의 색깔, 총단백, 비중, 세포학적 검사 모두 병의 진단을 내리는 데 도움이 된다.

❼ 세균 배양 : 세포학적 검사에서 세균을 발견했다면 흉수의 세균 배양과 항생제 알레르기 검사를 반드시 실시해야 한다.

치료

❶ 산소 주입 : 고양이가 호흡곤란이거나 청색증인 경우 먼저 산소를 주입해 긴장감을 덜어주고 호흡곤란 증상을 완화해준다. 산소를 공급할 때는 투명한 원형 목 보호대를 채우거나 산소 케이지에 넣어주는 것이 좋다. 고양이가 산소 마스크를 보면 몸부림을 쳐 병이 더 악화될 수 있기 때문이다.

❷ 흉강천자 : 고양이에게 호흡곤란 증상이 있으면 우선 흉강천자술을 실시해 흉강의 액체를 뽑아낸다. 이렇게 하면 고양이의 호흡곤란 증상이 잠시 완화될 수 있다. 다만 고양이가 이런 치료를 강하게 거부할 경우 경미한 마취를 해야 한다. 고양이가 소란을 피우는 과정에서 사망에 이를 수도 있기 때문이다. 또한 채취한 흉수는 반드시 검사를 따로 해야 한다.

❸ 가슴관 삽입 : 흉수가 계속 고인다면 가슴관을 삽입해 흉수로 압박된 폐의 호흡곤란을 개선할 수 있다. 어떤 흉수는 가슴관으로만 치료할 수 있는데 이를테면 원발성 농흉은 매일 1~2회 흉강을 세척해 2주 정도 치료해야 한다. 흉수가 생긴 원인을 확진했다면 그 원인에 초점을 맞춰 치료해야 한다.

❹ 만약 고양이가 유미흉이라면 저지방 음식을 줘야 효과적으로 흉수를 줄일 수 있다. 또한 유미흉도 외과 수술로도 치료할 수 있다.

예후

흉수의 회복은 흉수의 종류와 호흡곤란 개선 상태에 따라 달라진다. 흉수가 생긴 원인을 제때 치료했다면 대부분 고양이는 회복 상태가 양호하다.

01 / 고양이가 호흡곤란이거나 청색증인 경우 산소를 주입해 긴장감을 덜어주고 증상을 완화해준다. 이때 원형 목보호대를 채우는 것이 좋다.

02 / 고양이가 호흡곤란이 있는 경우 흉강천자술로 흉강의 액체를 뽑아내면서 잠시 증상을 완화할 수 있다.

03 / 흉수의 회복은 흉수의 종류에 호흡곤란 개선 상태에 따라 달라진다.

❶ 순환계통 질병

심장은 매우 중요한 기관으로 혈액을 통해 영양분과 산소를 몸의 각 부위로 보내는 역할을 한다. 특히 심장에는 굉장히 중요한 기능 두 가지가 있는데 하나는 신체기관이 사용하고 난 후의 산소인 정맥혈을 폐로 보내 산소를 공급한 뒤 다시 각 신체기관으로 보내는 것이다. 또 다른 하나는 위장에서 모은 영양물질을 간으로 보내 처리한 뒤 다시 신체기관으로 보내는 것이다. 만약 이런 심장의 기능에 문제가 생기면 고양이는 생명을 유지하기 어렵다.

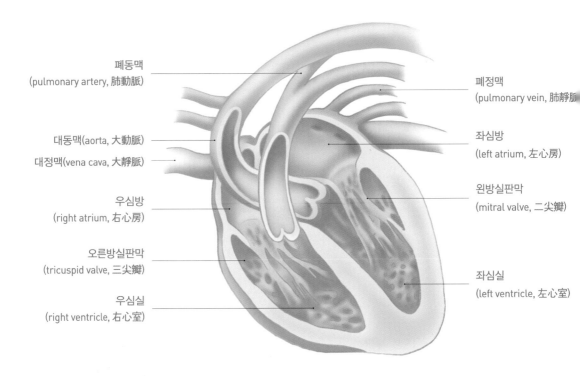

폐동맥
(pulmonary artery, 肺動脈)

폐정맥
(pulmonary vein, 肺靜脈)

대동맥(aorta, 大動脈)

좌심방
(left atrium, 左心房)

대정맥(vena cava, 大靜脈)

우심방
(right atrium, 右心房)

왼방실판막
(mitral valve, 二尖瓣)

오른방실판막
(tricuspid valve, 三尖瓣)

좌심실
(left ventricle, 左心室)

우심실
(right ventricle, 右心室)

고양이의 심혈관 질병 가운데 가장 흔한 것이 바로 심장병이다. 고혈압도 가끔 생기긴 하지만 대부분 다른 질병과 함께 나타난다. 예를 들어 갑상샘 기능항진증 혹은 신부전 같은 질병이 동반된다. 사람의 고혈압은 보통 동맥경화 같은 혈관 질환이나 비만, 고지혈증, 당뇨 등의 원인과 관련이 있다. 하지만 고양이는 이와 달리 비만이나 고지혈증, 당뇨가 고혈압의 위험을 증가시키긴 하지만 혈관 질환으로 고혈압에 걸리는 경우는 거의 없다.

비후성 심근증 ▬

고양이의 심근증은 크게 세 가지로 구분할 수 있는데 비후성 심근증hypertrophic cardiomyopathy과 확장성 심근증dilated cardiomyopathy, 제한성 심근증restrictive cardiomyopathy이 있다. 비후성 심근증은 고양이에게서 흔히 볼 수 있는 심장질환으로 원인이 정확히 밝혀지지 않았으며 좌심실의 벽이 눈에 띄게 두꺼워진다. 그런데 갑상샘 기능항진증과 전신성 고혈압, 대동맥 협착coarctation of the aorta 등의 질병도 좌심실 근육을 비대하게 만든다.

비후성 심근증이 발생하는 연령은 8개월에서 16세 정도로 그중 75%는 수컷 고양이다. 페르시안이나 브리티시 쇼트헤어, 아메리칸 쇼트헤어, 메인쿤Maine Coon 같은 품종이 비후성 심근증의 가족력을 갖고 있다.

증상

보통 경도輕度의 비후성 심근증에 걸린 고양이는 특별한 증상을 보이지 않는다. 하지만 어떤 고양이들은 활동력이 떨어지거나 운동한 뒤 숨을 헐떡거리기도 한다. 보호자들은 고양이가 식욕이 떨어지고 스트레스를 받고 있다는 것을 느끼지만 심각성을 모르고 있다가 대부분 호흡이 가빠지고 몸이 허약해져 입을 벌리고 숨을 쉬거나 혓바닥이 보라색을 띨 때가 돼서야 병원에 데려온다. 이런 심각한 증상은 흉수나 폐부종, 동맥 색전증動脈塞栓症 때문으로 고양이는 언제든 돌연사할 수 있다. 그러므로 고양이를 데리고 병원으로 올 때는

01 / X-ray를 측면으로 찍었을 때 확장된 심근

02 / X-ray를 정면으로 찍었을 때 확연히 크고 둥그런 심근을 확인할 수 있다.

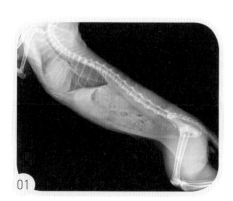

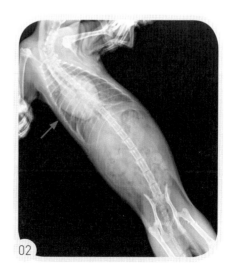

특별히 조심해야 하며 고양이의 긴장을 풀어줘야 한다.

진단

❶ 청진 : 청진을 통해 심장의 잡음(비정상적인 심장박동 소리)을 들을 수 있다. 혹은 심장
박동 속도가 비정상일 수도 있지만 그럴 가능성은 거의 없다.

❷ 혈액검사 : 흔히 하는 혈액검사 외에도 6세 이상의 고양이는 검사를 통해 갑상샘 기능
항진증의 가능성을 배제해야 한다.

❸ X-ray 검사 : 심전도와 흉강 X-ray 촬영은 비후성 심근증을 진단하는 데 큰 도움이 된다.
전형적인 비후성 심근증은 X-ray를 옆으로 누워 찍었을 때 심장이 커진 모습이 보이며
정면으로 찍었을 때 심장이 뭉툭하게 보인다.

❹ 초음파검사 : 이는 반드시 필요한 진단 방법으로 초음파검사를 통해 심장 근육의 두께
와 심실의 직경, 심장의 기능 등을 직접 측정할 수 있다.

❺ 혈압검사 : 고양이의 수축기 혈압이 180mmHg이 넘으면 반드시 고혈압 약을 먹여야
한다.

치료

이런 질병에 걸리면 심장 근육에 변화가 생기는 것은 어쩔 수 없는 일이다. 따라서 약물의 치
료는 대부분 비후성 심근증이 아닌 심장 근육의 기능 및 임상 증상을 개선하는 데 초점을
맞춘다. 일반적으로 고양이에게 심장병 약물을 주면 심장질환의 악화는 막을 수 있지만 폐
부종 같은 합병증이 올 수 있으므로 이뇨제 치료도 병행해야 한다. 만약 고양이에게 고혈
압이나 갑상샘 기능항진증 같은 합병증이 나타났다면 반드시 약물 치료를 받아야 한다.

예후

예후는 고양이의 병이 어느 정도 심각한가에 따라 달라진다. 경도에서 중도의 비후성 심근
증은 약물 치료를 하면 정상적인 생활을 유지할 수 있다. 하지만 상태가 심각하면 몇 달 안
에 악화될 수도 있다. 장기간 심장병 약물 치료를 하는 것 외에도 정기적으로 병원에서 검
사를 받아 그 결과를 놓고 수의사와 상의해 약물 사용량을 조절해야 한다. 또한 고양이가
긴장할 수 있는 목욕이나 외출 같은 외부적 요인을 가능한 줄이는 것이 좋다.

혈전증 ▬▬

혈전증thrombosis, 혈전색전증은 비후성 심근증의 흔한 합병증으로 고양이의 생명을 위협할 수 있다. 비후성 심근증에 걸리면 혈액이 심장에 고여 혈전이 생기기 쉽다. 혈전●은 피의 순환을 따라 몸의 각 부위 혈관에 색전을 형성해 부분적 빈혈과 괴사를 일으킨다.

● 血栓, 혈관 속이나 심장 속에서 혈액 성분이 국소적으로 응고해서 생기는 응어리

증상

임상에서 가장 흔히 발견되는 증상은 뒷다리 마비로, 뒷다리의 혈류가 막혀 뒷다리가 차가워지고 발 패드가 자줏빛으로 변하며 허벅지 안쪽에 맥박도 잡히지 않게 된다. 색전은 뒷다리를 갑자기 마비시킬 뿐만 아니라 중풍에 걸려 걸을 수 없게 만들기도 한다.

고양이의 발 패드가 자줏빛으로 변했다.

치료

일반적으로 항혈전 약물로 치료하거나 외과수술로 핏덩어리를 제거하는데 예후는 고양이마다 차이가 있다. 수술 뒤 절반 정도의 고양이가 전신성 혈전증과 심부전으로 6~36시간 안에 사망한다. 반면 살아남은 고양이 대부분은 24~72시간 안에 증상 및 신체 기능이 개선되기 시작한다. 하지만 그런 후에도 심장질환으로 위험해질 수 있다.

심장사상충 ▬▬

심장사상충을 전염시키는 매개체는 모기다. 고양이가 모기에 물리면 혈액을 타고 심장사상충이 고양이에게 전염된다. 일반적으로 전염되는 평균 연령은 3~6세 정도다.

증상

병에 걸린 고양이 대부분은 특별한 증상을 보이지 않지만 몇몇 만성 증상은 눈에 띄기도 한다. 이를테면 간헐적 구토나 기침, 숨 헐떡거림(간헐적 호흡곤란, 천식, 입 벌리고 호흡하

기), 구역질, 가쁜 호흡, 과다 수면, 음식 거부, 체중 감소 등의 증상이 있다. 물론 어떤 고양이들은 급성 임상 증상을 보이기도 하는데 성충이 어느 기관에 상처를 입힐 경우 호흡곤란, 경련, 설사, 구토, 빠른 심박, 기절 등의 증상을 보이다 돌연사하기도 한다.

고양이 심장사상충 검사 도구

진단

❶ 심장사상충 검사 도구 : 고양이 전용의 심장사상충 검사 도구는 피 몇 방울만 떨어뜨리면 십여 분 안에 심장사상충 감염 여부를 확인할 수 있다.

❷ 흉강 X-ray 검사 : X-ray에 폐동맥이 확장된 영상이 있으면 심장사상충의 가능성을 의심해야 한다.

❸ 심장 초음파검사 : 검사 비용이 비싸므로 반드시 심장 전문의에게 검사를 받는 것이 좋다.

치료

개의 심장사상충 치료는 이미 상당히 안전한 약물이 개발돼 사용되고 있지만 심각한 독성 때문에 고양이에게는 투약할 수 없다. 다행히도 감염된 고양이가 특별한 증상을 보이지 않아 특별한 약물 치료는 필요하지 않다. 그저 심장사상충이 2~3년 안에 노화돼 사망하기를 기다리면 된다. 만약 폐에서 증상이 나타난다면 대부분 스테로이드를 사용해 억제할 수 있다. 상태가 훨씬 심각해 심폐 증상이 있다면 한 발 더 나아가 수액 치료나 산소 치료, 기관지 확장제, 심혈관 약물, 항생제, 제한적인 운동 등으로 치료하고 가정에서 잘 보살핀다.

예방

고양이 심장사상충 치료로는 성충을 직접 박멸할 순 없기에 소극적인 치료만 가능하다. 그러므로 감염되기 전에 예방하는 것이 매우 중요하다.

❶ 가정에서 모기 예방하기 : 모기가 고양이를 물 경우 심장사상충에 감염될 수 있으므로 모기가 활발하게 활동하는 기간에는 이를 막기 위해 가정에서 철저히 대비해야 한다.

고양이는 모기가 없는 환경에서 키워야 하며 동네에 유기견이나 풀어서 키우는 개가 있 다면 반드시 심장사상충을 예방하도록 해야 한다.

❷ 예방약 복용/국부 점적제 사용 : 고양이가 6개월령이 넘으면 먼저 혈액검사를 통해 심 장사상충 감염이 없는지 확인해야 한다. 그런 다음 어떤 예방법을 선택할 것인지 결정한 다. 현재는 내복할 수 있는 예방약과 점적할 수 있는 약, 두 가지가 있는데 내복약은 매 월 한 차례씩 먹이면 되고 국부 체외 점적제는 매월 목덜미 피부에 한 차례씩 떨어뜨리 면 된다.

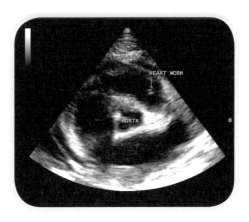

초음파로 심장사상충을 발견할 수 있다.

J 생식계통 질병

생식계통 질병은 대부분 중성화 수술을 하지 않은 중년의 암컷 고양이에게서 나타난다. 이와 관련된 질병으로 자궁축농증(pyometra, 子宮蓄膿症)과 유선염(mastitis, 乳腺炎), 유선종양(Mammary Gland Tumor, 乳腺腫瘍), 난소종양(ovarian tumor, 卵巢腫瘍) 등이 있다. 이런 질병의 발생은 대부분 성호르몬과 연관이 있으며 외과 절제 수술을 실시하거나 화학요법을 함께 병행한다.

암컷 고양이의 생식기관 구조도

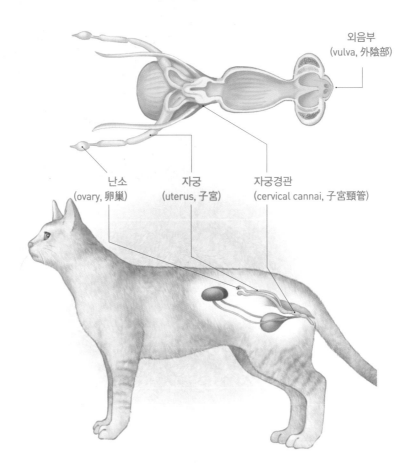

외음부
(vulva, 外陰部)

난소
(ovary, 卵巢)

자궁
(uterus, 子宮)

자궁경관
(cervical cannai, 子宮頸管)

자궁축농증

암컷 고양이는 발정하면 자궁이 임신할 준비를 하는데 이때 세균도 자궁 안으로 들어가기 쉽다. 세균이 자궁 안에서 과도하게 증식해 다량의 고름을 만들어 축적하면 자궁축농증에 걸리게 된다. 이 질환은 대부분 발정이 끝난 후 발병하며, 중성화 수술을 하지 않는 중년의 암컷 고양이들에게서 주로 발생한다.

증상

일반적으로 복부가 팽창되고 음식을 거부하며 잠이 쏟아진다. 개방성 자궁축농증일 경우 암컷 고양이의 외음부에 고름 분비물이 배출된다. 다만 열이 나거나 물을 많이 마시고 소변을 자주 보는 증상은 거의 보이지 않는다. 반복적으로 발정하는데도 번식을 하지 못하면 자궁내막子宮內膜이 증식해 자궁축농증이 쉽게 일어난다.

진단

대다수 고양이에게서 뚜렷한 백혈구 증가가 나타나며 몇몇 고양이는 빈혈에 시달린다. 병 말기에는 고감마글로불린혈증hypergammaglobulinemia, 글로불린이 정상 값 이상인 혈증과 저감마글로불린혈증 hypogammaglobulinemia, 면역글로불린 생산의 저하를 특징으로 하는 면역결핍 상태이 나타난다. 자궁축농증이 심해지면 초음파검사와 X-ray 촬영을 통해 팽창된 자궁을 볼 수 있다.

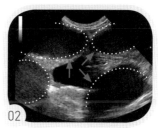

01 / 개방성 자궁축농증의 증상으로 외음부에서 피고름이 나온다.

02 / 초음파 사진에 4개의 주머니 모양이 보이는데 축농된 자궁이다.

03 / 자궁 안에서 추출한 고름 분비물로 세균 배양을 한다.

치료

세 가지 치료 방법이 있는데 첫 번째는 세균 배양과 약물 알레르기 검사를 바탕으로 항생제 치료를 하는 것이다. 자궁축농증이 일어난 고양이는 패혈증에 걸리기 쉽기 때문이다. 두 번째는 자궁축농증이 있는 고양이는 탈수와 질소혈증이 잘 생기므로 정맥 내 점적 수액 요법으로 이를 치료하는 것이다. 세 번째는 외과수술을 통해 자궁 난소를 적출하는 것으로 가장 확실한 치료 방법이다.

고양이 유선종양 ▪▪▪

유선종양은 암컷 고양이가 앓는 종양의 17%를 차지하며 대부분 10~12세에 발병한다. 아주 드물게 수컷 고양이에게서도 발견된다. 6개월 이전에 중성화 수술을 한 암컷 고양이 가운데 악성 유선종양이 생기는 경우가 9%도 채 안 된다. 그러므로 고양이가 어렸을 때 미리 중성화 수술을 할 것을 권한다.

또한 고양이의 유선종양은 림프와 혈관으로 쉽게 전이되는데 전이율이 80%가 넘으면 죽음에 이르기도 한다. 흔히 림프절이나 폐, 늑막, 간에서 전이가 일어나며 흉강으로 전이되면 호흡곤란 증상이 나타날 수 있다.

진단

❶ 촉진 : 손으로 유두 주변을 만지면 작은 종양을 발견할 수 있다. 수술로 완전히 제거할 수 있으며 병리조직검사를 통해 종양의 절편으로 종양 세포의 유래를 알고 악성 혹은 양성 병변을 구분할 수 있다. 또한 이후의 화학요법치료에도 큰 도움이 된다.

❷ 영상학적 검사 : 흉강 X-ray를 통해 종양이 흉강으로 전이됐는지를 진단하는 데 도움을 받을 수 있다. 흉강에 물이 고여 있다면 흉수를 채취해 세포학적 검사를 실시한다.

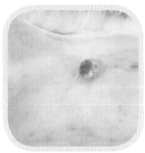

치료

병리조직검사를 통해 종양이 악성 유성종양임을 확인했다면 외과수술로 유선 전체를 적출해야 한다. 하지만 이런 수술 후에도 여전히 전이의 가능성은 남아 있다.

유방 종양

하지만 이런 수술 후에도 화학요법치료와 더불어 정기적으로 흉강 X-ray 촬영을 권한다.

예후

악성 유선종양이 확인되고 사망에 이르는 기간은 약 1년 정도다. 생존 기간에 영향을 미치는 요소로는 종양의 크기(가장 중요함)와 수술 범위, 종양의 조직학적 분류 등이 있다. 암컷 고양이의 종양 직경이 3cm가 넘으면 평균 생존 기간은 4~12개월 정도다. 반면 암컷 고양이의 종양 직경이 2~3cm이면 평균 2년 정도 살 수 있다.

만약 종양 세포가 림프관까지 침범했다면 예후는 매우 좋지 않다. 그러므로 고양이가 6개월 정도 되면 중성화 수술을 통해 유선종양의 발생률을 낮추는 것이 좋다. 또한 나이 든 고양이의 경우 정기적인 유방 촉진을 통해 작은 종양이 발견되면 빨리 동물병원에 데려가 검사를 받도록 한다.

유선염

유선염은 고양이가 출산 후에 걸리기 쉬운 질병으로 오랫동안 젖이 과다하게 분비되거나 고양이 생활환경의 위생 조건이 좋지 않으면 발병하게 된다.

유선염은 대부분 세균 감염 때문에 생기는 질병으로 일부 고양이는 유두 주위가 빨갛게 붓거나 통증을 느낀다. 또한 고양이는 눈에 띄게 체온이 올라가고 음식을 멀리한다. 상태가 심각하면 농양이 생기고 유두에서 고름과 피가 섞인 분비물이 나온다.

증상에 따라 혈액학적, 세포학적 검사를 통해 병을 진단할 수 있다. 더불어 유두 분비물을 채취해 세균 배양과 항생제 알레르기 검사를 진행하여 적합한 항생제 치료를 선택한다. 암컷 고양이가 아직도 새끼 고양이에게 젖을 주고 있다면 인공 포육으로 바꿔 유선에 주는 자극을 줄인다.

난소종양

난소종양은 주로 호르몬 과다 분비로 일어나는 질병이며 발병하는 평균 연령은 7세다. 많은 애묘인이 일찌감치 고양이에게 중성화 수술을 해주기 때문에 요즘은 보기 드문 질병

난소종양

이다.

고에스트로겐혈증hyperfibrinogenemia의 특징을 포함해 지속적 발정과 과도한 흥분, 탈모, 낭포성 혹은 선종성 자궁내막 증식 등의 증상이 나타나며 고양이가 토를 하거나 체중이 줄고 복수腹水와 복부 팽창 등이 생긴다. 또한 종양의 파열과 복강 내 출혈이 일어날 수도 있다. 촉진이나 초음파검사, X-ray 촬영 등을 통해 병을 진단할 수 있으며 외과 수술로 적출하면 된다.

잠복고환 및 고환종양 ━━

수컷 고양이의 고환은 아기 때 복강 안에 있다 2~3개월이 돼야 음낭 안으로 내려온다. 이때가 돼야 외관상으로 수컷 고양이의 생식기관을 제대로 볼 수 있다. 그러나 어떤 고양이들은 고환이 완전히 내려오지 않고 복강 안에 계속 있는 경우가 있는데 이를 복강고환이라 한다. 반면 고환이 서혜부넓적다리 부위의 위쪽 주변의 피하에 있으면 피하고환이라 부른다. 그런데 이렇게 고환이 복강 안이나 피하 밑에 있으면 고환종양이 생길 수 있다. 이런 잠복고환은 일반적으로 순종 고양이에게서 더 많이 나타난다.

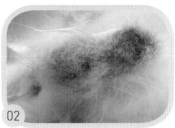

01 / 왼쪽이 부은 고환 종양이고 오른쪽이 정상적인 크기의 고환이다.

02 / 잠복고환

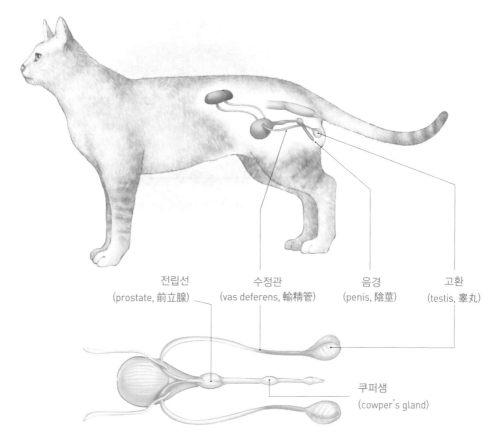

수컷 고양이의 생식기관 구조도

전립선
(prostate, 前立腺)

수정관
(vas deferens, 輸精管)

음경
(penis, 陰莖)

고환
(testis, 睾丸)

쿠퍼샘
(cowper's gland)

수컷 고양이의 생식계통 질병은 암컷 고양이보다 흔치 않다. 그리고 많은 애묘인이 외출을 하지 않는 수컷 고양이에게 꼭 중성화 수술을 해줄 필요가 있는지를 궁금해한다. 중성화 수술을 하지 않는 수컷 고양이는 많은 문제를 일으킨다. 아무 곳에 소변을 보고 심지어 봉제 인형, 솜이불, 보호자의 손과 발에 교배를 하는 듯한 행동을 하기도 한다. 또한 수술을 하지 않은 고양이는 호시탐탐 기회를 노리다 보호자가 부주의한 틈을 타 밖으로 도망친다. 그렇게 나간 뒤에는 질병이나 기생충에 감염되거나 유기견과 싸우고 교통사고를 당하기도 한다. 그러니 부디 하루라도 빨리 고양이에게 중성화 수술을 해줄 것을 권한다.

Ⓚ 피부 질병

피부는 몸의 중요한 기관으로 몸의 표면을 덮어 수분과 영양의 유실을 막을 뿐만 아니라 미생물
이나 다른 외부의 자극성 상처가 침입하지 못하도록 중요한 보호막 역할을 한다. 또한 피부는 땀
샘과 피지샘, 털, 발톱 등의 다양한 부속기관과 연결돼 있다. 따라서 피부 질환은 신체에 많은 영
향을 미친다.

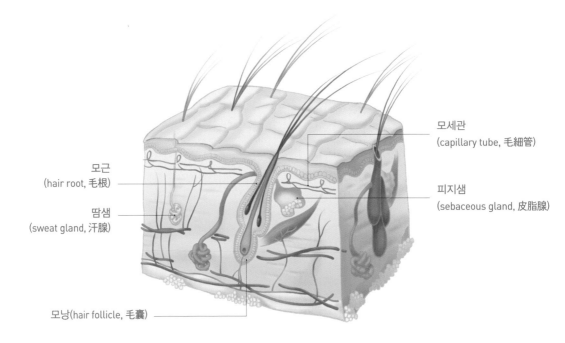

최근 들어 피부병의 발생이 증가하는 추세인데 이는 공기 오염과 자외선의 영향, 환경의 변
화, 영양 불량, 약물 과다 복용 등과 관련이 있다. 사실 피부병을 일으키는 원인은 매우 다
양해 다음에 소개하는 피부 질병은 고양이에게서 흔히 볼 수 있는 것들이다.

고양이에게 자주 발생하는 피부병 종류
❶ 감염 : 기생충, 곰팡이, 세균 등
❷ 알레르기 : 식품성, 접촉성, 흡입성
❸ 내분비성 : 부신피질 기능이상

❹ 영양 불량 : 영양물질 결핍

❺ 면역 기능이상

❻ 심인성心因性의 과도한 털 핥기

고양이 여드름 ▰▰▰

고양이 여드름은 어른 고양이나 나이 든 고양이에
게서 많이 발생하며 어린 고양이에게서는 잘 볼 수
없다. 턱 부위에 검은색 분비물이 쌓여 사람의 블랙
헤드처럼 보인다. 합병증이 함께 올 경우 모낭염이
나 부스럼증●이 생길 수 있으며 턱이 붓기도 한다. 여
드름의 원인은 확실히 밝혀지지 않았지만 고양이가
털을 깨끗이 관리하지 않을 때 생기는 것으로 보인

고양이 여드름. 턱에 작고 검은 좁쌀 같은
분비물이 쌓인다.

다. 물론 모낭충이나 피부 진균증, 말라세지아 효모균Malassezia의 2차성 감염에 의한 것일
수도 있다. 다시 말해 원발성 여드름도 2차성 세균, 곰팡이 혹은 말라세지아 효모균의 감염
일 수 있다는 것이다. 최근 연구에 따르면 고양이가 쓰는 플라스틱 밥그릇도 여드름에 영향
을 미친다고 한다.

● furunculosis, 인접하는 모낭에 다수의 부스럼이 동시에 발생한 상태

진단

❶ 외관 : 고양이의 겉모습은 진단을 내릴 수 있는 가장 명확한 근거가 된다. 고양이의 턱이
지저분하면 2차성 감염이 있을 때 턱이 붓거나 결절tuber, 結節, 열꽃, 부스럼 등이 나타날
수 있다.

❷ 실험실 진단 : 이런 병에 대해서는 함부로 진단을 내려서는 안 되며 우선 털을 채취해 현
미경으로 세균 포자가 있는지 관찰해야 한다. 피부에 삼출액이 나타나면 슬라이드글라
스에 그 부위를 직접 눌러 액을 묻힌 뒤 바람에 건조시킨 후 염색해 현미경검사를 해야
한다.

❸ 세균 배양 : 2차성 감염이 의심되면 세균과 곰팡이 배양 검사를 반드시 해야 한다.

❹ 절편 검사 : 초기 치료가 뚜렷한 성과가 없을 경우 피부 생체 검사를 고려하는 것이 좋다.

치료

대부분의 여드름은 따로 치료가 필요하지 않는다. 다만 2차성 감염이 염려되거나 고양이 보호자가 미관상 보기 좋지 않다고 생각한다면 증상에 따라 치료를 하는데 완전히 없애기는 어렵다.

❶ 처음 치료할 때 부분적으로 털을 밀면 환부에 항생제 연고 같은 약물을 바르기 편하다. 항생제 연고는 하루에 1~2회 정도 사용하는데 바르기 전에 솜을 따뜻한 물에 적셔 고양이 턱에 30~60초 정도 덮어준다. 이렇게 하면 모공이 열려 약물이 좀더 쉽게 스며들 수 있다.

❷ 고양이의 턱을 직접 관찰하며 매주 1~2회씩 깨끗이 씻어준다. 씻기 전에 미리 따뜻한 물로 몇 분 정도 닦아주면 모공이 확장되는데, 이때 약용 세안제로 치료할 부위를 부드럽게 마사지하듯 씻어준다. 약용 세안제 때문에 피부 자극이 생길 경우 다른 제품으로 교체한다.

❸ 부분적 치료의 효과가 좋지 않거나 시행하기 어렵다면 다른 내복약 치료를 고려할 수도 있다. 하지만 이런 약물에 부작용이 있을 수도 있으므로 주의해야 한다.

꼬리샘 과증식 ▬▬

고양이 꼬리의 뿌리항문 근처 등 쪽에는 커다란 피지샘이 있어 기름을 분비해 냄새를 풍긴다. 꼬리샘 과증식stud tail, 구상미증 혹은 꼬리샘증후군은 바로 이 피지샘이 분비하는 과다한 기름이 꼬리 뿌리와 엉덩이 등 쪽에 다량으로 쌓여 이 부위의 털들이 서로 엉키게 되는 질병이다. 대부분의 고양이는 꼬리샘 과증식을 크게 불편해하지 않는다. 하지만 세균, 곰팡이 혹은 간균Bacillus 등의 2차성 감염에 걸리면 가려움을 느끼게 되고 다른 병소도 생길 수 있다. 이 질병은 중성화 수술을 하지 않은 수컷 고양이에게서 많이 발생하지만 성별이나 중성화 수술 여부와 상관없이 발병하기도 한다. 또한 히말라얀이나 페르시안, 샴, 렉스 같은 품종에서 자주 나타난다. 하반신 등 쪽에 피지샘 과다 분비와 함께 2차성 감염이 있으면 모낭염이나 블랙헤드, 부스럼이 생길 수 있다.

증상

항문 근처의 꼬리 등 쪽이 붓고 탈모가 일어난다. 고양이가 염증으로 인한 통증과 가려움 때문에 계속 꼬리를 핥거나 물어 그 부위가 커진다.

진단
털을 채취해 현미경검사를 하거나 세균 배양, 가려움 유발 물질의 뉴메틸렌블루 N New Methylene Blue N 염색을 통해 2차성 감염 여부를 확인할 수 있다.

치료
❶ 털 밀기 : 털을 민 부분을 세정제로 씻으면 더 효과적이다.

❷ 약용 세정제 : 피지샘 과다 분비 전용 세정제로 매주 2~3회 환부를 깨끗이 씻고 가볍게 마사지를 해준다.

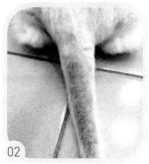

❸ 중성화 수술 : 어떤 수컷 고양이들은 중성화 수술을 하면 증상이 개선되기도 하지만 수술을 받는다고 100% 효과가 있다고 말하기는 어렵다.

❹ 2차성 감염 : 2차성 감염에 대비한 약물을 투여한다.

01 / 수컷 고양이의 항문에 가까운 꼬리 부분의 털이 끈끈하게 젖어 있다.
02 / 꼬리에 털을 민 다음 외용약을 사용하면 효과가 더 좋다.

곰팡이성 피부병

고양이의 곰팡이성 피부병 가운데 가장 흔히 볼 수 있는 것이 개작은포자균 Microsporum canis 감염이다. 일반적으로 이미 감염된 동물이나 환경과 직접 접촉하는 과정에서 감염된다. 건강한 피부는 각질층의 보호하에 곰팡이의 감염이 어렵지만 면역력이 떨어지거나 습기 때문에 각질층이 약해지면 곰팡이에 쉽게 감염될 수 있다.

증상
곰팡이에 감염된 부위에서는 원형 탈모가 나타난다. 털이 빠진 부위에 다량의 각질이 생기기도 하지만 대부분 뚜렷한 가려움증은 나타나지 않는다.

진단

우드등Wood's lamp 검사나 곰팡이균 배양, 현미경검사를 통해 진단할 수 있다.

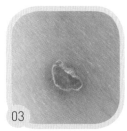

01 / 곰팡이에 감염된 사진
02 / 왼쪽(노란색) 배양기에는 곰팡이균이 자라지 않고, 오른쪽(붉은색) 배양기에는 곰팡이균이 자랐다.
03 / 사람의 곰팡이균 감염은 피부 홍반과 가려움증을 유발한다.

치료

일반적으로 항진균 내복약 치료를 1개월 정도 하는데 약욕藥浴을 병행하면 더 나은 효과를 볼 수 있다. 약욕을 할 때는 고양이의 몸에 거품을 5~10분 정도 올려놓아 약물이 몸에 잘 배어들게 하여 몸의 각질을 부드럽게 만든다. 물로 씻어낼 때 각질과 빠진 털을 깨끗이 정리할 수 있다. 고양이의 몸을 닦는 수건은 중복 감염을 피하기 위해 버려도 되는 것을 사용한다. 키친타올을 사용해도 된다. 내복약을 끊은 뒤에도 약욕을 2~4주 정도 더 유지해 완전히 치료하도록 한다. 치료 과정이 끝나면 곰팡이균 배양을 통해 곰팡이 포자가 없음을 확인하고 약물 치료를 멈춘다.

예방

평소 예방을 위해 진공청소기로 주변 환경의 곰팡이균 포자를 제거하고, 표백제와 물을 1 대 10 혹은 1대 30 비율로 희석한 용액으로 고양이가 사용하는 제품과 수건을 소독한다. 또한 이미 감염된 고양이는 격리해 다른 건강한 고양이들이 감염되지 않게 한다. 사람이 고양이를 자주 안거나 만질 경우 곰팡이균이 옮을 수 있으며 특히 여자와 아이들이 감염에 취약하다. 일단 감염되고 나면 피부가 붉게 붓거나 간지럽다. 고양이와 직접 접촉하는 팔뚝이나 목에 잘 감염된다. 만약 머리까지 옮으면 원형 탈모가 생길 수도 있다.

옴

고양이의 옴 질병은 옴진드기Notoedres Cati의 감염
으로 생기는 피부병이다. 옴은 피부 조직 안에 숨
어 있다 직접적인 접촉을 통해 고양이에게 피부병
을 옮긴다.

증상
옴에 감염된 고양이는 극도의 간지러움에 시달리
며 심할 경우 피부에서 피가 나기도 한다. 감염된
피부는 두껍게 변하며 탈모가 일어나고 각질도 생
긴다. 피부의 병변은 보통은 귀 근처에서 먼저 나
타나 머리와 얼굴, 발까지 번진다.

진단
진단할 때 피부 가려운 곳의 털을 밀고 표본을
채취해 현미경으로 관찰하면 옴 진드기를 볼 수
있다.

01 / 고양이가 옴에 옮아 극도의 가려움증에
시달리면 털이 빠지는 현상이 나타난다.
02 / 털의 표본을 현미경 아래 놓고 보면 옴
진드기를 발견할 수 있다.

치료
확진을 받은 뒤 외용 세정제로 4~8주 정도 치료하며 바르는 구충제를 함께 사용하면 치료
효과를 높일 수 있다. 동시에 주사 접종을 할 수 있지만 고양이에게 부작용이 큰 편이다.

예방
고양이가 이미 감염된 고양이와 직접 접촉하는 것을 막고 정기적으로 구충 점적액을 발라
줘 옴 진드기의 전염을 예방한다.

알레르기성 피부염

알레르기는 알레르기를 일으키는 물질이 과다해졌을 때 면역체계가 보이는 비정상적인 반응이다. 하지만 이런 물질은 보통 체내에서 발견되지 않으며 매우 적은 수의 고양이만이 선천성 알레르기를 보유하고 있다. 반면 알레르기를 일으킬 수 있는 물질을 몇 주에서 몇 개월 혹은 몇 년 동안 접하다 보면 알레르기가 형성된다. 그래서 채 1세가 되지 않은 고양이는 알레르기에 걸리는 일이 거의 없다.

고양이가 알레르기에 걸릴 수 있는 경로는 세 가지로 나눌 수 있는데 바로 음식과 벼룩, 흡입이다. 접촉성 알레르기는 고양이에게서는 거의 볼 수 없다. 고양이의 식품성 알레르기 피부염은 식품이나 식품 첨가물 때문에 일어난 알레르기 반응으로 알레르기성 식품을 반복적으로 고양이에게 먹이면 증상이 악화될 수 있다. 알레르기성 피부염은 어떤 연령에서든 발생할 수 있다. 고양이의 알레르기성 피부염 가운데 가장 큰 비중을 차지하는 원인은 벼룩이고, 두 번째는 음식이다. 사람과 달리 고양이의 알레르기성 피부염의 주된 증상은 긁는 것이다. 실제로 재채기나 천식 같은 호흡기 증상은 고양이에게 잘 나타나지 않는다.

증상

고양이의 음식에 대한 알레르기성 피부염은 계절과 상관없이 가려움을 느끼며 스테로이드 치료가 효과적이지 않다. 가려운 부위는 머리와 목덜미 정도로 제한적이지만 간혹 전신에서 나타나기도 한다. 또한 피부에 탈모와 홍반, 좁쌀 모양의 피부염, 딱지, 각질 등이 생기기도 하며 외이염에 걸리기도 한다.

어떤 음식에 알레르기가 있는 경우 한 번만 먹어도 얼굴과 목덜미에 눈에 띄는 가려움 증상이 나타난다. 같은 음식을 반복적으로 먹을 경우 알레르기 반응이 전신으로 퍼져 탈모와 각질이 생기는 부위가 늘어나며 심하면 상처가 생기기도 한다.

01 / 알레르기성 피부염은 심각한 안면 염증을 일으킬 수 있다.

02 / 알레르기성 피부염에 걸리면 귀 뒤를 긁게 된다.

진단

현미경검사로 곰팡이균이나 옴 같은 기생충, 벼룩 때문에 생긴 피부병을 배제할 수 있으며 알레르기 항원 검사도 함께 진행한다.

치료
❶ 항생제 치료 : 2차성 세균 감염으로 생길 수 있는 농피증pyoderma, 피부 세균 감염으로 인한 화
농성 염증이 발생한 질환과 외이염을 방지하기 위해 항생제를 사용한다.
❷ 항알레르기제 : 가려움을 멈추는 항알레르기제를 투약하고 지방산(피부 영양제)을 보
충해준다.
❸ 식이요법 : 가수분해 단백질 음식 같은 저알레르기 사료나 육류 혹은 무곡물 사료 같은
처방 사료를 먹여 알레르기 항원의 접촉을 줄인다.

호산구성 육아종 복합증

호산구성 육아종 복합증eosinophilic granuloma complex, EGC이라는 다소 복잡한 이름은 수의
사가 듣기에도 언뜻 이해가 되지 않는다. 하지만 단어를 하나씩 풀어보면 비교적 쉽게 그
의미를 알 수 있다. 호산구는 백혈구의 한 종류로 혈액에서 매우 적은 분량을 차지하고 있
지만 그 수가 증가할 경우 알레르기나 면역 반응, 기생충 감염에 노출되기 쉽다. 또한 육
아종肉芽腫은 신체의 손상된 부위가 회복되는 과정에서 나타나는 조직肉芽組織, 육아조직으
로 구성된 종양으로 육아조직 안에 다량의 호산구가 있을 때 이를 호산구성 육아종이라
부른다. 이런 육아종은 매우 다양한 형태로 나타나는데 이를 아울러 호산구성 육아종
복합증이라 한다. 고양이의 호산구성 육아종 복합증은 크게 다음과 같은 세 가지 형태로
나타난다.

❶ 호산구성반好酸球性斑 : 이 질병은 일종의 알레르기 반응으로 벼룩이나 모기 같은 곤충
에 물렸을 때 나타난다. 하지만 다른 알레르기 즉 음식에 대한 알레르기나 환경 속 알레
르기 항원 혹은 아토피 피부염보다 흔하지 않다. 병소의 경계선이 분명하며, 탈모 부위
가 부풀어 오르거나 궤양이 생긴다. 주로 배와 배의 측면, 허벅지 안쪽에 나타나며 매우
가려워 고양이가 계속 핥아댄다.
❷ 무통성 궤양 ; 병소의 경계선이 분명하며 보통 윗입술에 증상이 나타나는데 한쪽에만
발생하기도 하고 양쪽에 모두 발생하기도 한다. 병소는 축축한 궤양 형태로 겉모습은

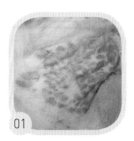

01 / 호산구성 육아종

02 / 턱이 부어올랐다.

03 / 무통성 궤양은 윗입술에
발생하는 궤양이다.

꼭 화산 분출구처럼 보인다. 벼룩이나 음식에 대한 알레르기와 관련이 있는 것으로 여겨지며 매우 적은 사례에서 편평상피암squamous cell carcinoma으로 발전하기도 한다.

❸ 선상 육아종線狀肉芽腫 : 전형적인 병소는 허벅지 뒤쪽에 나타나며 경계선이 분명하고 탈모가 일어나며 가는 줄 모양의 조직이 부풀어 오른다. 간혹 고양이 발 패드나 인두, 혀에도 나타나며 아랫입술 혹은 턱이 부어 뒤집히기도 한다. 주변 부위에 합병증으로 림프절염이 생기기도 하지만 육아종 상태에 따라 가려운 정도는 다르다.

진단

❶ 세포 도말검사 : 병소에 궤양이나 삼출물이 나타날 경우 슬라이드글라스에 도말해 직접 눌러 한 방향으로 밀면 조직 표본을 얻을 수 있다. 그런 다음 이 표본을 염색해 현미경으로 관찰하면 호산구성의 염증 세포를 볼 수 있다.

❷ 조직 샘플 추출 : 어떤 종양이든 의심이 되면 먼저 조직 샘플을 추출해 병리학 전문 수의사에게 보내 절편 검사를 통해 확진을 받는다.

❸ 혈액검사 : 혈액검사로 혈액 속 호산구가 증가했는지 알아볼 수도 있지만 결과가 절대적이지는 않으며, 특히 무통성 궤양의 경우 더욱 그렇다.

치료

❶ 알레르기 항원 제거 : 상세한 문진과 분석을 통해 벼룩이나 모기, 음식과 같은 알레르기 항원을 발견할 수 있다. 이런 알레르기 항원을 제거하면 완치될 수도 있으며 치료에 큰 도움이 되기도 한다.

❷ 스테로이드 : 호산구성 육아종 복합증을 치료할 때 가장 많이 쓰이는 약물이 바로 스테로이드로, 많이 사용해도 부작용이 적다.

❸ 면역 조절제 : 병의 억제가 힘든 케이스에 이미 많이 사용되고 있지만 부작용이 있을 수 있다. 반드시 효과가 있다고 할 수는 없지만 인터페론의 경우 특정 사례에 대해 확실한 억제 효과가 있다.

❹ 지방산 첨가 : 성공적으로 병을 없애거나 몇몇 증상을 완화할 수 있다.

증상이 생길 때마다 치료를 반복적으로 지속해야 한다. 잠복하고 있는 알레르기 항원을 제거할 경우 더 좋은 결과를 기대할 수 있다.

ⓛ 체내외 기생충

기생충 감염은 집에 새로 온 어린 고양이에게서 흔히 볼 수 있는 질병으로 유기묘일 경우에 더욱 그렇다. 그렇기 때문에 새 고양이를 격리하거나 구충(驅蟲)을 하지 않으면 집에 있는 다른 고양이들도 기생충에 감염될 수 있다. 기생충은 크게 체내 기생충(회충, 콕시듐, 촌충, 이형편모충, 심장사상충 등)과 체외 기생충(벼룩, 옴 진드기 등)으로 나눈다. 고양이를 자유롭게 풀어놓고 키울 경우 종종 외부나 유기묘와 접촉해 기생충에 감염된다. 문제는 이런 기생충들이 고양이와 사람 모두 전염될 수 있는 인수공통전염병이라는 것이다. 그러므로 정기적으로 고양이에게 구충을 하면 고양이뿐만 아니라 사람도 감염되는 것을 막을 수 있다.

회충 ▬

고양이의 체내 기생충 가운데 가장 흔히 볼 수 있는 것이 회충roundworm, 蛔蟲이다. 소화기에 기생하고 있으며 3~12cm 정도 길이의 선형 기생충이다.

감염 경로
대부분 충란을 먹어 감염되는데 이를테면 고양이가 오염된 분변에 접촉했다든지 이미 감염된 어미가 젖을 통해 새끼 고양이에게 전염시키기도 한다.

증상
❶ 어린 고양이가 구토를 하거나 설사를 하면 간혹 토사물이나 분변에서 발견되기도 한다.
❷ 감염된 어린 고양이는 복부가 팽창하고 체중이 감소하며 발육 상태가 나빠진다.
❸ 어른 고양이는 감염이 돼도 특별한 증상이 없지만 어떤 고양이는 직접 회충을 끄집어내거나 토해내기도 한다.

치료
확진 후 내복 구충약을 2주 간격으로 한 번씩 먹인다. 두 번째 구충은 알에서 부화된 성충을 죽이기 위한 것이다.

예방

평소 내복 구충약을 먹어 기생충을 예방하고 체외 기생충 점적제를 한 달에 한 번씩 바른다. 새로 어린 고양이를 집에 데려오면 구충 외에도 반드시 한 달 정도는 격리해야 한다.

회충에 감염된 인간의 증상

사람도 회충에 감염될 수 있는데 특히 면역력이 약한 사람이나 어린이가 걸리기 쉽다. 회충 알은 장에서 부화해 유충이 되면 간과 눈, 신경 등 신체기관으로 이동해 내장 속에서 식욕부진과 복통 증상을 일으킨다. 유충이 신경으로 이동할 경우 운동장애와 뇌염을 유발할 수 있으며 눈으로 움직일 경우 시력 장애를 일으킬 수 있다.

촌충

과실촌충Dipylidium caninum, 개조충도 흔히 말하는 촌충tapeworm, 寸蟲이며 일반적으로 50cm에 이르는 체내 기생충이다. 주로 고양이의 소장에 기생한다.

감염 경로

촌충은 회충처럼 충란으로 감염되지 않고, 보통 벼룩이 촌충의 충란을 먹은 뒤 벼룩 체내에 기생하다가 고양이가 털을 핥는 과정에서 벼룩을 먹게 될 경우 감염된다. 또한 오염된 분변에 접촉돼 촌충에 감염되기도 한다. 벼룩이 사람의 입속으로 들어가도 촌충에 감염될 수 있다.

01 / 설사한 변에서 하얀 면 같은 회충이 움직이는 모습을 볼 수 있다.

02 / 구토한 음식물 중에 회충이 엉켜 있다.   03 / 분변을 현미경으로 관찰하면 회충 알을 발견할 수 있다.

01／어린 고양이에게 구충약을
먹인다.

02／촌충

03／체외로 배출된 촌충이
마르면 참깨 크기가 된다.

증상

어른 고양이에게서는 특별한 증상이 나타나지 않지만 가려움 때문에 엉덩이를 바닥에 문
지르는 고양이도 있다. 어린 고양이의 경우 설사를 하고 심각하면 탈수 증상이 나타나기도
하지만 흔하지는 않다. 고양이의 분변이나 항문 주위에서 쌀알 크기의 하얀 충체가 꾸무럭
거리며 움직이는 모습을 볼 수 있다. 하지만 완전히 건조된 촌충은 참깨 크기의 과립이 되
어 고양이 주변에서 발견된다.

치료

고양이에게 내복 구충약을 2주 간격으로 한 번씩 총 2회 먹이면 된다. 바르는 체외 구충제
도 함께 사용할 수 있다.

예방

평소 내복 구충약을 먹이고 바르는 체외 구충제를 1개월에 한 번씩 사용한다. 벼룩의 감염
을 막으면 촌충을 먹을 가능성도 낮아진다. 새 고양이가 있으면 구충을 하는 것 외에도 반
드시 한 달 정도 격리를 해야 한다.

촌충에 감염된 인간의 증상

사람도 촌충에 감염되었을 때 대부분 특별한 증상이 없지만 어린아이의 경우 복통이나 설
사 증상이 나타날 수 있다.

콕시듐   ▨

콕시듐coccidium은 단세포 안에 사는 기생충으로 보통 소장에서 발견된다. 저항력이 떨어진 고양이가 감염되면 심각한 설사 증상을 보이며, 제대로 치료하지 않으면 죽음에 이르기도 한다. 또한 콕시듐은 체외 환경에서도 몇 개월 동안 살기도 한다.

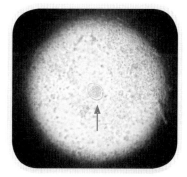

콕시듐 충란

감염 경로

고양이가 콕시듐에 오염된 음식이나 물(직접 감염)을 먹을 경우 감염된다. 혹은 고양이가 콕시듐의 숙주宿主, 생물이 기생하는 대상으로 삼는 생물가 되는 설치류 동물 등을 먹어도 감염될 수 있다(간접 감염). 고양이가 먹고 나면 소장에서 자라고 번식하다 분변으로 배출되며 다른 고양이에게 2차성 감염을 일으킨다. 1개월 정도의 새끼 고양이가 비좁고 지저분한 환경에서 생활하면 면역력이 떨어져 쉽게 콕시듐에 감염될 수 있다.

증상

감염된 어린 고양이에게는 설사와 점액성 혈변 증상이 나타난다. 또한 과도한 설사로 체중이 줄고 발육 상태가 나빠지며 탈수가 일어나 결국 죽음에 이르기도 한다. 하지만 어른 고양이는 콕시듐에 감염돼도 특별한 증상이 나타나지 않는다.

진단

현미경검사를 통해 콕시듐의 난낭卵囊, 곤충류에서 알을 보호하는 피막을 발견할 수 있다.

치료

증상이 경미한 어린 고양이는 2주 정도 내복약을 먹으면서 치료한다. 하지만 탈수나 전해질 불균형, 빈혈이 있다면 점적 혹은 수액 치료가 필요하며 추가적인 영양 보충도 해줘야 한다.

예방

평소 고양이가 배설한 분변을 특별히 신경 써서 처리해야 한다. 또한 주위 환경의 위생과 해충 방지에도 주의하며 고양이끼리 과도하게 부대끼거나 긴장하지 않도록 한다. 또한 암컷 고양이가 임신하기 전 콕시듐에 감염됐다면 서둘러 치료해야 한다.

트리코모나스 ▬▬

트리코모나스Trichomonas는 고양이의 장에 기생하며 낭에 싸여 있다가 장을 통과해 분변으로 배출된다.

감염 경로

고양이가 감염된 분변에 접촉하거나 트리코모나스에 감염된 물이나 음식을 먹을 경우 감염될 수 있다. 또한 면역력이 약하거나 고양이를 키우는 환경이 비좁을 때 발생률이 높다.

증상

설사와 체중 감소 등의 증상이 나타나며 심각하면 식욕부진이나 탈수에 시달리고 정신이 혼미해지기도 한다.

진단

트리코모나스를 검사하는 시약이 있으며 정확도도 높다. 신선한 분변만 직접 채취하면 바로 검사를 할 수 있다. 현미경검사를 통해서도 낭포를 볼 수 있다.

치료

확진 뒤 내복 구충약을 1~2주 정도 복용하면 된다.

예방

트리코모나스는 인수공통전염병인데다 그 낭포가 해당 환경에서 오랫동안 살아 있기 때문에 반복적으로 감염되기 쉽다. 그러므로 가정환경에 각별히 주의를 기울여야 한다. 평소 고양이가 바깥 활동을 많이 하는 편이라면 감염원을 통제하기 어렵다.

방울벌레 ▰▰▰

대장에 기생하는 단세포 원충으로 설사나 점액변을 유발한다.

감염 경로
습한 환경에서 1주일 동안 살아 있으며 대부분 분뇨에 의해 감염된다. 파리와 같은 곤충을 통해 전파될 수도 있다.

증상
퀴퀴한 냄새가 나는 설사를 일으키고, 종종 복부 메스꺼움을 유발한다. 혈액이 섞인 점액을 배출하기도 한다.

진단
대변검사를 통해 감염 여부를 확인할 수 있다.

치료
2주간 약물로 치료한다.

벼룩 감염 ▰▰▰

벼룩에 감염되면 몸이 가렵고 탈수 증상이 나타나며 심할 경우 알레르기성 피부염이 생긴다. 특히 피부염은 벼룩이 피를 빨 때 타액을 분비해 피가 응고되지 못하게 하는데 이 타액이 고양이의 피부에 알레르기 반응을 일으키는 것이다. 이럴 경우 피부에 작은 열꽃이 나타나며 목덜미와 등에 탈모 현상이 생긴다. 또한 어린 고양이는 벼룩에 감염될 경우 빈혈에 걸리기 쉽다.

진단
벼룩용 빗으로 빗기면 벼룩의 배설물이나 벼룩을 발견할 수 있다. 고양이 몸에 벼룩이 지나치게 많으면 목덜미의 털만 손으로 가르기만 해도 직접 찾아낼 수 있다.

치료

바르는 체외 기생충약을 사용하면 고양이 몸에 있는 벼룩을 죽일 수 있다. 하지만 벼룩 때문에 생긴 알레르기성 피부염은 반드시 내복 항생제와 항알레르기제를 복용해 가려움과 염증을 완화해야 한다.

예방

평소 1개월에 한 번씩 체외 기생충 구충제를 발라 벼룩의 전염을 예방한다. 또한 정기적으로 집을 청소하고 소독해 벼룩이 알을 낳지 못하도록 한다.

벼룩에 물린 인간의 증상

벼룩은 사람의 무릎 아래쪽을 주로 물며, 그 부위에 열꽃이 나타나고 가려우며 수포가 생기거나 붓기도 한다.

벼룩 파일

- 벼룩은 검은색의 가늘고 긴 벌레로 고양이의 표피와 털 사이를 기어 다니며 달리는 속도도 빠르다(하지만 평소에는 뛰어 다닌다).
- 벼룩은 고양이에 기생하면서 하루에 4~20개의 알을 낳을 수 있다. 때때로 몸에 작고 검은 입자가 보이는데 이것은 벼룩의 배설물이거나 죽은 알이다.
- 벼룩 생존에 가장 적합한 온도는 18~27℃이고 습도는 75~85%이다.
- 벼룩은 과실촌충의 중간 숙주다.
- 충란은 1~10일 사이에 부화하고, 유충은 9~10일 안에 3회의 탈피를 거쳐 5~10일 안에 성충이 된다.
- 성충은 3~4주 정도 살 수 있다.

벼룩은 검은색의 가늘고
긴 벌레로 고양이의 털 사이를
기어 다닌다.

01 / 알레르기성 피부염으로 생긴 하반신 탈모
02 / 벼룩용 빗으로 빗질하면 벼룩과 다른 배설물을 찾을 수 있다.
03 / 고양이 털을 가르면 많은 검은색 벼룩 배설물을 발견할 수 있다.

바르는 체외 구충제의 사용

고양이의 체중을 고려해 적합한 구충제를 선택한다.

점적액을 사용할 부위, 이를테면 고양이가 핥을 수 없는 목덜미나 머리 쪽을 고른다.

털을 갈라 점적액을 피부에 바른다.

털이 마르기를 기다린다.

Ⓜ 전염성 질병

고양이 사이에 전염되는 질병은 강한 전염성이 있어 발병하면 심각한 증상을 보이거나 죽음에
이르기도 한다. 이런 전염병들은 고양이가 감염원과 접촉했거나 예방접종을 맞지 않아 발생한
병이다. 따라서 정기적으로 예방접종을 하고 새로 데려온 고양이는 실내에서 키우되 완전히 격
리해 외부의 고양이와 싸우지 않도록 해야 한다. 그래야 전염병에 감염될 가능성을 효과적으로
낮출 수 있다.

고양이 바이러스성 비기관염(헤르페스바이러스)   ▬▬

고양이 바이러스성 비기관염rhinotracheitis은 전염성 결막염과 상부 호흡기 염증을 일으키는
질병으로 어린 고양이가 감염되면 증상이 악화되기 십상이다. 또한 결막염을 유발할 수 있
으며 심각한 경우 시력을 잃기도 한다.

감염 경로

대다수 고양이가 헤르페스바이러스 감
염에서 치유되고 난 뒤에도 평생 바이러
스를 보유하고 있다. 신경 조직에 숨어 있
던 바이러스는 고양이의 몸 상태가 나쁘
고 면역력이 떨어질 때 나타나 질병의 재
발을 유도한다. 질병이 악화되면 폐렴이
나 화농성 늑막염으로 발전하고 심할 경
우 사망하기도 한다. 모든 연령의 고양이

헤르페스바이러스에 감염된 고양이에게는
심각한 결막염과 코 고름이 나타난다.

가 헤르페스바이러스에 감염될 수 있지만 어린 고양이가 가장 취약하다. 그러므로 일찌감
치 백신을 접종해 면역력을 강화하는 것이 중요하다.

주요 감염 경로는 이미 감염된 고양이의 입과 코, 눈에서 나오는 분비물이며 비말 때문에
감염에 노출되기도 한다. 또한 키우는 고양이의 수가 지나치게 많거나 환경에 변화가 있을
때, 암컷 고양이가 분만으로 긴장할 때, 면역 억제제를 사용하는 경우에도 면역력이 떨어져
바이러스에 감염되기 쉽다.

증상

감염된 고양이는 열이 나고 정신이 흐려지며 식욕이 저하된다. 또한 코 주위에 뚜렷한 코 분비물이 생겨 맑은 콧물이 차차 고름으로 바뀌며 심한 경우 코에 궤양이 발생하기도 한다. 뿐만 아니라 결막염도 자주 나타나는 증상으로 고양이가 밝은 빛을 보지 못하고 눈에 분비물이 생기며, 심한 경우 각막궤양이 생기기도 한다. 2차성 세균 감염이 일어나면 심각한 기관지 폐렴이 발생할 수 있다. 이 질병은 어린 고양이의 사망률이 매우 높다.

진단

❶ 임상 증상 및 병력 : 어린 고양이 특히 예방접종을 하지 않은 고양이가 48시간 동안 지속적으로 재채기를 한다면 매우 주의해야 한다.

❷ 바이러스 분리 : 구강이나 인후 혹은 결막의 분비물로 바이러스를 분리한다.

❸ 중합효소 연쇄반응polymerase chain reaction, PCR 검사●

● 유전물질을 조작하여 실험하는 거의 모든 과정에 사용하고 있는 검사법으로, 중합효소 연쇄반응에 의해 검출을 원하는 표적 유전물질을 증폭하는 방법이다. 다양한 유전질환은 물론 세균이나 바이러스, 진균의 DNA에 적용해 감염성 질환의 진단에 사용할 수 있다.

치료

❶ 항생제 치료 : 더 심각한 호흡기 증상을 일으킬 수 있는 2차성 세균 감염을 예방해야 한다.

❷ 탈수 보충 : 증상이 심각한 고양이는 비강의 염증 때문에 냄새를 잘 맡지 못하고, 구강 궤양으로 잘 먹지도 못하게 된다. 이럴 때는 정맥 내 점적 치료로 탈수 증상에서 벗어나게 해야 한다. 경구용 약물을 사용할 수 없다면 정맥 내 점적으로 수액을 맞게 한다.

❸ 영양 보충 : 상태가 심각한 고양이는 잘 먹거나 마시지 못한다. 그러나 이런 때일수록 적당한 영양 보충이 필요하기에 억지로라도 먹여야 한다. 하지만 상부 호흡기 감염으로 생긴 호흡곤란 때문에 무리하게 음식을 먹일 경우 때로는 고양이가 쉽게 긴장한다. 고양이가 음식을 거부하는 과정에서 자칫 흡인성 폐렴에 걸릴 수도 있다. 이럴 때는 비위관이나 식도위관을 사용하면 짧은 시간 안에 충분한 영양을 공급할 수 있다.

❹ 눈과 코 청소 및 점안액 : 바이러스 감염으로 눈과 코에 고름 같은 분비물이 생기면 매일 이 부위를 깨끗이 닦아주고 점안액을 사용해 더 심각한 각막궤양 같은 안구질환을 예방해야 한다.

❺ 인터페론과 라이신●

❻ 분무 치료 : 상부 호흡기의 수분을 보충할 수 있으며 코 분비물을 줄여 고양이를 편하
   게 해준다.
● Lysine, 염기성 아미노산의 일종으로 필수아미노산이지만 체내에서 합성되지 않는다.

예방

❶ 모체 이행항체Maternal antibody는 고양이가 태어난 지 7~9주가 되면 면역력이 저하되기 시
   작하므로 바이러스에 감염되기 전에 미리 예방접종을 하는 것이 좋다. 성묘가 된 뒤에
   도 정기적으로 예방접종을 통해 양호한 저항력을 유지해야 한다.
❷ 감염된 고양이를 격리한다.
❸ 주변 환경을 철저히 소독한다. 차아염소산나트륨NaClO, 표백액을 1 대 32 비율로 희석해
   소독액을 만들어 집 안의 기구 등을 소독한다. 다만 차아염소산나트륨의 소독 효과는
   희석한 뒤 24시간밖에 지속되지 않는다.

고양이 칼리시바이러스

칼리시바이러스는 구강궤양을 일으키는 상부 호흡기 질병으로 전염성이 있다. 여러 마리의
고양이를 키우는 환경에서 바이러스가 존재하고 있다가 모체 이행항체가 약해지는 5~7주
령의 고양이가 백신을 맞지 않은 경우 쉽게 감염된다.

감염 경로
이미 바이러스에 감염된 고양이나 분비물 혹은 비말과 접촉했을 때 감염이 일어난다. 바이
러스는 결막, 혀, 구강, 호흡기 점막에서 증식해 염증을 일으킨다.

증상
감염 초기에는 열이 나거나 정신이 혼미해지고 식욕이 떨어지며 재채기를 하고 코가 막히
며 콧물과 눈물이 흐른다. 또한 혀와 구강에 수포와 궤양이 생기기도 하는데 그 통증 때문
에 고양이가 종종 침을 흘린다. 호흡기 증상이 계속될 경우 폐렴으로 발전할 수도 있다.
하지만 최근 발견된 변종 칼리시바이러스에 감염되면 고양이에게 열이 나고 얼굴과 발에
부종이 생기며 궤양과 탈모, 황달, 비강과 분변의 출혈, 호흡기 증상이 나타난다. 이는 어른

고양이에게 미치는 영향이 매우 커 사망률이 60%가 넘는다. 현재 고양이의 만성 구내염도 고양이 칼리시바이러스의 만성 감염에 의한 것으로 보고 있다.

심각한 칼리시바이러스에 감염되면 반드시 수액 치료로
탈수 상황을 개선해줘야 한다.

진단

이 바이러스의 감염에 대한 진단은 임상 증상과 병력 분석에 따라야 하며 바이러스를 분리하고 중합효소 연쇄반응 검사를 실시해야 한다.

치료

칼리시바이러스의 치료 방법은 헤르페스바이러스와 동일하며 정맥 내 점적 수액 치료로 영양을 보충해줘야 한다. 또한 입과 코의 분비물을 청소해주는 것도 매우 중요하다. 뿐만 아니라 구강궤양과 발열, 코 막힘으로 고양이가 식사를 하지 못할 수 있으므로 소염 진통제로 증상을 완화시켜야 한다.

예방

예방법도 헤르페스바이러스와 똑같다. 칼리시바이러스는 일반 환경에서 1개월 정도 존재할 수 있는데 보통의 소독약으로는 이 바이러스를 없애기 어렵다. 염소계 소독제HOCL가 효과가 있으므로 5% 표백제를 1 대 32 비율로 희석해 주변을 소독한다.

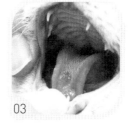

01 / 매일 감염된 눈을 깨끗이 닦아준다.

02 / 문루 시뇨   03 / 칼리시바이러스는 어린 고양이에게 구강궤양을 일으킨다.

고양이 클라미디아 ▰▰▰

클라미디아는 일종의 세균으로 고양이의 눈을 통해 감염되지만 헤르페스바이러스나 칼리시바이러스와 함께 감염돼 고양이의 상부 호흡기 감염을 일으키기도 한다.

감염경로
5주에서 9개월이 사이의 고양이가 클라미디아에 감염되기 쉬우며 여러 마리의 고양이를 키우는 환경에서 종종 발생한다. 클라미디아는 체외에서 생존할 수 없기 때문에 고양이들끼리 가깝게 접촉할 때 전염된다. 그중 눈의 분비물은 가장 중요한 감염원이다.

증상
이 바이러스에 감염되면 결막염이 발생하는데 보통 한쪽 눈에서 시작해 5~7일 뒤에는 양쪽 눈에 증상이 나타난다. 눈이 감염되면 자주 깜박거리게 되고 눈물을 많이 흘리다가 점액이나 농양 같은 분비물이 생긴다.

감염이 되더라도 고양이의 식욕이나 정신은 양호한 편이지만 간혹 열이 나거나 식욕이 떨어지고 체중이 줄기도 한다. 만성 감염된 고양이의 눈에서는 결막 충혈이 나타나며 점액성 분비물이 생기고 2개월 이상 증상이 지속된다.

진단
클라미디아의 진단은 눈의 분비물을 채취해 중합효소 연쇄반응 검사와 세균 분리를 실시해야 한다. 혹은 혈청학적 진단serodiagnosis으로 항체를 검사하기도 한다.

치료
일단 감염이 확정되면 반드시 테트라사이클린tetracycline, 항생제을 최소 4주 정도 복용한다. 또한 안연고나 안약으로 눈의 증상을 완화한다.

예방
이 바이러스는 백신으로 예방할 수 있지만 증상이 심각하지 않아 접종이 필수적인 것은 아니다. 다만 감염되기 쉬운 환경(고양이 여러 마리가 한 곳에 있는)이라면 미리 백신을 접종하는 것이 좋다.

고양이 면역결핍 바이러스 ▬▬

이 질병은 다른 말로 고양이 에이즈라고도 한다. 고양이 면역결핍 바이러스는 사람의 에이즈 바이러스와 밀접한 관련이 있다. 그러나 사람과 고양이의 에이즈가 서로 감염되는 것은 아니다. 고양이 에이즈는 모든 연령에서 감염될 수 있지만 특히 중성화 수술을 하지 않은 수컷 고양이의 비율이 높은 편이다. 중성화 수술을 하지 않은 수컷 고양이는 종종 밖에서 자신의 구역을 놓고 싸움을 벌이며 피를 흘리기 때문이다.

감염 경로
❶ 밖에서 활동하거나 중성화 수술을 하지 않은 수컷 고양이는 외부에서 다른 고양이와 싸우기 쉽다. 이때 에이즈 바이러스를 가진 고양이가 물어 상처를 낸 경우 상처를 통해 바이러스가 몸 안에 들어오게 된다.

❷ 임신한 어미 고양이가 에이즈 바이러스에 감염된 경우 자궁이나 태반, 타액을 통해 새끼 고양이에게 감염된다.

❸ 바이러스가 타액을 통해 감염되기도 하지만 털을 핥는다든지 음식이나 물그릇을 통한 감염은 그리 많지 않다. 바이러스가 일반 환경에서 오랫동안 있을 수 없으며 소독약으로 제거가 가능하기 때문이다.

증상
발병된 고양이는 열이 나고 만성적으로 살이 빠지며 구강에 염증이 생기고 결막염과 비염에 걸리며 설사와 만성 피부염에 시달린다. 에이즈 바이러스를 가진 고양이 가운데 50%는 만성 구내염과 치은염으로 고생한다. 하지만 바이러스를 보균하고 있는데도 특별히 증상이 나타나지 않는 고양이도 있다. 이런 고양이들은 그 상태로 6~10년 정도 살다 면역력이 떨어지면 다른 질병에 감염돼 사망하기도 한다.

진단
고양이 에이즈/백혈병 검사 도구로 빨리 진단할 수 있다. 그러나 감염 초기(2~4주)일 경우 항체가 아직 혈액 속에 없어서 대부분 감염 60일이 지나야 검사를 통해 양성인지 확인할 수 있다. 간혹 6개월이 돼야 검출되기도 한다. 그러므로 고양이가 감염 검사에서 음성 반응이 나왔다면 60일 뒤에 다시 한 번 검사를 하거나 PCR 검사를 함께 하기를 권한다. 또한 모체를 통해 뱃속 새끼 고양이에게 감염되는 일은 드물기 때문에 새끼 고양이에게서 에이즈 양성 반응이 나왔다면 6개월 뒤 다시 검사하기를 바란다.

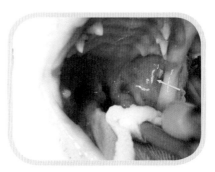

에이즈 바이러스에 감염된 고양이 대부분은 심각한 만성 구내염이 있다(노란색 화살표가 가리키는 곳).

치료

불행하게도 고양이가 에이즈 바이러스에 감염됐다면 아직까지 효과적인 치료 방법은 없다. 그저 고양이의 통증과 불편함을 덜어줄 수 있는 치료만 가능하다. 탈수나 빈혈에 시달리는 고양이가 있다면 수액을 점적하거나 수혈을 할 수 있으며 항생제 치료도 할 수 있다. 바이러스 감염으로 인한 구내염 및 치은염의 경우 'D 구강 질병' 파트에서 자세한 치료법과 관리법을 소개했으니 참고하기 바란다.

예방

아직까지 에이즈를 예방하는 백신이 없으므로 고양이 사이에 감염이 발생하지 않도록 조심하는 것이 좋다. 또한 고양이에게 중성화 수술을 시키고 가능하다면 실내에서 키우도록 한다. 행여 외부에서 구역을 놓고 다투는 일이 없게 하기 위해서다. 새로 들어온 고양이는 반드시 에이즈/백혈병 검사를 하고 일정 기간 격리해야 한다.

고양이 백혈병

고양이 백혈병은 레트로바이러스의 감염으로 생기는 전염병이다. 감염에서 발병까지 수개월에서 수년의 시간이 걸린다.

감염 경로

바이러스는 주로 입을 통해 전염되는데, 백혈병에 걸린 고양이의 타액에 바이러스가 함유돼 있어 물어서 상처를 내거나 털을 핥으며 밥그릇을 함께 쓸 때 또는 분비물이나 배설물을 통해 다른 고양이에게 전염된다. 새끼 고양이의 경우 병에 걸린 어미 고양이의 태반이나 젖을 통해 감염되기도 한다.

증상

감염된 고양이는 빈혈이나 발열, 호흡곤란, 체중과 식욕 저하, 치은염/구내염, 과다 수면, 면역력 저하 증상을 겪게 된다. 또한 다른 여러 가지 질병에 감염되기도 하며 간혹 몸에 종양이 생기기도 한다.

진단

에이즈/백혈병 검사 도구로 빨리 검사할 수 있으면 전혈구계수CBC 검사를 통해서도 고양이의 적혈구 감소(빈혈), 백혈구와 혈소판 감소를 발견할 수 있다. 병에 걸리면 간과 신장 수치가 증가하기도 한다. 또한 고양이 백혈구 바이러스의 항원 검사(ELISA 항원 검사 같은)나 골수 채취 검사, 종양 채취 검사 등을 통해서도 진단을 내릴 수 있다.

치료

고양이가 백혈병 확진을 받았다면 우선 건강한 고양이와 완전히 격리시켜야 한다. 또한 건강한 고양이에게 충분한 영양을 공급해 면역력을 강화시키고 정기적인 건강검진을 받는 것이 좋다. 고양이의 증상을 완화시키는 데 초점을 맞춰 치료해야 하는데 탈수가 심각한 고양이에게는 수액을 놓아주고 항생제 치료를 실시한다. 고양이가 음식을 잘 섭취하지 못한다면 비위관이나 식도위관을 통해 먹인다. 또한 빈혈이 심한 고양이는 수혈이 필요할 수도 있다(이미 백혈병 백신을 접종한 혈액형이 같은 고양이를 찾아야 한다. 고양이의 혈액형은 A, B, AB형으로 구분한다). 림프종이 있는 고양이는 화학요법치료를 고려해볼 수 있다.

예방

백혈병 감염의 위험을 낮추기 위해 5종 백신과 3년에 한 번씩 고양이 백혈병 백신을 접종한다. 또한 집에 새로 데려온 고양이는 에이즈/백혈병 검사와 격리를 실시하고, 바깥에서 다른 고양이와 접촉하는 것을 가능한 한 줄여야 한다. 만약 애묘인들이 길거리 유기묘를 돌보고 있다면 집에 돌아와 옷을 갈아입고 깨끗이 씻은 뒤 집에 있는 고양이를 안아야 한다. 바이러스는 몸 밖의 건조한 표면에서는 몇 시간도 생존하

고양이 면역결핍 바이러스와
백혈병 검사 도구

기 어렵기 때문에 일반적인 소독제로도 제거할 수 있다.

고양이 범백혈구 감소증   ▄▄▄

고양이 홍역feline distemper이라고 부르기도 하는 고양이 범백혈구 감소증은 전염성 장염을 일으킨다. 이 바이러스는 고양이의 골수를 억제시키며 백혈구를 감소시키고 면역력을 저하시킨다.

감염 경로
고양이 홍역은 전염력이 매우 강해 감염된 고양이와 직접 접촉하거나 그 침과 배설물을 통해 모두 감염이 가능하다. 사람도 감염의 한 매개체로 바이러스가 있는 고양이와 접촉한 뒤 집에 와서 씻지 않고 자기 고양이를 만지면 감염시킬 수 있다.

증상
어린 고양이는 감염된 뒤 발열과 식욕부진, 정신 혼미 증상이 나타나며 빈번한 구토와 심각한 탈수에 시달리게 된다. 어떤 고양이들은 복통과 설사 증상을 보이기도 하며 케첩 같은 혈변을 보기도 한다. 예방접종을 하지 않은 고양이가 바이러스성 장염에 걸리면 치사율이 매우 높다(90% 이상). 백혈구 수치가 500/ul 이하로 내려가면 2차성 감염을 주의해야 하며 어미 고양이가 범백혈구 감소증에 감염되면 새끼 고양이는 소뇌 저혈성증•과 운동실조증에 걸릴 수 있다.

- cerebellar hypoplasia, 다양한 원인에 의해 소뇌가 완전히 없거나 부분적으로 형성된 상태로 태어난다. 소뇌 형성이 저하되면 근긴장도가 감소하고 불수적인 떨림과 비자발적인 안구 운동(안구진탕), 근육 운동의 협응이 잘되지 않는 등의 증상이 나타난다.

진단
고양이 홍역 바이러스 검사 외에도 어린 고양이에게 발열이나 위장 증상이 나타나고 백혈구 수치가 정상 수준보다 떨어지면 이 질병에 걸렸다고 의심할 수 있다.

치료
전염성 장염의 경우 현재 효과적인 치료 방법이 별로 없다. 일반적으로 점적 요법이나 증상에 맞춘 치료법을 시행한다.

❶ 점적 요법 : 어린 고양이가 구토와 설사 같은 위장 증상을 보이면 탈수와 전해질 이상이 나타난다. 이럴 때 수액을 점적 투여하면 상태를 개선할 수 있으며 음식과 약을 먹지 못하는 고양이에게 구토를 멈추는 약물을 투약할 수 있다.

❷ 항체를 보유한 전혈全血 수혈 : 바이러스 감염으로 심각한 혈변을 보면 어린 고양이가 빈혈에 시달릴 수 있다. 심각한 빈혈은 쇼크 증상을 일으킬 수 있으므로 상태를 살펴 이미 항체가 있는 전혈을 수혈해 치료를 시도한다.

❸ 항생제 투약 : 2차성 감염을 막기 위해 항생제를 먹인다.

예방

❶ 새로 데려온 고양이나 감염된 고양이는 반드시 확실하게 격리를 시켜야 한다.

❷ 어린 고양이는 정기적으로 예방접종을 해 충분한 수준의 항체를 보유하도록 한다.

❸ 염소계 소독액으로 감염된 고양이가 사용한 도구나 환경을 철저히 소독한다.

전염성 복막염

전염성 복막염feline infectious peritonitis은 장의 코로나바이러스가 돌연변이를 일으켜 생기는 질병이다. 장의 코로나바이러스로 인한 위장염은 대부분 잠시 동안 경미한 설사 증세를 보이지만 큰 생명의 위험이 없다. 다만 변종 고양이 코로나바이러스에 걸리면 고양이에게 매우 위험할 수도 있다. 1세가 채 안 된 고양이가 어른 고양이보다 발생률이 높은데 면역력이 낮고 바이러스를 빠르게 복제하기 때문이다.

감염 경로

고양이의 몸에는 장 코로나바이러스가 있는 경우가 많은데 평소에는 평화롭게 몸과 공존하다 긴급한 상황이 되면 바이러스가 다량으로 복제된다. 바로 이때 돌연변이나 전염성 복막염 바이러스가 생겨나는 것이다. 그러므로 대부분의 전염성 복막염은 전염되는 것이 아니다. 하지만 연구에 따르면 고양이들 사이에서 전염될 수 있다고 하니 일단 확진이 되면 즉가 고양이를 격리해야 한다.

증상

감염 초기에는 열이 나고 잠이 쏟아지며 식욕이 떨어지고 토를 하며 설사를 하거나 체중이 줄기도 한다. 일반적으로 전염성 복막염은 습식濕式과 건식乾式으로 나눈다. 전염성 복막염에 걸린 고양이는 체중이 줄어 등이 도드라져 보이는데 습식 복막염일 경우 복수와 복부 팽만이 나타나 호흡곤란이 생긴다. 또한 건식 복막염일 경우 눈에 병변이 생기고 신경 증상이 나타나며 여러 장기에 화농성 육아종이 생겨 장기부전이 발생할 수도 있다.

진단

전염성 복막염을 확실히 진단하기는 어려운데, 정확하게 이 질병을 진단할 수 있는 검사가 없기 때문이다. 그러므로 함께 나타날 수 있는 여러 요소들을 종합해 진단을 내려야 한다.

❶ 사육장에서 데려온 어린 고양이

❷ 포도막염uveitis, 안구의 포도막에 생기는 염증이나 중추 신경계에 증상이 있을 때

❸ 감염된 고양이의 60%는 혈청글로불린이 증가하고 알부민이 감소해 알부민과 글로불린의 비比, A/G가 0.8보다 낮아진다.

고양이의 복부는 팽창하지만 등은 마른다.

❹ 간헐적 발열이 있다.

❺ 백혈구가 감소하고 간 수치가 정상이거나 다소 상승한다.

❻ 습식 전염성 복막염의 흉수나 복수는 연한 노란색을 띠며 끈적거린다.

❼ 복수나 흉수에서 염증 세포가 발견되며 단백질 함량이 높다.

❽ 병리조직검사 : 간, 신장 등의 림프에서 조직을 채취해 진단한다.

❾ 영상학적 검사 : X-ray나 초음파검사를 통해 복수가 생겼는지 복강 안에 비정상적인 덩어리가 있는지 확인할 수 있다.

치료

현재 전염성 복막염을 완치할 수 있는 효과적인 치료 방법은 없다. 다만 일반적으로 수액을 점적하거나 항생제를 투약하는 치료를 하고 있으며 면역 억제제, 인터페론, 건강식품으로 생명을 연장하는 방법을 사용한다.

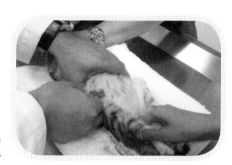

복수를 채취해 전염성 복막염을
진단한다.

예방

전염성 복막염의 예방접종은 그 효과에 대해 여전히 이론이 분분하다. 가장 효과적인 예방법은 고양이를 많이 키우는 환경을 피하고 새로 온 고양이를 엄격히 격리하며 고양이 밥그릇을 자주 씻고 소독해 병에 감염될 수 있는 경로를 줄이는 것이다.

Ⓝ 사람과 고양이의 공통 전염병

"제 감기가 고양이에게 옮으면 어떻게 하죠?" 고양이를 키우는 많은 사람들이 필자에게 이렇게 묻곤 한다. 하지만 그에 대한 내 대답은 "전혀 걱정하지 않으셔도 됩니다"이다. 고양이의 감기 바이러스와 사람의 감기 바이러스는 서로 달라 감염되지 않는다. 고양이와 사람 사이의 공통 전염병은 종류가 많지 않으며 각각의 질병이 인체에 미치는 영향도 다르다. 대부분 고양이가 물거나 할퀴어서 생긴 상처나 고양이의 분비물을 통해 감염되며 바이러스는 입을 통해 들어오기도 한다. 하지만 평소 철저한 위생 관념과 관리 방법만 있으면 효과적으로 질병을 예방할 수 있다. 다만 노인이나 아이, 면역력이 약한 사람은 질병에 감염되기 쉽다. 여기에서는 전신성 질병인 톡소플라스마증과 고양이 할큄병(묘소병)에 대해서 소개하겠다.

흔히 볼 수 있는 인수공통전염병

❶ 기생충 : 회충, 촌충 등의 체내 기생충

❷ 피부병 : 곰팡이, 옴 등

❸ 전신성 질병 : 톡소플라스마증, 고양이
  할큄병

사람과 고양이에게 공통적으로 생기는 전염병은
대부분 접촉이나 물고 할퀸 상처 때문에 감염된다.

톡소플라스마증　▬▬

톡소플라스마Toxoplasma는 원충류단세포로 생활할 수 있는 동물의 기생충으로 전 세계에 널리 퍼져 있으며 2백 종 이상의 포유류와 조류에게서 발견된다. 사람도 감염될 수 있는데 임산부가 감염될 경우 사산이나 유산이 되기도 한다. 톡소플라스마 감염은 에이즈 환자의 주요 사인死因 가운데 하나로 중요한 인수공통전염병이다.

감염 경로

고양이와 다른 온혈溫血 동물들은 낭포cyst, 囊胞, 결합조직 안에 유동체 등을 포함한 주머니를 먹거나 낭포가 있는 육류를 섭취해 톡소플라스마에 감염된다. 또는 결막이나 호흡기, 피부를 통해 감염되기도 한다. 간혹 우유나 달걀을 통해 감염되는 경우도 있다. 고양이가 낭포를 먹으면 3일에서 3주 정도 뒤에 톡소플라스마증이 발병한다.

고양이는 주로 톡소플라스마 낭포를 가진 쥐나 새를 잡아먹은 뒤 감염된다. 반면 사람은 완전히 익히지 않은 육류나 채소(낭포에 감염된)를 먹다 감염되는 경우가 많다. 고양이와의 접촉으로 사람이 직접 감염되는 일은 거의 없다.

증상

❶ 톡소플라스마의 임상 증상은 개별 신체기관에 영향을 미친다. 그중 가장 많은 영향을 받는 기관이 폐와 간, 장, 눈이다.

❷ 성묘는 사람처럼 감염이 돼도 오랫동안 별다른 증상이 나타나지 않다가 자가 치유되거나 항체가 생긴다.

❸ 새끼 고양이의 경우 병에 대한 민감성이 성묘보다 높아 급성 감염으로 사망할 수 있다.

❹ 음식을 거부하거나 열이 나고 잠이 쏟아지며 설사를 한다. 또한 호흡곤란(폐렴 때문에)이나 경련, 눈 이상, 황달 증상도 흔히 볼 수 있다.

❺ 임신한 고양이나 임산부가 감염되면 톡소플라스마가 태반으로 이동해 태아에게 선천성 감염을 일으키거나 유산 혹은 사산을 야기한다.

진단

혈청항체 검사를 통해 면역글로불린 lgG와 lgM의 항체를 측정한다.

치료

항생제를 4주 정도 복용하면 톡소플라스마를 치료할 수 있다.

예방

임산부가 있는 집에서는 혹시 고양이 때문에 톡소플라스마증에 감염될까 봐 많이 걱정한다. 하지만 고양이는 톡소플라스마를 옮기는 유일한 감염원이 아니다. 그러므로 임신 때문에 고양이를 다른 집에 보내거나 유기하지 않아야 한다. 이는 고양이에게 매우 불공평한 처사이며 부정

임산부 톡소플라스마 감염의 원인은
고양이 때문만은 아니다.

확한 생각이다. 오히려 임산부 스스로 자신의 위생 상태를 잘 챙기는 것이 톡소플라스마의 감염을 예방할 수 있는 근본적인 방법이라 할 수 있다.

❶ 육류 처리 : 날고기가 닿는 식기는 세제나 물로 씻어야 한다. 특히 육류는 70℃ 이상의 고온에서 10분 이상 익히거나 요리하기 24시간 전 -30℃의 환경에서 냉동해야 한다. 익히지 않은 돼지고기는 특히 사람이 톡소플라스마에 감염되는 주요 원인이다.

❷ 임산부 : 고양이와 함께 식사하지 말고 고양이의 분변과 밥그릇을 주의해서 처리해야 하는데 특히 어린 고양이의 설사를 조심해야 한다. 또한 매일 고양이 밥그릇을 깨끗이 씻고 화장실을 청결하게 유지해야 한다. 난낭oocysts, 卵囊이 낭체囊體를 형성하는 데는 적어도 24시간이 걸리기에 매일 설거지를 해주면 감염을 막을 수 있다.

❸ 위생적 환경 : 난낭의 매개체가 되는 파리나 바퀴벌레를 철저히 없애야 한다. 집에 식물을 키우는 화분이 있다면 분재를 만들 때 장갑을 껴 흙에서 나올 수 있는 톡소플라스마를 예방한다.

❹ 고양이의 예방 : 고양이에게 톡소플라스마 검사를 받게 하고, 익지 않은 간이나 출처를 알 수 없는 육류를 먹이지 않는다.

고양이 할큄병 ▬▬

묘소병cat-scratch disease, 猫搔病이라고도 하는 이 질환은 아급성亞急性, 급성과 만성의 중간 성질의 스스로 치유되는 세균성 질병으로 몸이 나른해지거나 열이 나고 육아종성 림프샘염이 생기기도 한다.

증상

고양이가 할퀴거나 물어 상처가 나면 붉은 구진papule, 됴疹, 피부 표면에 돋아나는 작은 병변이 생기며 보통 2주 안에 림프샘에 침범해 농포pustule, 膿疱가 형성된다. 50~90%의 경우 고양이가 할퀸 부위에 구진이 나타나며 면역력이 약한 사람은 균혈증bacteremia, 菌血症에 걸리기도 한다. 이 병의 병원체는 바르토넬라 세균Bartonella spp.의 다형성 그람 음성 단간균Pleomorphic gram-negative bacillus brevis으로 벼룩을 통해 고양이에게 전파된다. 현재 고양이는 감염돼도 아무 증상이 나타나지 않는 것으로 밝혀졌으며, 만성 균혈증이 있어도 겉으로 보기에는 큰 이상이 없다.

진단

❶ PCR 검사를 통한 진단 : 환자의 혈액에서 세균을 분리해 다시 중합효소 연쇄반응 검사를 해서 바르토넬라 헨셀라에*를 확인한다.

❷ IFA 검사를 통한 진단 : 간접형광항체법**으로 검사했을 때 항체 역가가 64배 혹은 그이상 상승한 사람은 높은 항체 역가에도 종종 균혈증과 연관이 있다. 하지만 고양이의 혈청은 음성이라 해도 양성으로 나타나므로 혈청학적 검사로는 고양이의 전염 여부를 확인할 수 없다.

❸ 혈액 세균 배양 및 항생제 알레르기 검사 : 세균 배양은 가장 정확한 진단이 가능하다. 하지만 균혈증이 간헐적이라 매번 혈액 샘플에 배양된 병원균이 포함돼 있다고 할 수 없어 여러 차례 혈액을 채취해 배양해야 한다.

* Bartonella henselae, 고양이가 벼룩에 의해 감염됐을 때 인체에 전파되는 박테리아
** indirect fluorescent antibody, IFA, 항원에 직접 결합하는 항체(1차 항체)를 형광물질로 표지하여 검출하는 (직접형광항체법) 대신에 1차 항체에 결합하는 항체(2차 항체)를 형광물질로 표지하여 검출하는 방법

치료

면역력이 정상인 사람은 내복약으로 2주 정도 치료하면 된다. 하지만 면역력이 떨어지는 경우 최소 6주는 치료해야 한다. 고양이에게 항생제를 투약하면 병원균을 제거하는 데 도움이 된다. 자연적인 상태에서 감염된 고양이는 뚜렷한 증상이 없어 예후도 좋은 편이다. 감염된 사람도 대부분 저절로 증상이 완화되며 항생제 치료를 통해 좋은 효과를 보기도 한다. 다만 면역력이 약한 사람은 비교적 오랫동안 치료해야 치유가 가능하다.

질병을 예방하는 사람과 고양이의 공동 수칙

고양이와 사람 모두 걸릴 수 있는 인수공통전염병은 사실 그리 두려운 질병은 아니다. 대부분 접촉을 통해 전염되지만 정확한 위생 관념과 정기적인 건강검진 그리고 다음의 몇 가지 사항만 지킨다면 예방할 수 있다.

❶ 자주 손 씻기 : 고양이 밥그릇을 잘 씻고 고양이와 놀고 나면 손을 씻는다.

❷ 고양이에게 상처를 입었다면 병원 가기 : 고양이가 물기나 할퀴어 상처가 났을 때 대부분의 사람들은 작은 상처라며 대수롭지 않게 여긴다. 하지만 가만히 두면 며칠 뒤 피부

에 심각한 염증과 세균 감염이 생길 수도 있다. 그러므로 고양이에게 상처를 입었다면 병원에 가서 더 심각한 감염이 생기지 않도록 한다.

❸ 면역력이 약한 사람 혹은 노인과 아이는 고양이와의 접촉 피하기 : 면역력이 약하면 병원균에 감염되기 쉬우며 특히 고양이에게 곰팡이나 기생충과 관련된 질병이 있을 경우 최대한 접촉을 피해야 한다. 또한 고양이를 만졌다면 바로 손을 씻어 병원균에 감염될 위험을 줄인다.

❹ 주거 환경 청결히 하기 : 정기적으로 집을 청소해 병원균이나 벼룩이 살지 못하도록 한다.

❺ 벼룩 예방 : 따뜻하고 습한 나라에서는 겨울에도 벼룩이 나타나기 때문에 집에 있는 고양이에게 정기적으로 벼룩 약을 발라준다. 그래야 고양이가 벼룩을 집에 데리고 와 사람에게 옮기지 않는다.

❻ 고양이와 입 맞추지 않기 : 고양이는 종종 입으로 몸의 털이나 항문을 정리한다. 그러므로 입 주변에 병원균이 존재할 수 있다. 고양이와 입을 맞추다 잘못하면 병원균이 입을 통해 인체에 들어올 수도 있으니 주의해야 한다.

❼ 고양이의 외출을 삼가기 : 도시에서는 고양이를 대부분 실내에서 키우지만 교외에서는 반쯤 풀어놓고 키워 고양이가 자유롭게 집 안팎을 돌아다닌다. 이런 고양이는 병원균을 집으로 가져와 질병의 감염을 일으킬 수 있다.

❽ 정기적인 구충과 검진하기 : 정기적으로 고양이의 체내외 기생충을 구충하고 병원에 데려가 검사를 받아야 질병 감염의 위험을 낮출 수 있다. 또한 이를 통해 고양이의 건강 상태도 이해할 수 있다.

정기적으로 고양이의 발톱만 잘라줘도 할퀴어 생기는
상처를 예방할 수 있다.

기타 질병

비만

비만이란 몸이 영양을 과다하게 섭취하고 제대로 소비하지 못할 경우 일어나는 체지방 축적을 말한다. 고양이의 비만은 대개 보호자가 사료를 지나치게 많이 먹이거나 아무것이나 먹여서 발생한다. 또한 비만은 다른 질병을 동반하기도 하는데 호흡곤란이나 심혈관질환, 고혈압, 당뇨, 근육골격계통의 문제가 바로 그런 합병증이다. 이럴 경우 치료를 위해 마취하는 위험을 감수해야 할 수도 있으며 번식력도 떨어지고 지방간 고위험군이 될 수도 있다. 그러므로 고양이의 건강이 걱정된다면 반드시 고양이의 체중을 조절해 비만을 예방해야 한다.

고양이가 비만이 되는 원인

❶ 고양이에게 필요한 칼로리를 확인하지 않을 때 : 고양이의 하루 필요 열량은 연령과 운동 등의 요소에 따라 달라진다. 보통은 사료 포장지에 표시된 내용을 참고해 식사량을 조절하면 된다. 하지만 이 수치는 권장량일 뿐 매일 주는 음식량은 고양이의 몸 상태를 고려해 조정해야 한다.

❷ 성장 단계에 따른 적합한 음식을 주지 않을 때 : 각각의 성장 단계에 필요한 영양 성분과 그에 맞는 적합한 사료는 다르다. 예를 들어 1~7세의 고양이는 성묘용 사료를, 8세 이상의 나이 든 고양이는 노묘용 사료를 먹여야 한다. 실제로 성묘에게 어린 고양이용 사료를 먹이면 비만이 되기 쉽다.

❸ 중성화 수술 뒤에도 같은 양의 음식을 줄 때 : 중성화 수술을 한 뒤에는 하루 필요 열량을 예전보다 30% 낮게 계산해야 한다. 이는 수술로 호르몬의 균형이 달라져 대사율이 떨어지기 때문이다. 그럼에도 고양이에게 전과 같은 양의 음식을 주면 고양이가 뚱뚱해질 수 있다.

❹ 유아기에 음식을 지나치게 많이 줄 때 : 모든 고양이는 저마다 지방세포의 수가 다른데 각각의 지방세포가 팽창할 경우 결국 지방의 양도 증가하게 된다. 새끼 고양이일 때 음식을 과다하게 섭취하면 지방세포의 수가 늘어나 어른 고양이가 됐을 때 쉽게 살이 끼는 체질로 변한다.

진단

❶ 병력 : 병을 진단할 때 고양이를 키우는 보호자는 수의사에게 고양이의 사료 종류라든
지 먹이는 방식(마음대로 먹이는지 정량을 맞춰 주는지), 다른 간식이나 사람이 먹는 음
식을 주는지, 고양이의 활동 상황은 어떤지 등을 상세히 알려야 한다.

❷ 신체검사 : 비만의 조짐이 보이는지를 주의 깊게 관찰해야 한다. 이를테면 등이 지나치
게 평탄하다든지 늑골을 만질 수 없다든지 서혜부에 지방이 많이 쌓였다든지 복강에
서 많은 지방이 만져지는 것 등을 꼼꼼히 확인한다.

❸ X-ray 촬영 : 배가 지나치게 커져 촉진으로 확인할 수 없다면 X-ray 촬영을 해 비만인지
확인하고 기관이 부었거나 복수 혹은 종양은 없는지 등을 알아봐야 한다.

고양이가 비만의 경향이 있는지 아닌지는 다음의 체형 평가와 체지방 평가로 확인할 수 있
다. 이 평가 방법을 통해 키우는 고양이가 비만의 경향이 있음을 확인했다면 수의사와 상
의해 다이어트 계획을 세우기를 권한다.

체형 평가

Step1 고양이의 겉모습이나 만져지는 정도에 따라 비만을 다섯 가지 종류로 구분할 수 있다.

체형 분류	고양이 외관	체형의 특징
지나치게 마른 체형		• 멀리서 고양이의 늑골과 요추, 골반뼈가 보인다. • 꼬리와 척추, 늑골에서 지방이 만져지지 않는다. • 근육량이 줄었다. • 옆에서 보면 복부가 움푹하게 들어갔다. • 위에서 고양이를 보면 뚜렷한 모래시계형이다.
조금 마른 체형		• 늑골이 보인다. • 늑골, 척추, 꼬리에 지방이 만져진다. • 옆에서 보면 복부가 살짝 들어갔다. • 위에서 고양이를 보면 등에서 허리까지 모래시계형이다. • 복부에 지방이 없다.
적당한 체형		• 겉으로 보기에는 늑골과 척추가 잘 보이지 않지만 손으로 만질 수 있다. • 허리와 복부에 뚜렷한 선이 보인다. • 복부에 약간의 지방이 있다.
조금 뚱뚱한 체형		• 늑골과 척추를 만지기 어렵다. • 허리와 복부에 선이 드러나지 않는다. • 복부가 커졌다.
지나치게 뚱뚱한 체형		• 흉강, 척추, 복부에 지방이 많다. • 복부가 크고 둥글어졌다. • 늑골과 척추를 만질 수 없다.

체지방 평가

Step2

고양이의 허리둘레와 다리 길이를 재서 체지방률을 알 수 있다. 우선 고양이의 허리둘레 Ⓐ와 다리 길이 Ⓑ를 측정한다. 그런 다음 아래의 표에서 Ⓐ와 Ⓑ를 찾아 두 숫자의 교차점을 찾으면 고양이의 정확한 체지방 백분율을 알 수 있다. 체지방률이 30%를 초과하면 고양이가 비만이라고 할 수 있다.

01 / 허리둘레 재기 : 고양이를 고정하고 등에서부터 늑골을 찾 고양이의 늑골 뒤를 측정하면 허리둘레를 알 수 있다.

02 / 다리 길이 재기 : 고양이를 똑바로 세우고 줄자 머리를 두 위치에 고정한 뒤 무릎뼈에서 발뒤꿈치까지의 길이를 잰다.

체지방 백분율표(%)

Ⓐ 허리둘레(cm)	10	11	12	13	14	15	16	17	18	19	20	21	22	23	24	25
60	68	66	65	63	62	60	58	57	55	54	52	51	49	47	46	44
58	65	63	62	60	59	57	55	54	52	51	49	47	46	44	43	41
56	62	60	59	57	55	54	52	51	49	48	46	44	43	41	40	38
54	59	57	56	54	52	51	49	48	46	44	43	41	40	38	37	35
52	56	54	52	51	49	48	46	45	43	41	40	38	37	35	33	32
50	53	51	49	48	46	45	43	41	40	38	37	35	34	32	30	29
48	49	48	46	45	43	42	40	38	37	35	34	32	30	29	27	26
46	46	45	43	42	40	38	37	35	34	32	31	29	27	26	24	23
44	43	42	40	39	37	35	34	32	31	29	27	26	24	23	21	20
42	40	39	37	35	34	32	31	29	28	26	24	23	21	20	18	17
40	37	36	34	32	31	29	28	26	24	23	21	20	18	17	15	13
38	34	32	31	29	28	26	25	23	21	20	18	17	15	14	12	10
36	31	29	28	26	25	23	21	20	18	17	15	14	12	10	9	7
34	28	26	25	23	22	20	18	17	15	14	12	11	9	7	6	4
32	25	23	22	20	19	17	15	14	12	11	9	8	6	4	3	1
30	22	20	19	17	15	14	12	11	9	8	6	4	3	1		
28	19	17	15	14	12	11	9	8	6	4	3	1				
26	16	14	12	11	9	8	6	5	3	1						
24	12	11	9	8	6	5	3	1								
22	9	8	6	5	3	2										
20	6	5	3	2												

Ⓑ 다리 길이(cm)

검은색 구역 : 정상 체지방(정상)   빨간색 구역 : 과다 체지방(비만)
파란색 구역 : 과소 체지방(저체중)

치료

고양이는 매우 살을 빼기 힘든 동물로 섭취 열량이 부족하면 신체 대사 속도와 운동량을 줄여 자신의 체중을 유지한다. 하지만 고양이를 키우는 보호자가 굳은 결심만 한다면 대부분 좋은 결과를 얻을 수 있다.

식이요법

❶ 고양이에게 다이어트용 처방 사료를 먹일 것을 권한다. 일반 사료의 식사량만 줄일 경우 영양 결핍을 초래할 수 있기 때문이다. 하지만 하루 섭취 열량을 줄이면 영양 불균형이 생기지 않는다.

❷ 다이어트용 처방 사료를 먹일 때는 포장지에 표시된 식사량을 따르되 정기적으로 체중을 측정해 식사량을 조절한다.

❸ 고양이의 정상적인 식사량이 현재 체중에 맞는 열량을 계산한 것이라면(목표로 하는 체중이 아니라) 다이어트를 할 때는 이 수치의 30%를 줄여 음식을 줘야 한다.

❹ 하루에 먹을 분량을 여러 차례 나눠 먹이면 고양이가 밥을 달라고 떼쓰는 횟수를 줄이고 음식을 천천히 소화시켜 지방이 쌓이는 것을 막을 수 있다. 반면 하루에 2회만 식사하는 고양이는 다른 시간에도 밥을 달라고 재촉하기 쉽다. 다이어트를 할 때는 간식이나 다른 음식을 절대 먹이면 안 된다. 이런 음식은 열량이 과다해 비만을 유발할 수 있다.

운동

❶ 놀이를 통해 고양이의 활동량을 늘린다. 하지만 운동은 한 번에 15분 정도로 제한하는 것이 좋다. 다만 나이가 많고 비만인 고양이는 놀이를 할 때 반드시 관절염을 조심해야 한다.

❷ 고양이는 원래 사냥한 뒤에 그 먹잇감을 먹는 동물이기 때문에 놀이가 끝난 후에 음식을 먹이는 것이 좋다. 그래야 식사의 만족감을 높일 수 있다.

❸ 식사할 때는 음식을 집 안 곳곳에 두도록 한다. 고양이는 음식을 찾으며 운동량을 늘릴 수 있어 다이어트에 좋은 영향을 준다.

정기 검사

❶ 수의사와 상담한 뒤 고양이의 목표 체중을 정한다. 다이어트를 할 때는 지나치게 빨리 체중을 빼지 않는 것이 좋다. 이럴 경우 지방간이 생기기 쉽다. 일반적으로 일주일에 체

중 1% 정도를 빼는 것이 적당하다.

❷ 다이어트를 하는 동안 체중의 변화를 알기 위해 정기적으로 고양이의 체중을 측정하는 것이 매우 중요하다. 체중 측정은 1~2주에 1회씩 하되 보호자가 고양이를 안은 상태에서 체중계에 올라간 뒤 자신의 몸무게를 빼면 된다. 혹은 병원에 데려가 체중을 잴 수도 있는데 매번 측정한 체중을 잘 기록해두도록 한다.

❸ 고양이의 체중 변화와 섭취하는 음식의 종류 및 양을 자세히 기록해 정기적으로 수의사와 상담하며 다이어트 계획을 조절한다. 이렇게 하면 비교적 효과적으로 고양이의 체중을 목표하는 기준 안으로 들어오게 할 수 있다.

항문낭 폐색 및 감염

항문낭의 입구는 항문 입구 4시와 8시 방향에 있으며 겉으로는 보이지 않는다. 항문낭에서는 매우 고약한 냄새가 나는 분비물이 분비되는데 스컹크의 항문샘과 같은 기관으로 고양이가 긴장하면 항문낭 안에서 분비물이 분출된다. 이는 일종의 방어 기능이라 할 수도 있다. 하지만 보통 집에서 편안하게 사는 고양이는 긴박한 상황이 거의 없기 때문에 항문낭 안에 분비물이 쌓일 수밖에 없다. 이것들이 마르면 점점 끈끈하게 돼 항문낭을 막는다.

증상

항문낭 폐색이 생기면 배변할 때 고통으로 고양이가 항문을 핥거나 꼬리를 물기도 한다. 합병증으로 감염이 일어나면 통증이 더 커지며 극심한 피하 염증이 있을 경우 항문낭 밖의 피부가 파열돼 고름이 흘러나올 수 있다. 하지만 대다수 고양이가 자극이나 도움 없이도 분비물을 항문낭 밖으로 배출할 수 있으므로 그리 자주 볼 수 있는 질병은 아니다. 보통 편안한 생활을 하는 나이 든 고양이나 뚱뚱한 고양이에게서 발생한다.

치료

❶ 항문낭이 찢어지지 않았다면 손가락으로 그 안에 있는 분비물을 짜낼 수 있다. 하지만 이미 염증이 있다면 통증 때문에 고양이가 사람의 손이 닿는 것을 싫어할 수 있다.

❷ 고양이를 안정시키고 희석한 소독액으로 항문낭을 씻어내면 안에 있던 지저분한 것들을 제거할 수 있다.

❸ 황색포도상구균Staphylococcus aureus, 黃色葡萄狀球菌과 대장균를 사멸할 수 있는 항생제를 선택해 항문낭 안에 주입한다.

❹ 황색포도상구균과 대장균을 없앨 수 있는 항생제를 7~10일 정도 복용한다.

❺ 항문낭 파열로 이미 피부에 누공瘻孔, 구멍이 생겼다면 반드시 항문낭샘을 완전히 제거하는 수술을 해야 한다.

❻ 항문낭이 폐색되거나 염증이 생기는 일이 반복된다면 역시 수술을 통해 항문낭을 제거하는 것이 좋다.

수술

항문낭을 적출하는 수술은 꼭 전신마취를 한 뒤 진행해야 한다. 항문낭이 온전하다면 시중에 나온 걸쭉한 항생제 연고 등을 채워 넣어 항문낭이 팽창해 쉽게 구별할 수 있도록 만든다. 반면 항문낭이 파열된 상태라면 주위 조직의 괴사와 염증으로 항문낭을 구별해내기 어렵다. 이럴 때는 넓은 범위의 조직을 적출해 의심되거나 괴사된 조직을 모두 깨끗이 제거

심각한 항문낭 폐색은 항문낭샘 파열을 일으킬 수 있다.

해야 한다. 만약 제대로 제거되지 않으면 몇 개월 뒤 다시 피부에 구멍이나 고름이 생길 수 있다.

ⓟ 정확하게 종양질환 이해하기

종양 ━━━

종양을 쉽게 설명하면 조직세포가 비정상적으로 자
란 혹을 의미하며 어떤 조직이나 신체기관에서든 서로
다른 형태로 나타날 수 있다. 예를 들어 종양이 하나
의 덩어리 형태로 나타났다면 정상적인 조직구조에서
자라났을 것이다. 그러므로 종양의 진단은 반드시 병
리조직검사를 통해 받아야 한다. 만약 수의사가 고양
이에게서 비정상적인 조직 덩어리나 조직의 변화를 발
견했다면 덩어리의 샘플을 채취해야 종양인지 아닌지
판단할 수 있다. 또한 이를 통해 한 발 더 나아가 양성

고양이 비강 종양

인지 악성인지도 판단이 가능하다. 일반 조직 샘플은 조직병리 실험실에 보내져 병리학 전
공 수의사가 임상 수의사에게 정확한 검사 보고서를 보내준다. 이런 보고서는 내용이 정확
한데다 공신력이 있다. 그러므로 고양이 몸에 비정상적인 혹이 발견했다 하더라도 이런 과
정을 거쳐야 종양이라는 진단을 내릴 수 있다.

종양이 의심되면 정밀검사를 받아야

수의사가 고양이에게 종양이 있는 것으로 의심하고 있다면 우선 정밀검사를 해야 한다. 검
사를 하지 않는 이상 양성인지 악성인지 확인하지 못하며, 종양 진단은 경험적 임상으로 판
단을 내려선 안 된다. 경험이 많은 수의사일수록 함부로 추측하지 않기 때문이다. 더불어
경험적 판단과 검사 결과는 항상 일치하지 않는다. 생명은 매우 오묘한 것이라서 누구도 함
부로 추측할 수 없으며, 세포학적 검사와 조직검사만이 확실하다고 할 수 있다. 양성 종양
은 일반적으로 종양이 다른 조직이나 기관으로 전이되지 않았다는 것을 의미한다. 반면 악
성 종양은 혈액이나 림프계에서 다른 기관으로 전이가 됐다는 뜻이다.

하지만 양성 종양이라고 해도 자라는 위치가 목숨에 위협이 되고 절제하기가 쉽지 않다면
악성 종양이라고 봐야 한다. 뇌종양이 바로 그런 종류다. 양성 종양은 당장 치료할 필요는
없지만 이후 악성으로 바뀔 수 있기 때문에 꾸준한 관리가 중요하다. 그러므로 현재 단계

 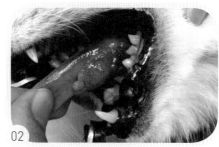

01 / 고양이 뒷다리에 생긴 종양   02 / 고양이 혀 아래에 생긴 종양

에서 병리조직검사에서 양성으로 나왔다 하더라도 이후에 악성이 될 수도 있다는 점을 간
과해선 안 된다.

고양이 몸에서 비정상적인 혹이 만져질 때

고양이는 종양이 자라기 쉬운 동물이다. 그래서인지 많은 고양이 보호자들이 고양이를 안
으며 여기저기 더듬어보다 혹(덩어리)이 만져지면 서둘러 수의사를 찾아와 진찰을 받는다.
이럴 경우 보통 수의사들은 보호자에게 현재 상태에서 혹이 더 커지지 않는지 주의 깊게
관찰해달라고 당부하며 어떤 진단이나 치료를 하지 않을 것이다. 하지만 하루가 다르게 혹
이 커진다면 수의사와 판단하에 정밀검사를 받아야 한다. 행여 치료를 받을 수 있는 가장
좋은 시기를 놓치지 않도록 말이다.

우선 수의사는 촉진으로 혹을 만져보며 단단한 정도와 온도를 느낀다. 또한 고양이가 촉진
을 할 때 통증을 느끼지 않는지도 관찰한다. 그런 다음 초음파검사를 통해 종양 내부를 확
인한다. 만약 초음파검사로 종양 안이 액체 상태로 나타나면 천자穿刺로 추출해 그 추출물
의 조직염색법을 실시한다. 또한 초음파검사를 통해 종양이 실질조직의 영상으로 나타나면
우선 가는 바늘로 추출해 세포 검사를 진행해야 한다. 이렇게 1차 진단이 이뤄지면 이를 근
거로 고양이 보호자의 허락하에 조직 샘플을 채취하거나 종양덩어리를 절제해볼 수 있다.
또한 이렇게 채취한 조직은 실험실에 보내 병리조직검사를 진행해야 한다.

체강에서 비정상적인 혹을 발견했을 때

복강 종양은 수의사가 복부 촉진과 초음파검사 또는 X-ray 촬영으로 발견할 수 있으며, 고

고양이 어깨에 생긴 종양

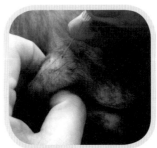

가는 바늘로 조직 샘플을 채취한다.

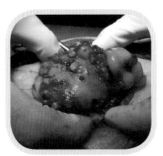

개복수술로 채취한 조직 샘플
(장간막의 종양)

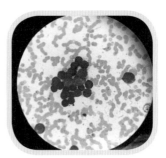

가는 바늘로 채집한 조직은
세포 검사를 해야 한다.

양이 보호자가 손으로 만져본다고 확인할 수 있는 것이 아니다. 이런 체강 안의 비정상적인 혹은 수의사가 초음파검사로 간과 신장, 췌장, 비장, 위장 등 어느 기관에서 시작됐는지 탐지할 수 있다. 그 다음에 조직 샘플을 채취해야 한다. 채취 방식은 여러 가지가 있는데 초음파검사를 한 뒤 조직 채취용 바늘로 조직을 채취하거나 가는 바늘로 조직 샘플을 추출하거나 내시경으로 찾아 조직 샘플을 채취할 수 있다. 또 탐색적 개복수술로 조직 샘플을 채취하기도 한다.

어떻게 탐색적 개복수술을 할 수 있을까?

영상 검사(초음파검사, X-ray, 단층촬영 검사)로 복강 안의 문제를 확인할 수 없을 때 반드시 복강을 열어 직접 검사를 해야 한다. 어떤 영상 검사도 직접적인 시진과 촉진을 대체할 수 없기 때문이다. 고양이가 원인을 알 수 없는 복강질환을 앓게 됐을 때 내과에서 복강출혈이나 복막염, 종양 등을 컨트롤할 수 없으면 탐색적 개복수술이 목숨을 구할 수 있는 하나뿐인 방법이 될 수도 있다.

그러므로 수의사가 판단하길 고양이의 상태를 확실하게 알기 위해 탐색적 개복수술이 필요하다고 판단되면 보호자와 잘 상의해 진행해야 한다. 치료 적기를 놓치지 않기 위해선 빠른 판단도 중요하다.

조직 샘플 채취 방식의 차이

종양질환에 있어 탐색적 개복수술은 수의사가 직접 종양을 보고 만질 수 있기 때문에 종양을 절제할 것인지, 종양이 어느 기관에서 시작됐는지 등을 바로 판단할 수 있다. 만약 종양을 절제할 수 없다면 조직 샘플을 채취해야 한다. 초음파검사로 조직 샘플을 채취할 수 있다면 복강을 열어볼 필요가 없다.

하지만 출혈 상황과 지혈의 진행을 확인할 수 없으며 자칫 다른 기관에 상처를 입힐 수도 있다. 반면 내시경으로 조직 샘플을 채취하는 것은 직접 지혈을 할 수 있다. 하지만 시야가 제한적이고, 기계 값이 비싸며, 수술 시간이 탐색적 개복수술보다 길어질 수 있다. 이 세 가지 조직 샘플 채취 방식 중 어떤 것이 더 좋고 나쁘다고 판단하기 어렵다. 그러므로 이런 방법들을 선택하기에 앞서 동물병원의 설비와 수의사의 경험, 고양이의 상태를 종합적으로 고려해야 한다.

화학요법치료

고양이나 개도 화학요법치료를 받을 수 있다. 고양이의 종양이 악성이라 절제할 수 없거나 전이의 위험성이 높다든지, 이미 다른 기관으로 전이가 됐을 때는 화학요법치료를 고려해봐야 한다. 하지만 이 약제는 종양세포나 골수세포, 모발세포 등 빠른 속도로 증식하는 세포를 파괴하기 때문에 털이 빠지거나 골수억제(빈혈, 백혈구 감소, 혈소판 감소) 등의 부작용이 나타날 수 있다.

많은 고양이 보호자들이 어디선가 들은 약물의 부작용 때문에 반려동물에게 화학요법치료 받기를 거절하기도 한다. 하지만 모든 약은 부작용이 나타날 가능성이 있으므로 수의사는 이런 부작용에 관해 고양이 보호자에게 충분히 설명해줘야 한다. 우리가 흔히 먹는 감기약에도 부작용은 많다. 부작용으로 나타날 수 있는 모든 가능성을 표시해놓는다고 해서 정말 그 모든 부작용이 다 나타나는 것은 아니다. 화학요법치료제도 마찬가지다. 물론 화학요법치료를 시작하기에 앞서 수의사와 고양이 보호자는 치료 과정과 비용, 예후, 생존율 등에 관해 상세하게 논의를 해야 할 것이다.

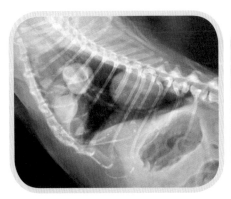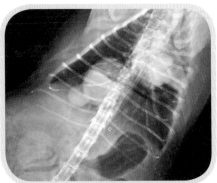

흉강 X-ray 영상으로, 폐부에 몇 개의 뚜렷한 종양이 보인다.

방사선치료

고양이가 방사선치료를 받을 수 있는 설비를 갖춘 병원은 그리 많지 않다. 하지만 몇몇 수의학과가 있는 대학교에선 일반 병원과 협력해 방사선치료를 진행하고 있다. 종양의 종류와 부위의 난이도에 따라 치료 과정과 비용은 달라진다. 과거에 전통적인 방식으로 치료하기 어려웠던 구강과 비강 종양 등의 방사선치료는 고양이의 건강을 회복할 수 있는 새로운 선택이 될 수 있다.

꼭 조직검사를 해야 할까?

일부 고양이 보호자는 검사 비용이 아깝거나 혹은 슬픈 결과를 알게 될까 봐 조직검사를 하지 않으려고 한다. 하지만 제때 검사를 하지 않으면 치료도 늦춰질 수밖에 없다. 종양 조직검사를 한다는 것은 수의사가 이것을 바탕으로 치료의 방향과 예후의 평가를 결정할 수 있는 중요한 과정이다. 조직검사 없는 진단은 고양이 보호자나 수의사 모두에게 물음표를 한가득 안길 수밖에 없다. "고양이의 몸 상태는 어떨까?", "고양이는 화학요법치료를 받아야 할까?", "치료의 효과는 어떨까?", "치료를 받으면 고양이가 얼마나 더 오래 살 수 있을까?" 등의 수많은 질문들은 조직검사 없이는 어느 것 하나 속 시원히 해결할 수 없다.

종양도 전염이 될까?

이론상 종양은 다른 동물이나 사람에게 전염되지 않는다. 하지만 유전적 요인이나 환경적 요인을 소홀히 해서는 안 된다. 한 가족의 반려동물이 이미 여러 가지 종양의 병례를 보인다면 다른 어린 반려동물도 몸에 비정상적인 종양이 없는지 반드시 검사해봐야 한다. 또한 종양이 발견됐다면 바로 샘플을 절제한 뒤 조직검사를 통해 진단을 받아야 한다.

여기서 말하는 환경적 요인이란 반려동물이 같은 환경에서, 같은 보살핌을 받으며, 같은 화학 또는 물리적 물질을 접할 경우 거기에 암을 유발하는 요소가 있을 수도 있다는 뜻이다. 반려동물들에게 잇따라 종양이 생긴다면 고양이 보호자라고 예외가 될 순 없다.

외과수술 없이 화학요법치료를 받을 수는 없을까?

물론 외과수술 없이 화학요법치료만 받을 수도 있다. 하지만 의학적 논리로 봤을 때 화학요법치료만으로는 부족할 수 있다. 악성 종양은 기회가 있을 때 완전히 혹은 최대한 절제해야 한다. 그래야만 이어지는 화학요법치료를 통해 남은 종양 세포들을 효과적으로 죽일 수 있기 때문이다. 악성 종양을 아예 절제할 수 없다면 화학요법치료를 고려해야겠지만 절제가 최선의 방법이다.

호스피스 케어

만약 고양이가 악성 종양 진단을 받아 외과에서 절제수술이 불가능하고 화학요법치료도 효과가 없다면 적극적인 치료가 고양이에게 큰 도움이 되지 않는다는 사실을 직시해야 한다. 특히 고양이 보호자는 고양이의 몸 상태가 좋지 않음을 인식하고 고양이와의 이별을 준비해야 한다. 이때 고양이를 위해 어떤 침습적 치료를 받는 게 나을까 아니면 호스피스 케어를 받는 게 나을까?

만약 당신이 수의사와 상의해 호스피스 케어를 선택했다면 수의사는 그에 맞는 치료를 해줄 것이며, 고양이 증상을 완화시킬 수 있는 스테로이드제나 진통제, 식욕촉진제 등을 처방해줄 것이다. 더불어 종합비타민이나 영양제, 종양의 성장을 억제하는 영양제 등도 포함될 수 있다. 음식에 있어서도 고양이의 입맛을 돋울 수 있는 냄새가 짙은 통조림 식품을 선택하는 것이 좋다. 아니면 보호자가 직접 정성껏 준비한 음식으로 고양이의 마지막 여정을 편안하게 해줄 수도 있다.

안락사

고양이가 악성 종양 말기가 되면 대부분 보호자들은 이렇게 묻는다. "얼마 남지 않았나요?" 그리고 고양이가 호스피스 케어를 받는 도중에 더 이상 먹지도 마시지도 못하고, 몸에 마비가 오거나 심각한 탈수 증상이 나타난다든지, 살이 계속 빠져 삶의 질이 떨어지면 안락사를 고려해보기도 한다. 물론 안락사를 결정하는 것은 고양이 보호자에게 결코 쉬운 일이 아니다. 보호자의 머릿속에는 '고양이가 더 살고 싶은 것은 아닐까?', '고양이가 아직 생기 있는 눈으로 나를 보고 있는데……'라는 생각이 맴돌 것이다.

하지만 반대로 생각해보는 것은 어떨까? 고양이는 몸이 불편한 상태에서 오래 살기를 바랄까? 대부분의 악성 종양은 시간을 오래 끌며 고통스럽게 고양이의 몸을 갉아먹으며 그나마 남아 있던 존엄마저 삼켜버린다. 이런 괴로움은 고양이에게 매우 잔인할 수도 있다. 안락사의 문제는 사람에게나 반려동물에게 도저히 답을 풀 수 없는 매우 어려운 문제로, 쉽게 결정을 내려서는 안 될 것이다.

만약 당신의 고양이가 이미 심각한 악성 종양이란 진단을 받았고, 더 이상 정상적인 활동을 하거나 음식을 먹을 수 없다면 나는 수의사로서 고양이가 이 행복했던 날들을 끝마칠 수 있게 해줘야 한다고 생각한다.

PART

9

고양이 집에서 돌보기
집에서도 가능한 반려묘 건강 관리!

애묘인이라면 고양이가 갑자기 밥을 먹지 않거나 코가 바짝 말라 걱정해본 경험이 있을 것이다. 그럴 때는 흔히 '고양이가 어디 아픈 거 아냐?'라는 생각을 하게 된다. 또 가끔은 고양이의 귀가 뜨거운 것을 발견하고 열이 난다고 성급하게 오해하기도 한다. 하지만 고양이는 긴장했을 때도 쉽게 열이 오르는 동물이다. 이 단원에서는 고양이의 몸 상태를 더 잘 이해하고, 병원에 데려가야 할지 미리 확인할 수 있도록 집에서 하는 일상적인 고양이 돌보기와 치료에 대해 자세히 소개하고자 한다.

Ⓐ 고양이의 체온 측정

정상적인 고양이의 체온은 38~39.5℃로 40℃를 넘으면 열이 난다고 할 수 있다. 또는 고양이들은 호흡이 얕고 빨라지거나 정신이 혼미해지고 식욕이 떨어지는 일이 간혹 있다. 심지어 어떤 고양이들은 음식을 먹지 못하고 자는 시간이 길어지기도 한다. 하지만 여름에 실내 기온이 지나치게 높거나 고양이가 심한 운동을 한 뒤에도 체온이 40℃를 넘을 수 있다.

항문의 온도로 고양이의 체온을 잴 때는 사람이 쓰는 온도계를 사용한다. 다만 대다수 고양이는 항문 온도를 재려고 하면 화를 내거나 반항을 할 수 있으므로 그럴 때는 귀의 온도를 재야 한다. 주의할 점은 귀의 온도가 항문의 온도보다 조금 낮다는 사실이다. 귀의 온도를 잴 때는 반드시 동물 전용 귀 온도계를 사용해야 한다. 고양이의 귀는 부드럽게 휘어져 있어서 사람이 쓰는 온도계로는 귀의 온도를 정확하게 측정할 수 없기 때문이다.

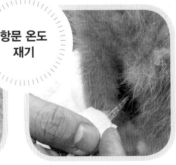

항문 온도 재기

귀 온도 재기

항문 온도를 잴 때는 온도기에 미리 윤활유를 묻혀 고양이가 불편하지 않도록 해야 한다. 또한 한 사람은 온도를 재고 다른 한 사람은 고양이를 고정시켜 안심하게 해야 한다.

온도계 머리를 항문에서 2cm 정도 밀어 넣은 뒤 20~30초 정도만 있으면 온도를 확인할 수 있다.

손가락으로 고양이의 귀를 살짝 잡고 귀 온도계를 귀 안쪽으로 넣어 측정 버튼을 누르면 온도를 바로 확인할 수 있다.

B 고양이의 심장박동과 호흡수

정상적인 고양이의 심장박동 수는 분당 120~130회이며, 호흡수는 분당 30~40회다. 고양이가 편안한 상태에서 50회 이상 호흡하거나 눈에 띄게 복식호흡을 하거나 입을 열고 호흡한다면 병에 걸린 것이 아닌지 의심해야 한다. 호흡이 지나치게 빠르거나 힘을 주어 숨을 쉬면 대부분 상부 호흡기(비강에서 기관지 일부)나 폐, 흉강의 질병과 관련이 있다.

보통 애묘인들은 고양이의 배가 오르락내리락하면 심장이 뛰는 것이라 생각하는데 사실 이는 호흡이 만들어낸 현상이다. 실제 고양이의 심장이 뛰는 모습은 육안으로 관찰하기 어렵다. 심장박동이나 호흡수를 계산하려면 고양이가 조용히 휴식을 취하고 있을 때 측정하는 것이 가장 좋다. 고양이가 놀거나 화가 났을 때는 호흡 혹은 심장박동이 증가해 정확한 결과를 얻을 수 없기 때문이다. 또한 더운 여름에 실내에서 선풍기나 에어컨을 켜놓지 않거나 냉기가 없으면 고양이의 호흡과 심장박동 수도 쉽게 빨라진다.

호흡 측정

고양이가 쉬고 있을 때 고양이의 배가 위아래로 1회 들어갔다 나오면 호흡수 1회와 같다. 15초 동안의 호흡수를 측정해 4를 곱하면 바로 분당 호흡수를 계산할 수 있다.

심장박동 측정

고양이가 자거나 쉬고 있을 때 다리 안쪽의 늑골 부위를 만지면 심장이 뛰는 것을 느낄 수 있다. 마찬가지로 15초 동안의 심장박동 수를 확인해 4를 곱하면 분당 심장박동 수를 알 수 있다.

ⓒ 고양이의 수분 섭취

고양이에게 매일 필요한 수분 섭취량은 40~60cc/kg/일 정도이지만 고양이는 본래 물 마시기를 싫어하는 동물이다. 따라서 고양이가 이렇게 많은 물을 마시는 것은 거의 불가능하다. 하지만 고양이는 신장질환이나 비뇨기질환에 걸리기 쉬운 동물이라 물을 많이 마시면 이런 질병을 예방할 수 있다. 그 때문에 수많은 애묘인들이 어떻게 하면 고양이에게 물을 마시게 할 것인가를 두고 고민한다. 이를 해결하고 싶다면 집 안 곳곳에 물그릇을 놓아 고양이가 어디에서든 물을 마실 수 있게 하는 것이 좋다. 혹은 아래에 소개하는 고양이에게 물을 더 마시게 하는 몇 가지 방법을 참고해보자.

고양이 급수기

직접 제작한 급수기

수도꼭지를 통해 물을 먹게 하기

고양이에게 조금 큰 물그릇 주기

고양이가 좋아하는 컵에 물 담아주기

물을 손바닥에 담아 고양이에게 주기
(그다지 권하지 않음)

주사기로 고양이에게 물 먹이기
(그다지 권하지 않음)

통조림에 물을 더 첨가하기

겨울에 따뜻한 물 먹이기

고양이의 수분 섭취량을 늘릴 수 있는 방법

❶ 사료에 물을 첨가한다. 습식이든 건식 사료든 상관없이 물을 첨가하는데 처음에는 소량으로 시작하다가 점차적으로 늘린다.

❷ 밥그릇 옆에는 항상 물그릇을 놓고, 고양이가 이동하는 통로에 몇 개의 물그릇을 더 놓는다.

❸ 물그릇의 물은 정기적으로 갈아주면서 청결하게 유지한다.

❹ 어떤 고양이는 넓적한 물그릇을 좋아하고, 어떤 고양이는 폭이 오목한 그릇을 좋아하기 때문에 고양이의 취향에 맞춰 물그릇을 준비한다.

❺ 식수는 정수나 증류수 또는 생수로 제공한다.

❻ 반려동물용 식수대를 사용하면 고양이가 흐르는 물에 관심을 가져 수분 섭취량이 늘어날 수 있다.

❼ 물이 뚝뚝 떨어지는 수도꼭지 아래에 그릇을 놓고 고양이가 언제든지 마실 수 있도록 한다. 다만 물이 그릇 밖으로 흐를 수 있기 때문에 그릇이 배수구를 막지 않도록 한다.

❽ 여름철에 하면 좋은 방법으로, 냄비에 처방 사료와 물을 적당하게 넣고 10분 정도 끓인 다음 체로 걸러낸 뒤 물을 얼음 틀에 붓고 얼린다. 큰 대야에 얼음을 넣고 그 안에서 고양이를 놀게 한다. 여름에 놀이를 하면서 수분을 섭취할 수 있다.

❾ 식수에 습식 사료를 넣어 맛있는 향을 섞으면 고양이의 수분 섭취량을 늘릴 수 있다.

Ⓓ 고양이의 소변검사

고양이의 소변검사는 질병을 진단할 수 있는 매우 중요한 방법이며, 주요 실마리를 제공하기도 한다. 하지만 고양이의 소변을 채취하는 것은 쉬운 일이 아니다. 고양이는 소변을 볼 때 누가 방해하면 바로 배뇨를 멈추기 때문이다. 뿐만 아니라 고양이의 소변을 보관하는 일도 매우 중요한데 신선한 소변을 채취했다면 1시간 안에 병원에 보내 검사하는 것이 좋다. 소변을 상온에 둘 경우 진단에 오류가 생길 수 있기 때문이다. 많은 애묘인이 소변검사가 있다는 사실만 알 뿐 실제 소변검사의 세부 항목이 무엇인지, 어떤 의미인지는 잘 알지 못한다. 그래서 아래에 기본 소변검사의 세부 항목과 그 의미에 대해 간단히 소개하고자 한다.

❶ 단백뇨 : 신장병이나 방광염이 생겼을 때 소변에 단백질이 나타난다.

❷ 소변 비중 : 요비중이라고도 하는 소변 비중은 신장이 소변을 농축할 수 있는 힘을 가리킨다. 고양이가 건식 사료를 먹을 경우 정상 소변 비중이 1.035보다 크며, 습식 사료를 먹을 경우 정상 소변 비중이 1.025보다 크고, 신장 기능이 좋지 않을 경우 소변 비중은 1.012 이하다.

❸ 소변 pH 수치 : 정상적인 소변의 pH 수치는 6~7 사이로, 산이든 알칼리든 지나치게 많으면 산성 혹은 알칼리성 결석이 생기기 쉽다. 수컷 고양이의 요로결석은 비뇨기 폐쇄를 일으킬 수 있으니 특히 조심해야 한다.

❹ 요당尿糖 : 정상적인 소변에는 포도당이 나오지 않지만 고양이가 당뇨에 걸리면 소변에서 요당 반응이 나타난다.

❺ 케톤체 : 당뇨에 걸린 고양이가 오랫동안 음식을 먹지 않으면 지방 대사에 이상이 생긴다. 그 때문에 몸에 해로운 대사산물인 케톤체가 과다하게 생성된다. 케톤이 소변에서 검출된다는 것은 고양이의 몸 상태가 위험한 상황일 수 있음을 의미한다.

❻ 빌리루빈과 우로빌리노겐 : 고양이에게 간질환이 있으면 본래 간에서 처리하던 빌리루빈과 우로빌리노겐urobilinogen, 빌리루빈의 유도체이 대부분 소변으로 배출된다.

❼ 잠혈 : 고양이가 방광염, 비뇨기 결석증에 걸렸거나 신장 손상을 입은 경우 소변에 피가 섞여 있거나 소변 자체가 붉은색으로 변할 수 있다.

❽ 소변 현미경검사 : 소변에 결석이 있는지 검사할 수 있을까? 있다면 어떤 종류의 결석일까? 혈청이나 세포가 있는지 없는지 등 모두 현미경검사를 통해 진단의 근거로 삼을 수 있다.

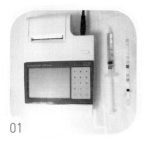  

01 / 소변검사기   02 / 소변 비중 측정기   03 / 현미경으로 인산마그네슘암모늄의 결정을 확인할 수 있다.

채뇨의 방법

애묘인들에게 채뇨는 상당히 어려운 일이다. 고양이가 언제 화장실에 갈지 알 수 없거니와 막상 가보면 이미 소변을 본 뒤일 때가 많기 때문이다. 또는 막 채취를 하려고 하는데 방해를 받는다고 느낀 고양이가 볼일을 멈추고 나가버리기도 한다. 이뿐 아니라 방광염에 걸린 고양이도 방광 통증 때문에 소변을 많이 누지 못한다. 이처럼 소변을 채취하는 일은 여간 어려운 일이 아닐 수 없다. 이를 해결하기 위해 아래에 간단히 소변을 채취할 수 있는 몇 가지 방법을 소개한다. 채뇨를 하기 전에는 반드시 수집 용기를 깨끗이 씻어 세제 등이 묻어 있지 않게 해야 하며 고양이 화장실을 깨끗이 청소해놓은 상태여야 한다. 고양이는 청결을 매우 중시하기 때문에 고양이 화장실이 지저분하면 소변을 보지 않을 수 있기 때문이다.

방법1 평판형 화장실에 고양이 모래를 살짝 깐다
장점 : 채취가 편리하다.
단점 : 평판형 화장실은 대부분 벤토나이트 고양이 모래를 사용하기 때문에 소변 샘플을 오염시키기 쉽다.

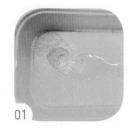 

01 / 고양이 화장실 안에 고양이 모래를 살짝 뿌린다.
02 / 고양이의 배뇨가 끝나면 고양이 모래에 닿지 않은 소변을 채취한다.

방법2 거름망 화장실에 고양이 모래를 살짝 깐다

장점 : 고양이 화장실 아래 칸의 소변을 바로 채취할 수 있어 편리하다.

단점 : 소변 일부가 고양이 모래에 오염될 수 있으니 가능한 오염되지 않은 소변을 채취해야 한다.

01 / 고양이 화장실 안에 고양이 모래를 살짝 깐다.

02 / 고양이의 배뇨가 끝나면 거름망 아래의 소변을 채취한다.

방법3 작은 접시나 숟가락을 이용해 소변을 채취한다

장점 : 채취하는 소변이 비교적 오염되지 않는다.

단점 : 민감한 고양이는 보호자의 행동에 배뇨를 멈출 수 있기 때문에 되도록 빨리 채취해야 한다. 또한 고양이가 쪼그리고 앉으면 자세가 매우 낮아서 채취하는 용기를 밑에 놓기가 쉽지 않다.

01 / 고양이가 배뇨할 때 채취하는 용기를 그 밑에 놓아둔다.

02 / 숟가락으로 소변을 채취한다.

방법4 병원 내 입원실에서 소변을 채취한다

가정에서 고양이 소변을 채취하기 어렵다면 동물병원에서 채취하는 방법도 있다. 병원에 머무

는 시간은 반나절에서 하루 정도면 된다.

장점 : 깨끗한 소변을 채취해 바로 검사할 수 있다.

단점 : 병원이라 고양이가 긴장하기 쉽다.

방법5 방수성 고양이 모래를 활용해 채취한다

방수성 고양이 모래는 고양이 소변이 모래 위에 뜰 정도로 소변을 응결시키거나 흡수하지 않는다. 고양이 배뇨가 끝나면 바로 스포이트로 소변을 채취할 수 있다.

장점 : 소변 채취가 쉽고 고양이 모래를 재사용할 수 있다.

단점 : 비용이 비싸다.

소변 채취량과 보관

채취한 소변 샘플을 바로 병원에 보낼 수 없다고 냉장 보관하는 것은 좋지 않다. 상온이든 저온이든 소변에 변화가 생길 수 있기 때문이다. 또한 소변 샘플을 채취하지 못했다고 걱정할 필요는 없다. 수의사가 방광천자주사기로 방광 위의 피부를 통해 소변을 채취하는 방법나 마취를 통해 방광에서 더 정확한 소변 샘플을 채취할 수 있기 때문이다.

01 / 깨끗한 주사기나 흡입관을 통해 소변을 채취하되 채취량은 2~3ml 정도면 된다.

02 / 채취한 소변은 깨끗한 용기 안에 넣어 병원에 보낸다.

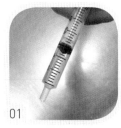

Ⓔ 고양이에게 약 먹이기

좋은 약은 입에 쓰다는 옛말은 틀림이 없지만 안타깝게도 고양이는 쓴맛이라면 질색하는 동물이다. 그 때문에 수의사와 애묘인들은 어떻게든 고양이에게 약을 먹이기 위해 갖가지 묘안을 찾고있다. 수의사에게 제아무리 좋은 의술이 있어도 고양이가 약을 거부하거나 보호자가 약을 먹일수 없다면 헛수고가 된다. 어쩌면 당신은 '약을 안 먹으면 주사를 맞히면 되지'라고 생각할 수도있다. 하지만 매번 주사를 맞히려면 엄청난 비용이 부담될 뿐만 아니라 고양이도 힘들 수밖에 없다. 게다가 모든 약이 주사제로 나오는 것이 아니라서 고양이에게 약을 잘 먹이는 방법을 배워 두는 것이 좋다.

고양이가 먹기 좋은 약 찾기

대다수 내복약은 입에 쓰기 마련이지만 고양이 전문의라면 반드시 먹기 좋은 약을 찾으려고 노력해야 한다. 그래야만 고양이가 순조롭게 완벽한 치료를 받을 수 있기 때문이다. 서양에서는 유명한 동물 약 브랜드들이 고양이가 먹기 좋은 약을 출시하기도 하지만 이런 약은 수요가 적어 따로 구하기가 쉽지 않다. 그렇다 해도 고양이의 입맛에 맞는 약을 찾는 노력을 게을리해서는 안 된다. 또한 비교적 간단하고 편리하게 가루약과 물약을 고양이에게 먹일 수 있는 방법이 있는데 이 또한 약재 자체가 먹기 좋아야 한다. 쓴 약은 아무리 단 약용 시럽을 넣거나 맛있는 통조림과 섞어도 그 맛을 완벽히 감출 수 없기 때문이다. 특히 미식가인 고양이들은 게처럼 거품을 계속 토해내며, 이후엔 이런 통조림을 거부하게 된다.

처음 먹는 약의 중요성

고양이에게 경험은 매우 중요해서 입맛에 맞지 않은 물약을 먹어본 고양이는 심하게 반항을 하며 거품을 토해낸 뒤 다시는 먹으려 하지 않는다. 어떤 고양이들은 물약을 넣는 빈 주사기만 봐도 반항하거나 거품을 토해낸다. 그러므로 고양이에게 처음 약을 먹는 경험은 매우 중요하며 고양이 치료에 익숙하지 않은 수의사가 위와 같은 실수를 저지를 경우 이후의 치료는 점점 더 어려울 수 있다.

가루약과 물약

일반적으로 직접 먹여야 하는 가루약이나 물약은 기호성이 강하거나 맛이 강하지 않다. 그렇지 않으면 아무리 헤어볼 치료제나 통조림을 좋아하는 고양이라 해도 한쪽으로 밀어낸 채 거들떠보지 않는다. 하지만 어떤 고양이들은 맛에 상관없이 약의 냄새만 맡고도 먹지 않으려 하므로 고양이의 상태를 잘 살펴 시도하는 것이 좋다.

물약 먹이기

 Step1   액체 약물을 충분히 흔든다.

Step2   왼손으로 고양이의 머리를 45° 각도가 되게 받친 뒤 엄지와 검지로 머리를 살짝 고정한다.

Step3   이미 추출한 약물이 든 주사기를 오른손 검지와 중지 사이에 끼고 피스톤을 밀어 약물이 살짝 흘러나오게 한다.

Step4   주사기를 고양이 입가의 치아 사이에 두고(송곳니 뒤쪽 정도) 천천히 물약을 밀어넣어 고양이가 핥아먹게 한다. 고양이가 거품을 토해내지 않는다면 천천히 남은 물약을 밀어넣는다.

Step5   고양이가 거품을 토하거나 완강히 거부한다면
약 먹이는 것을 멈추고 수의사와 상의한다.

물약 먹일 때 주의할 점

❶ 머리를 위쪽으로 세우지 않을 경우 어떤 고양이들은 약물을 핥지 않으며
그대로 입 밖으로 흘려버린다.

❷ 고양이의 입을 억지로 벌려 물약을 직접 목구멍에 주사하면 목에 상처를 입
거나 흡입성 폐렴에 걸릴 수 있다.

❸ 물약을 너무 빨리 주사하면 고양이가 핥을 수 없어 입 밖으로 흘리거나 두
려움에 완강히 반항한다.

❹ 고양이가 거품을 토하는데도 억지로 물약을 먹일 경우 실제로 먹게 되는 약
은 한 방울도 되지 않는다.

❺ 물약을 잘 흔들지 않고 추출하면 조제량이 부족하거나 지나치게 많아 중
독이 될 수 있다.

알약과 캡슐

앞서 말했다시피 대부분의 약물은 쓴맛이 나는데 고양이가 이런 약물을 복용하는 법을
배워야 한다면 알약과 캡슐도 먹을 수 있게 해야 한다. 또한 고양이가 이런 복용법을 배우
려면 어렸을 때부터 습관이 될 수 있도록 하는 것이 좋다. 다음의 모든 과정이 신속히 이뤄
질수록 고양이가 약을 잘 먹을 수 있다.

Step1
알약이나 캡슐을 알약 투약기pill dispenser 안에 넣은 뒤 피스톤을 밀어 잘 발사되는지 시험해본다.

Step2
빈 주사기로 2~3cc의 물을 추출한다.

Step3
한 손으로 고양이의 머리를 뒤로 당겨 코와 목덜미, 가슴이 모두 일직선이 되게 한다. 이렇게 하면 목에서 연결된 배가 열려 고양이의 입이 쉽게 벌어진다.

Step4
다른 손 검지와 중지로 알약 투약기를 잡고 엄지로 피스톤을 살짝 민다.

Step5
재빨리 알약 투약기를 구강에 집어넣어 약을 혀 안쪽으로 발사한다.

Step6
그런 다음 고양이의 입을 바로 닫고 코에 입김을 불어주거나 손가락으로 코끝을 문지르고 편안히 입을 벌릴 수 있게 한다. 이렇게 하면 고양이가 혀를 내밀어 코끝을 핥는데 그러는 동안 약물이 식도를 타고 부드럽게 넘어간다.

Step7   이어서 주사기로 물을 먹이면 약물을 더 정확히 삼켜 캡슐이 목구멍이나 식도 안에 붙는 것을 막을 수 있다.

POINT   이 모든 과정이 신속히 이뤄질수록 고양이가 약을 잘 먹을 수 있다.

알약 먹일 때 주의할 점

❶ 알약 투약기를 미리 시험해 피스톤을 끝까지 밀어 알약이 떨어져 나가는 것을 확인한다.

❷ 머리를 지나치게 세게 잡으면 통증 때문에 고양이가 반항할 수 있다. 이럴 때 손가락으로 고양이의 양쪽 뺨 부위를 누르면 입을 벌릴 수 있다.

❸ 약물을 혀의 가장 안쪽에 발사한다.

❹ 약물을 넣은 뒤 바로 고양이의 입을 닫는다.

❺ 물로 목구멍을 적시지 않으면 캡슐이 목구멍에서 점차 녹아 안에 든 쓴 약이 구강에 스며들어 고양이가 거품을 토하게 된다.

예민하지 않은 고양이에게 손으로 약 먹이기

Step1   왼손 검지와 엄지로 고양이의 광대뼈를 당겨 머리를 가볍게 치켜세운 다음, 턱과 목을 일직선으로 만든 뒤 오른손으로 입을 연다.

Step2 오른손 엄지와 검지로 알약을 쥔다.

Step3 알약을 혀 안쪽으로 떨어뜨리는데 약이 안쪽으로 정확히 들어가지 않으면 고양이가 혀로 약을 뱉어낼 수 있다.

Step4 약을 먹인 뒤 바로 고양이의 입을 닫고 주사기로 물을 먹인다. 고양이는 물 때문에 알약을 넘기게 되는데, 코에 바람을 살살 불어주면 약을 더 쉽게 삼킬 수 있다.

예민하지 않은 고양이에게 간식과 약을 동시에 먹이기

 Step1

알약 겉면을 간식이나 헤어볼 치료제로 감싼다.

 Step2

직접 고양이에게 먹인다.

점적약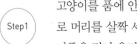

고양이의 눈이나 귀에 점적약을 넣는 일은 고양이에게 내복약을 먹이는 것만큼이나 애묘인들의 골칫거리다. 고양이가 얌전히 앉아 있는 것이 아니라서 보호자가 약을 한 번 넣으려면 고양이 얼굴이 흠뻑 젖고 만다. 게다가 간신히 약을 넣고 나면 약이 반밖에 남지 않은 황당한 경우도 종종 있다.

안약 넣기

Step1
고양이를 품에 안거나 의자에 앉힌 다음 왼손으로 머리를 살짝 세운 뒤 왼손 검지로 고양이 눈꺼풀을 밀어 올려 흰자위가 나오게 한다.

Step2
오른손에 안약을 쥐고 고양이의 시선 뒤쪽에서 흰자위에 한 방울을 떨어뜨린다. 이렇게 고양이의 시선을 피해야 고양이가 겁먹지 않고 덜 반항하기 때문이다.

Step3
안약을 넣은 뒤 고양이가 눈을 깜박이면 남은 안약이 흘러나오는데 깨끗한 휴지로 닦아주면 된다.

안연고 넣기

 Step1   고양이를 품에 안거나 의자에 앉힌 다음 왼손으로 머리를 살짝 세운 뒤 왼손 검지로 고양이 눈꺼풀을 위로 들어올린다.

Step2   오른손으로 안연고를 쥐고 가볍게 0.5cm 정도 짠다. 안연고를 안구 뒤쪽 안각에서 눈꼬리 방향으로 넣는다.

Step3   손가락으로 고양이의 위아래 눈꺼풀을 닫아 안연고가 안구에 충분히 퍼지도록 한다.

귀약 넣기

 Step1   귀에 염증이 나면 귀지가 많이 분비되므로 우선 귀 세정제로 깨끗이 씻어준다.

Step2 한 손으로 고양이의 귀를 고정하고 다른 손으로 귀약을 쥔다.

Step3 외이도의 위치를 정확히 확인한 뒤 귀약 입구를 외이도 깊이 밀어넣는다. 고양이의 외이도는 L자형이라 귀 안에 상처가 나지 않는다. 귀약을 깊숙이 넣지 않으면 고양이가 약을 재빨리 쳐낼 수 있다.

Step4 귀뿌리를 가볍게 만져 고양이가 남은 귀약이나 귀지를 털어내도록 한다.

Step5 휴지로 귓바퀴에 묻은 귀약과 귀지를 깨끗이 닦아내는데 면봉을 외이도 안에 밀어넣어 청소하면 안 된다. 귀지가 밖으로 밀려 나온 것이 아니라면 고양이가 몸부림치다 자칫 외이도나 고막을 다칠 수 있기 때문이다.

F 튜브로 음식 먹이기

고양이도 몸이 아프면 사람처럼 식욕이 점차 떨어진다. 치료 과정에서 고양이가 영양이 부족할 경우 신체 에너지가 결핍돼 2차성 지방간이 생길 수 있다. 이럴 경우 질병의 치료는 더욱 어려워진다. 또한 고양이에게 억지로 음식을 먹이려고 하면 오히려 고양이의 저항만 불러일으킬 수 있으며 보호자가 음식을 먹일 주사기만 들고 와도 도망칠 수 있다. 그렇기 때문에 먹기 싫어하는 고양이는 튜브를 삽입하는 것이 낫다. 튜브로 음식을 주면 강요할 필요가 없어 고양이가 긴장하거나 싫어하지 않는다. 고양이와 보호자 양쪽 모두 스트레스를 받지 않고 질병을 치료하는 데 집중할 수 있다.

고양이에게 튜브를 삽입하는 수술은 그리 심각하거나 어려운 일이 아니다. 오히려 사랑하는 고양이가 계속 식사하지 못해 병이 악화되고 몸이 쇠약해지는 것이 더 힘들 것이다. 그러므로 수의사가 꼭 필요하다고 판단하면 튜브를 삽입해 고양이를 하루라도 더 빨리 회복시켜 집으로 데려가 안정적으로 보살피는 것이 좋다.

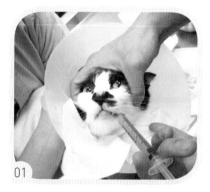

비위관

비위관의 삽입은 비교적 간단한 수술로 전신 마취 대신 부분 마취를 통해 튜브를 비강으로 밀어넣으면 큰 자극 없이 비강 안에 삽입할 수 있다. 단점이 있다면 비강의 폭 때문에 가볍고 작은 비위관만 선택할 수 있다는 것이다. 유동식만 먹일 수 있기 때문에 알갱이가 크면 튜브가 막히므로 일단 튜브가 막혀 뚫기 어려우면 다른 콧구멍에 비위관을 삽입해야 한다. 또한 비위관은 한 번에 4~7일 정도만 사용할 수 있어 오랫동안 사용할 수 없다는 단점이 있다.

01 / 음식을 억지로 먹이려 하면 고양이의 저항만 거세진다.
02 / 비위관은 고양이 코 위에 살짝 고정해 붙여 감싸는 것이 좋다.

비위관으로 음식 먹이는 방법

유동식과 물, 주사기를 준비한다. 비위관은 비교적 얇기 때문에 유동식이 아닐 경우 튜브가 막힐 수 있다.

오른손으로 물이 든 주사기를 들고 왼손으로 비위관의 마개를 고정한 다음 열기 전에 왼손 엄지와 검지로 마개 근처의 튜브를 눌러 공기가 위 안으로 들어가지 못하도록 한다.

3~5ml의 물이 든 주사기로 비위관을 씻어 튜브가 막히지 않았는지 확인한다.

유동식이 든 주사기를 비위관에 연결해 천천히 피스톤을 민다. 음식이 들어갈 때 왼손으로 비위관을 받쳐야 하는데 유동식이 흘러들어가는 압력이 커져 주사기와 비위관이 연결된 부분이 분리되면서 음식이 뿜어져 나올 수 있기 때문이다. 또한 음식을 지나치게 빨리 주면 고양이가 토할 수도 있다.

Step5

Step6

유동식을 다 먹인 뒤 다시 물을 채운 주사기로 비위관을 씻어낸다. 음식물이 튜브 안에 남아 있으면 막히기 쉬워 다음에 음식을 줄 때 곤란할 수 있다.

식사를 한 뒤에는 반드시 비위관 마개를 잘 닫아둔다. 그리고 비위관 머리를 다시 감싼 붕대 안으로 넣어야 고양이가 튜브를 망가뜨려 공기가 위 안으로 들어가는 것을 방지할 수 있다.

식도위관

식도위관은 비위관과 달리 직경이 커서 알갱이가 작은 죽도 먹일 수 있다. 또한 튜브를 삽입하고 몇 달도 놔둘 수 있는데 다만 튜브를 연결한 목 부위 피부에 감염이 일어날 수 있으니 조심해야 한다. 식도위관은 잠깐만 마취해도 삽입할 수 있으므로 비교적 상태가 안정적인 고양이에게 적합하다.

식도위관을 이용해 음식을 먹일 수 있다.

식도위관으로 음식 먹이는 방법

고양이가 하루 먹을 만큼의 사료를 저울로 달아 분쇄기에 넣는다. 분량은 사료 포장지에 표시된 권장량을 따르거나 수의사가 계산해준 하루 필요 열량대로 조절한다.

과립 형태의 사료는 최대한 갈아서 분말로 만들어야 주사기로 추출했을 때 막히지 않는다.

사료 분말에 물을 넣어 섞어준다. 분말에 물을 넣으면 팽창할 수 있으며, 심지어 시간이 오래되면 사료로 만든 죽이 수분을 다 흡수하기도 한다. 이럴 경우 죽이 굳어 주사기로 추출하기 어려워진다.

주사기로 추출할 수 있는 상태의 사료죽을 만든다.

식도위관으로 음식 먹이는 방법

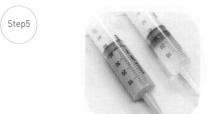

Step5

사료죽과 물이 든 주사기를 따로 준비한다.

Step6

식도위관의 마개를 열 때 손가락으로 살짝 막아 공기가 위 속으로 많이 들어가지 않게 한다.

Step7

먼저 5cc의 물로 식도관을 씻어 막히지 않았는지 확인한다.

Step8

사료죽을 식도위관 속으로 천천히 주입한다.

Step9

이어서 5~10cc의 물을 넣어 튜브 안에 남은 음식물을 깨끗이 씻어낸다.

Step10

식도위관의 마개를 닫은 뒤 감싼 붕대 안으로 넣어 고양이가 마개를 건드리지 못하도록 한다.

식도위관 삽입할 때 주의사항

❶ 삽입 시기 : 고양이가 이틀 이상 식사를 하지 못하거나 갑작스럽게 체중이 많이 감소했을 때(체중의 10%) 정도 삽입한다.

❷ 음식을 먹이기 전 체온에 가깝게 데워야 구토의 발생 가능성을 낮출 수 있다.

❸ 식도위관이 막힌 경우 콜라를 부어 튜브를 뚫을 수 있다. 콜라를 통해 튜브를 뚫을 경우 몇 시간 정도 걸릴 수 있다. 하지만 다시 막힌다면 고양이를 병원에 데려가는 것이 낫다.

❹ 식도위관 삽입은 고양이 스스로 식사하는 데 영향을 주지 않는다. 그러므로 고양이가 혼자 충분한 양의 음식을 먹을 수 있게 되면 튜브를 제거해도 된다.

❺ 매일 먹을 음식량과 횟수, 음식의 종류는 수의사와 상의해 조절한다.

ⓖ 고양이 피하 주사

일반적으로 당뇨나 신장병에 걸린 고양이는 보호자가 가정에서 돌보며 피하 주사를 맞혀야 한다. 통증을 참아내는 고양이의 능력은 상상 이상이라 사실 피하 주사의 통증은 고양이에게 그리 크지 않다. 다만 보호자가 먼저 바늘에 대한 두려움을 극복하고 고양이를 위해 독한 마음을 먹어야 한다. 아이들이 치료 받기를 싫어하는 것처럼 고양이도 마찬가지다. 하지만 고양이를 위해서는 반드시 치료가 필요하다. 사실 요령만 터득하면 피하 주사를 맞히기는 그리 어려운 일이 아니다. 물론 고양이가 좋아하는지 아닌지를 잘 살피는 것도 중요하다. 다만 피하 주사를 맞힐 때 시간이 오래 걸려 채 다 맞기도 전에 고양이가 짜증을 낼 수 있으니 주의해야 한다. 이럴 때는 고양이를 이동장 안에 넣고 주사를 다 맞힌 다음 밖으로 내보내는 것도 하나의 방법이다.

인슐린 피하 주사

Step1

주사할 인슐린을 미리 추출한다.

Step2

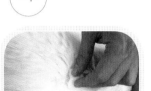

털을 갈라 피부가 잘 보이게 한 뒤 알코올 솜으로 주사할 부위를 소독한다.

Step3

왼손으로 피부를 살짝 잡아 당기고 오른손으로 주사기를 쥔다. 주삿바늘이 45° 각도로 피부에 꽂히게 한다. 주삿바늘은 매우 얇고 짧기 때문에 정확히 피부 안으로 꽂아야 한다.

Step4

Step5

피스톤을 누른 뒤 주사기를
뽑아 인슐린이 모두 피하에
주사됐는지 확인한다.

주삿바늘을 뺀 뒤 손으로
주사 부위를 살살 문질러
준다.

피하 점적

피하에 놓는 점적 주사는 탈수를 보충하거나 신장병에 걸린 고양이의 이뇨 작용을 도와
신장 기능이 악화되지 않도록 하는 것이다.

신장질환 피하 점적에 대한 주의 사항

❶ 초기 단계에서 피하 점적 주사는 일주일에 2~3회, 100~200cc 정도를 투여한다.

❷ 날씨가 추울 경우 점적 주사를 놓기 전 수용액을 따뜻한 물에 담가 35~40℃ 정도 온도
를 높이는 것이 좋다.

❸ 초기 단계에서 수의사가 고양이의 탈수 상태와 신장 수치의 변화를 관찰할 수 있도록
일주일에 한 번 병원에 내원하는 것이 가장 좋다.

❹ 수액 선택에 있어서는 링거젖신용액을 권장한다. 디불이 장기간 진행될 수 있기 때문
에 세균 증가를 피하고 감염의 위험을 막기 위해서 설탕이 함유된 링거액을 권장하지
않는다.

❺ 보호자는 피하에 점적 주사를 맞히기 전 고양이의 피부 상태를 확인해야 한다. 주사를
맞힌 후 발적, 부기, 열, 통증이 나타나면 중지하고 가능한 빨리 병원으로 데려가 수의
사에게 진료를 받아야 한다.

피하 점적 주입

Step1 피하에 점적 주사를 놓으려면 수액용 튜브와 23G 주삿바늘 혹은 23G 나비바늘, 수액 한 병과 알코올 솜이 필요하다.

Step2 수액 마개(파란색)와 수액용 튜브의 플라스틱 마개를 열고 수액용 튜브를 수액병에 꽂는다.

Step3 하얀색 조절기를 닫고(화살표 방향으로) 수액병을 뒤집은 뒤 점적통을 눌러 액체가 흘러나오게 한다.

Step4 하얀색 조절기를 열어 액체가 수액용 튜브와 바늘 끝에 가득차도록 한 뒤 조절기를 다시 닫는다.

Step5 털을 갈라 피부가 잘 보이게 한 뒤 주사를 놓을 부위를 알코올 솜으로 닦는다.

Step6   오른손으로 주삿바늘을 잡고 왼손으로 피부를 살짝 잡아당겨 45° 각도로 바늘을 꽂는다. 바늘이 피부에 꽂힌 것을 확인한 다음 조절기를 열어 점적액이 주입되도록 한다.

Step7   고양이가 소란을 피우면 종이테이프로 수액을 맞는 부위를 고정하고 잠시 이동장에 넣어 안정시킨다.

POINT   피하에 점적 주사를 놓을 때는 항상 액체가 들어가는 양을 관찰해 한꺼번에 많이 들어가지 않도록 조심해야 한다.

도관 삽입 피하 주사 ▬▬

고양이가 만성 신장병에 걸렸는데 보호자가 고양이의 피하에 주삿바늘을 꽂을 수 없을 때 도관導管, 장기 내로 삽입하기 위한 튜브형의 기구을 삽입하는 경우가 많다. 피하에 점적하는 양이나 종류, 기간은 반드시 수의사의 권유에 따라 조정해야 한다. 도관을 통해 점적하는 피하 주사에 문제가 생겼을 경우 즉각 수의사에게 데려가 상담한다.

Step1 앞의 4단계는 피하에 점적 주사를 놓는 것과 같다. 피하에 삽입하는 도관은 목덜미 쪽에 위치하며 수술 부위는 붕대로 감아 도관 입구만 내놓는다.

Step2 도관 입구 주위를 알코올 솜으로 소독한다.

Step3 도관의 마개를 돌려서 연다.

Step4 수액용 튜브와 도관을 연결시킨다.

Step5 흰색 조절기를 열어 병 안의 액체가 흘러나오게 한다.

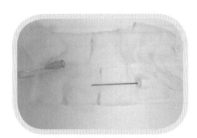

 Step6 도관의 마개는 알코올 솜 위에 놓아 오염되지 않도록 한다.

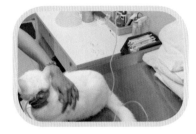

Step7 점적액을 다 맞을 때까지 곁에서 고양이를 안정시킨다.

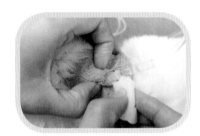

Step8 다 맞은 뒤에는 도관 주위를 알코올 솜으로 소독하고 수액용 튜브를 제거한 다음 도관의 마개를 돌려 닫는다.

ⓗ 고양이 혈당검사

고양이는 매우 예민한 동물이기 때문에 병원에서 혈당검사를 받기 위해 혈액을 채취할 때 긴장하거나 종종 스트레스를 받기 때문에 혈당 수치가 높아진다. 또한 일부 고양이는 병원에 올 때마다 스트레스를 받아 수의사가 혈액을 제대로 채취하지 못하기도 한다.

이러한 요인은 혈당 조절의 불안정성을 유발하고 당뇨 치료 시간을 연장시킨다. 또한 일부 고양이는 신체 상태가 불안정할 때 저혈당 증상에 걸리기 쉽다. 고양이 보호자는 혈당 수치를 정확하게 알지 못하기 때문에 이러한 상태를 고혈당의 한 증상이라고 생각하고 인슐린을 잘못 투여하여 더 심각한 저혈당 증상을 유발하기도 한다.

따라서 이 장에서는 가정에서 쉽게 할 수 있는 혈당검사를 통해 혈당의 오차 값을 줄이고 저혈당 증상의 발생을 줄여 당뇨를 앓는 고양이의 혈당 조절을 보다 안정적으로 만들 수 있는 방법을 소개하고자 한다. 이로 인해 당뇨 치료 가능성이 높아질 것이다.

혈당계 선택

시중에 판매되는 혈당계는 사람에 맞춰 수치가 조정되어 있기 때문에 고양이의 경우 정확한 혈당을 측정하기 어렵다. 이런 차이는 임상적으로 허용되는 것이기는 하지만 고양이에게 적합한 의료용 혈당계를 사용하는 것이 가장 좋다.

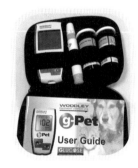

동물 전용 혈당계

혈당검사 단계

가정에서 혈당을 검사하는 것은 어렵지 않지만 보호자가 먼저 심리적 장벽을 돌파해야 한다. 모든 보호자가 고양이의 살에 바늘로 찔러 혈당을 측정할 수 있는 것은 아니다.

혈당 채취할 때의 도구
혈당계, 혈당 시험지, 채혈기, 지혈겸자 또는 눈썹 클립, 알코올 솜, 마른 솜

Step1

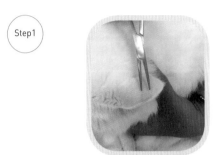

귀 가장자리 위쪽과 그 주변의 털을 제거해야 채혈 시 오염을 줄이고 채혈량에 영향을 미치지 않는다.

Step2

알코올 솜으로 혈액을 채취할 부위를 소독하고 깨끗하고 마른 솜으로 잘 닦아낸다. 알코올이 수치 판독에 영향을 미치지 않도록 해야 한다.

Step3

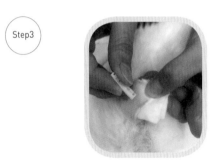

귀 아래쪽에 두꺼운 솜을 한 장 깔면 혈액을 채취할 때 바늘로 손을 찔리는 일을 막을 수 있다.

Step4

혈액이 흘러나올 수 있도록 손가락의 힘을 살짝 푼다. 혈당계에 시험지를 넣고 채혈 부위에 채혈기를 대고 누른다. 혈액량이 충분하면 자동적으로 혈당계가 수치를 판독한다. 일반적으로 혈당계는 한 방울의 피만 필요하다(피가 나오지 않으면 혈관이 뚫어지지 않은 경우로, 채혈기로 다시 뚫어야 한다. 피를 빼기 위해 혈관을 꽉 누르지 않는다).

Step5

채혈 후 출혈이 멈출 때까지(약 5분) 마른
솜으로 눌러준다. 이때 알코올 솜은 사용
하지 않는데 바늘에 찔린 부위를 자극하고
통증을 유발할 수 있기 때문이다.

 Step6

혈액이 충분하면 혈당계가 자동으로 수치
를 판독하는데 신호음과 함께 혈당값을
표시한다.

 Step7

혈당검사 기간과 혈당값을 기록한다.

가정에서 혈당검사를 할 때 참고 사항

❶ 혈액검사 시점과 혈당 수치 및 인슐린 용량은 수의사와 상담해야 한다. 보
   호자 스스로 조정하면 고양이에게 매우 위험할 수 있다.

❷ 고양이의 혈당이 81mg/dl 이하이지만 저혈당 증상이 없는 경우에는 먼저
   수의사와 상담해 치료 여부를 논의해야 한다.

❸ 고양이의 혈당이 60mg/dl 미만이고 동공 확장, 숨 가쁨, 침 흘림, 마비 증상
이 있는 경우 먼저 설탕물을 고양이에게 조금씩 섭취하게 하면서 빨리 동물
병원으로 데려간다.

❹ 정기적으로 병원에 내방해 수의사가 혈당치, 체중, 프룩토사민Fructosamin 수
치를 확인할 수 있도록 한다. 그래야 수의사가 인슐린의 양을 더 정확하게
조절할 수 있다.

❺ 채혈 위치는 바꿀 수 있으므로 귀 가장자리 혈관 이외에 발 패드도 가능
하다.

가정에서 하는 혈당검사는 동물병원에서 받는 것보다 고양이의 스트레스를 줄여줄 수 있
으며, 혈당 조절과 함께 당뇨 회복 가능성을 높일 수 있다. 물론 혈당계 수치를 꼭 기록해
수의사에게 알려줘야 한다. 보호자가 혈당 수치를 확인하지 않고 인슐린 양을 직접 조절
하면 심각한 결과를 초래할 수 있다. 혈당 수치를 기록하는 것 외에도 식사, 수분 섭취량 및
소변 수치도 당뇨를 모니터링하는 데 중요한 기초가 된다. 따라서 보호자가 수의사에게 홈
케어 수치를 정확하게 제공하면 할수록 고양이의 혈당은 더 빨리 안정되면서 회복 가능성
도 높아진다.

PART

10

뜻밖의 상황에서의
응급처치

뜻밖의 상황에서의 응급처치

고양이는 타고난 호기심 때문에 종종 자신의 몸에 상처를 입힌다. 그런데 한밤중에 뜻밖의 상황이 발생했다면 보호자가 고양이를 데리고 갈 병원을 찾기가 어렵다. 또한 고양이는 통증을 잘 참는 동물이라 자세히 살피지 않으면 어디가 불편한지 모를 수도 있다. 그러므로 고양이에게 응급 상황이 발생했다면 바로 처치해 상처를 최소화해야 한다. 다만 문제를 해결하기에 앞서 당신 스스로 냉정을 되찾아야 한다. 대다수 애묘인들은 고양이가 다치면 마음이 아파 이성적 판단을 잘 하지 못한다. 물론 이런 감정은 당연한 것이겠지만 당장 고양이를 도울 사람은 당신뿐이다. 그러므로 냉정을 유지하면서 고양이의 응급처치를 먼저 한 다음 가능한 가까운 병원으로 옮겨 좀더 전문적인 치료를 받게 해야 한다.

긴급한 상황에서 기억해야 할 사항

❶ 냉정을 유지하며 지나치게 큰 소리로 고양이를 놀라게 하지 않는다.

❷ 상처를 직접 만지지 말고 깨끗한 수건이나 붕대로 감는다.

❸ 아무 약이나 함부로 먹이면 고양이가 중독될 수 있다.

❹ 고양이를 불편하게 하거나 토하지 않게 하려면 물이나 음식을 주면 안 된다.

❺ 고양이를 안정시켜 정서적인 긴장감을 덜어준다.

❻ 동물병원에 연락한 뒤 직접 병원에 데려가 치료를 받게 한다.

중독됐을 때

어떤 물질이든 지나치게 많이 섭취하면 몸을 해치는 물질이 될 수 있다. 그런데 비교적 소량의 물질(유독 물질)을 먹었는데도 고양이가 병에 걸린다면 이를 일반적으로 중독이라고 한다. 사실 고양이는 세정제나 방부제처럼 알레르기를 유발하는 각종 유독 물질이 널린 환경에 살고 있다. 원래 고양이는 개에 비해 어떤 물질에 중독될 확률이 낮은데 음식을 먹을 때 입맛이 까다롭기 때문이다. 실제 대다수 중독 사례를 보면 제때 위 안의 유독 물질을 제거하고 증상에 맞는 치료만 해주면 고양이가 살아날 가능성이 높아진다.

고양이는 중독이 되면 호흡곤란이 오거나 신경 경련 등의 신경 증상을 보이며 심장박동이 지나치게 빨리 혹은 느리게 뛰고 출혈이 있거나 몸이 쇠약해지기도 한다.

응급처치

❶ 고양이의 중독 현상이 의심된다면 바로 수의사에게 연락해 증상을 정확히 알려준다. 중독 전후의 상황을 알고 있다면 중독의 원인과 먹었을 것으로 의심되는 물질, 토사물 등에 대해 상세히 이야기한다.

❷ 고양이가 구토를 한다면 토사물을 깨끗한 용기나 비닐봉지에 담아 병원에 가져간다. 수의사가 이를 보고 진단하거나 치료하는 데 매우 큰 도움이 된다.

❸ 고양이가 중독됐을 때 가장 흔히 할 수 있는 응급처치는 토하게 하는 것이다. 유독 물질을 먹은 뒤 1~2시간 안에 토하면 도움이 된다. 하지만 고양이가 먹은 것이 자극성이 있거나 부식성이 있는 물질이라면 억지로 토하게 하지 않는다. 또한 고양이에게 유독 물질을 억제하거나 흡수할 수 있는 물질을 주거나 수액 치료를 할 수도 있다. 하지만 이런 판단과 치료는 되도록 수의사가 결정하는 것이 좋다.

❹ 유독 물질이 고양이 털 위에 묻은 경우 더러운 것을 싫어하는 고양이가 핥아내 중독의 위험에 빠질 수 있으므로 따뜻한 물과 고양이 샴푸 등으로 깨끗이 씻어준다. 하지만 이런 처치는 고양이가 아직 정상적인 상태일 때 가능한 것이며 이미 쇠약해져 힘이 없다면 서둘러 병원에 데려가 치료를 받아야 한다.

더위 먹었을 때

고양이는 일상적인 환경에서 더위를 참아내는 힘이 강한 편이라 개처럼 자주 더위를 먹지 않는다. 그러나 무더운 여름날 밀폐된 실내나 차 안에 있을 경우 고양이 스스로 조절할 새도 없이 몸의 온도가 빠르게 상승해 더위를 먹게 된다. 증상이 악화되면 정신이 혼미해지며 심각한 경우 사망에 이르기도 한다. 그러므로 고양이가 더위를 먹었을 때는 먼저 체온을 낮춘 뒤 병원에 데려가 치료를 받도록 한다.

고양이의 체온이 40℃를 넘어서면 복부를 만졌을 때 평소보다 뜨겁게 느껴진다. 이럴 때 고양이는 입을 벌리고 숨을 쉬며 눈꺼풀 주위와 구강 점막에 출혈이 나타나고 침을 흘리기도 한다. 심각할 경우 온몸이 무기력해지고 의식이 소실되며 쇼크 상태가 된다. 특히 체력이 떨어지는 나이 든 고양이나 만성질환에 시달리는 고양이는 더위를 먹기 쉬우니 보호자들이 각별히 주의해야 한다.

고양이가 더위를 먹었는지 어떻게 알 수 있을까?

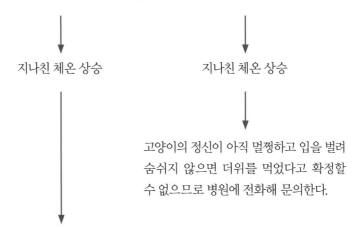

고양이의 체온이 지나치게 높아졌는가?

정상적인 고양이 체온은 38~39℃

고양이 허벅지 안쪽을 만졌을 때 온도가 지나치게 높은가?

지나친 체온 상승   지나친 체온 상승

고양이의 정신이 아직 멀쩡하고 입을 벌려 숨쉬지 않으면 더위를 먹었다고 확정할 수 없으므로 병원에 전화해 문의한다.

가벼운 증상

고양이가 의식은 또렷하지만 입을 벌리고 숨을 쉬며 침을 흘린다면 시원한 곳으로 옮기는 응급처치를 한다. 고양이의 호흡이 안정되도록 10분 정도 기다려도 회복이 되지 않으면 병원에 연락해 치료를 받으러 가야 하는지 문의한다.

심각한 증상

고양이의 의식이 흐리며 입을 벌리고 숨을 쉬며 눈꺼풀 주위와 구강 점막에 충혈이 나타난다. 고양이의 상황이 위급하니 바로 병원에 데려가 응급처치를 받는다.

응급처치

❶ 에어컨이나 선풍기로 실내 온도를 시원한 상태로 낮춘다. 실내가 밀폐돼 있다면 반드시 통풍을 시킨다.

❷ 차가운 물에 수건을 적셔 고양이의 온몸을 감싸서 체온을 39℃ 이하로 내린다. 또는 수건으로 싼 얼음이나 얼음주머니를 고양이 머리와 목덜미 옆쪽, 겨드랑이, 허벅지 안쪽에 놓아 체온을 낮춘다. 그러나 체온을 한꺼번에 많이 내리면 안 되므로 체온계로 틈틈이 측정한다.

❸ 병원에 데려갈 때는 차 안 온도를 시원하게 유지하며 고양이의 정신이나 체온을 수시로 확인한다. 또한 병원에 도착하기 전에 미리 전화로 수의사에게 고양이의 상태를 설명해 도착하면 바로 치료를 받을 수 있게 한다.

간질

어떤 물질에 중독됐거나 신장병, 저혈당, 간질환 등 고양이의 간질을 유발하는 원인은 매우 다양하다. 간질 발작은 보통 5분 안에 멈추지만 간혹 여러 차례 반복되기도 한다. 간질 발작이 5분 이상 지속된다면 위험한 상황으로 반드시 병원에 데려가 치료해야 한다. 다만 고양이에게 간질이 발생했을 때 보호자가 잠시 지켜보며 고양이가 안정되기를 기다려야 한다. 어떤 고양이들은 발작이 있기 전 초조한 모습을 보이거나 작은 소리에도 깜짝 놀라 이상한 소리를 내기도 한다. 이럴 때 보호자는 고양이의 행동을 주의 깊게 살펴봐야 한다. 간질 발작이 일어나면 고양이가 대소변을 가리지 못하거나 입에서 거품을 토하고 몸을 떨며 무의식중에 사지를 휘젓는 증상을 보인다. 발작이 끝나면 고양이는 초조해하거나 무기력해지며 쉽게 허기를 느끼기도 한다. 고양이가 발작을 멈추면 병원에 데려가 검사와 치료를 받도록 한다.

응급처치

❶ 고양이가 발작할 때는 상처를 입지 않도록 주변의 위험한 물품들을 치운다.

❷ 고양이는 발작할 때 의식이 없으므로 억지로 안지 않는다.

❸ 고양이가 간질 발작을 하면 그 시간과 횟수를 기록해둔다.

❹ 발작 장면을 영상으로 찍어두면 수의사가 고양이의 상태를 이해하는 데 도움이 된다.

❺ 고양이가 안정되기를 기다렸다 수건으로 감싼 뒤 어두운 곳에 데려가 편히 쉴 수 있게 한다.

❻ 고양이가 심한 간질로 거품을 토하면 휴지로 가볍게 닦아 호흡이 막히지 않도록 한다.

❼ 안정이 됐다 하더라도 고양이는 이미 기력을 소진했을 수도 있다. 이럴 때는 고양이를 안심시키며 서둘러 병원에 데려가 치료를 받는다.

사고나 뜻밖의 경우

보호자들은 뜻밖의 사고를 당한 고양이가 눈에 띄게 다리를 절거나 피를 흘리지 않으면 대수롭지 않게 여길 때가 많다. 하지만 종종 겉모습은 멀쩡해도 내장과 뇌 부위가 이미 손상을 당한 경우도 있다. 특히 고양이의 비강과 구강 안에 출혈이 있거나 내장이 파열돼 내부 출혈이 있을 수도 있으니 절대 소홀히 여기면 안 된다.

응급처치

❶ 고양이에게 뜻밖의 사고가 생겼다면 우선 고양이의 상태를 잘 살펴 혼자 일어설 수 있는지, 몸을 부자연스럽게 구부리고 있는 것은 아닌지 등을 관찰해야 한다.

❷ 고양이를 바닥이 평평한 큰 상자 안에 넣고 가능한 몸을 구부리지 못하도록 한다.

❸ 병원으로 데려가는 도중 고양이가 입이나 코에서 피를 흘리면 휴지로 깨끗이 닦아 호흡에 문제가 없도록 한다.

다리 골절

고양이가 다리를 절뚝거리거나 이상한 모양으로 걷는다면 발이 수축되거나(들어올려져) 발 모양에 변형이 왔을 수 있다. 혹은 뼈가 밖으로 드러났다면 고양이가 골절을 당한 것일 수도 있다. 이럴 때는 고양이를 안심시키며 옮기는 데 동작을 최소화해 고양이의 긴장감과 통증을 덜어준다.

응급처치

❶ 골절당한 고양이를 발견했다면 환부의 신경과 혈관을 건드리지 않기 위해 비교적 큰 이동 가방이나 상자 안에 넣는다.

❷ 상자 안에는 두꺼운 수건을 깔아 고양이가 안정적으로 동물병원에 갈 수 있게 한다.

❸ 골절된 다리를 고정시키기란 보호자에게 다소 어려운 일이다. 그러므로 굳이 시도하려 하지 말고 고양이가 덜 움직이고 긴장하지 않게 하면서 병원에 데려가는 것이 좋다.

출혈

반쯤 풀어놓고 키우는 고양이는 외출을 나갔다 싸움을 하거나 교통사고를 당해 피가 나는 경우가 흔히 있다. 완전히 실내에서 키우는 고양이도 유리나 날카로운 물체에 찔려 상처가 나며 피를 흘리기도 한다. 이렇게 고양이가 피를 흘리는 모습을 발견했다면 환부를 압박해 지혈을 시도해야 한다. 또한 1차적인 응급처치 뒤에는 반드시 병원에 데리고 가 전문적인 치료를 받아야 한다. 고양이들끼리 싸우다 생긴 상처는 크기가 작은 편으로 이미 지혈을 했다 해도 안에서 세균이 번식할 수 있다. 그러므로 상처를 씻은 뒤 병원에 데려가 생체 검사를 받는 것이 좋다. 또한 병원에 가기 전에 고양이에게 원형 목 보호대를 채워 상처를 핥지 못하게 한다.

01 / 날카로운 물체 때문에 베인 상처 02 / 싸우고 물어서 난 상처 03 / 거즈로 상처 부위를 10분 정도 눌러 지혈한다.

응급처치

❶ 우선 다량의 온수로 상처를 씻고 티슈나 거즈를 따뜻한 물에 적셔 가볍게 닦아준다.

❷ 깨끗한 거즈로 피가 난 부위를 감싼 뒤 손으로 지그시 눌러 지혈한다.

❸ 만약 지혈이 되지 않는다면 상처 부위를 누르면서 서둘러 병원에 데려가 치료한다.

응급처치는 고양이의 상처를 최소화하기 위한 방법이지만 개인적인 처치에는 한계가 있게 마련이다. 그러므로 애묘인들은 응급처치를 하는 한편 고양이의 상태에 대해 수의사에게 제대로 알려주는 것이 중요하다. 그래야만 수의사가 신속히 정확한 판단을 내리고 처치를 할 수 있기 때문이다. 또한 실내의 물품을 잘 수납하고 고양이의 외출을 줄이며 방을 시원하게 통풍을 시키는 등 뜻밖의 사고를 예방하는 것이 응급처치를 하는 것보다 훨씬 중요하다.

PART

11

노령묘 돌보기

노령묘 돌보기

보통 7세 이상이 될 경우 노령묘라고 하는데 겉으로 보기에는 평범한 성묘와 큰 차이가 나지 않는다. 그 때문에 많은 애묘인들이 이런 질문을 한다. "7세가 된 고양이는 다 노령묘인가요?" 사실 고양이는 7세가 넘어가면 사람처럼 활동성이나 시력, 청력 등 몸 상태가 서서히 저하되며 신체기관의 대사 기능도 점점 퇴화된다. 그래서 이런저런 질병에 잇따라 걸리는 것이다. 그러므로 노령묘는 더욱더 섬세한 관찰과 보살핌이 필요하다. 고양이의 평균 수명은 14~16세이지만 잘 돌보기만 하면 19~20세까지 살기도 한다. 애묘인들은 노령묘의 신체 변화를 이해하고 정기적으로 건강검진을 해주면서 고양이가 안정적인 노년 생활을 즐길 수 있도록 도와야 한다.

이왕 키우기 시작한 사랑하는 가족이라면 각 성장 단계에 맞춰 건강할 때든 아플 때든 또 나이가 많아져도 늘 함께하며 돌봐줘야 한다. 고양이의 동반자로서 그들의 평생을 책임지고 즐겁고 편안히 살 수 있게 해주기를 바란다.

신체적인 변화

시력

노령묘의 시력은 점차 떨어지지만 후각과 촉각이 살아 있는데다 행동이 느려져 주의 깊게 살펴보지 않으면 고양이의 변화를 잘 알아채지 못한다. 또한 안구질환과 고혈압 때문에 실명이 되기도 하므로 노령묘는 정기적으로 안구검사와 혈압 측정을 해야 한다.

노령묘의 시력은 점차 저하돼 자세히 보지 않으면
눈치 채기 어렵다.

청력

노령묘는 외부의 소리에 대한 민감도가 떨어져 소리를 잘 듣지 못하게 되며 때로는 매우 큰 소리를 내야 반응하기도 한다.

후각

나이를 먹을수록 고양이의 후각은 서서히 상실되며 음식을 분별하는 능력도 떨어져 먹는 양이 줄어든다. 또한 고양이는 후각을 이용해 주변 환경을 구별하기 때문에 후각이 떨어지면 고양이의 일상생활에도 변화가 일어난다.

구강

면역력이 떨어지는 노령묘는 구강 안에 세균이 쉽게 자생해 치주질환에 걸리기도 한다. 치주질환은 구강에 염증을 일으키며 치아가 빠지게 하기도 한다. 심각한 경우 세균이 혈액순환을 통해 심장이나 신장 같은 신체기관에 도달해 염증을 일으킨다. 또한 구강의 염증과 통증은 고양이의 식욕을 저하시켜 체중이 눈에 띄게 줄어든다.

행동

노령묘는 활동력이 점차 떨어져 관절에 질병이 생기며 체중과 근육량이 줄어 몸을 지탱할 힘이 저하된다. 그 때문에 걸음걸이도 느려지고 움직이기를 싫어하며 높이 뛰려고 하지도 않는다. 때로는 높은 곳으로 뛸 때 한참이나 쳐다보다 간신히 움직이기도 한다.

체중

고양이가 노화 단계에 들어서면 신체 대사율이 떨어지고 활동력이 감소하며 체중이 주는 대신 체지방이 늘어난다. 이렇

01 / 노령묘는 뛰어오르기 전 한참 동안 목표한 곳을 쳐다보다 움직이기도 한다.

02 / 노령묘는 자는 시간이 길어지며 자신의 털을 잘 정리하려고 하지 않는다.

게 고양이의 신체 대사와 흡수에 문제가 생기면 후각도 떨어지고 구강에 질병이 생겨 고양이는 서서히 마르게 된다.

털과 발톱

노령묘는 잠자는 시간이 길어지고 털을 정리하는 횟수도 줄어든다. 털은 건조해지고 윤기를 잃어 뭉치게 되며 발톱의 각질은 두꺼워진다. 그러므로 고양이의 발톱을 제때 잘라주지 않으면 발 패드에 파고들 수도 있다.

일상생활에서의 보살핌

노묘용 사료로 바꾸고 매일 식사량 확인하기

❶ 노령묘에게는 고단백질 사료를 제공한다.
  • 나이가 많아지면 질병과 스트레스로 단백질의 손실이 일어나 몸의 근육 조직이 감소한다. 이럴 때 사료로 단백질을 보충해주면 이런 손실을 보완할 수 있다. 노령묘의 단백질 요구량은 어린 고양이보다 높다.
  • 노령묘는 신장 기능이 점차 저하되는데 이는 정상적인 노화 현상이다. 이렇게 신장이 좋지 않은 고양이의 경우 단백질이 든 음식을 선택해도 될지 신중하게 고려해야 한다. 그러나 노령묘라 해도 건강 상태가 좋으면 단백질이 신장병을 유발하는 일이 거의 없다. 그러므로 노령묘에게 단백질은 여전히 중요한 영양원이라 할 수 있다.
❷ 대다수의 노령묘는 하루 필요 에너지 요구량이 다소 줄어든다. 그 때문에 보호자는 고양이의 식사량과 체중 변화를 세심하게 관리해 비만이나 저체중이 되지 않도록 이상적인 체중을 유지시켜야 한다.
❸ 노령묘가 병이 들면 수의사의 조언에 따라 평소에 먹던 사료를 처방 사료로 바꿔야 한다.

고양이 털을 깨끗하게 빗겨주기

노령묘는 털을 정리하는 횟수가 줄어들기 때문에 쉽게 메마르거나 뭉친다. 보호자는 이런 고양이를 위해 자주 털을 빗겨줘 털이 뭉치지 않도록 하고 피부병도 예방해야 한다. 또한 정기적으로 고양이의 발톱을 잘라줘 긴 발톱이 발 패드에 파고들지 않도록 한다. 뿐만 아니라 고양이의 눈과 귀를 깨끗이 청소해주면 분비물을 줄일 수 있다.

고양이의 생활공간 바꾸기

노령묘는 노인처럼 서서히 관절에 문제가 생기고 근육량도 줄어들어 뛰어오르는 능력이 떨어지고 걸음걸이도 느려진다. 이런 고양이를 위해 물체 사이의 높이를 낮추면 좋은데 예를 들어 소파 옆에 작은 의자를 놓아 고양이가 가볍게 올라갈 수 있도록 한다. 혹은 고양이 화장실을 얕은 것으로 바꿔 고양이가 드나들기 편하게 만들어준다. 이런 사소한 변화를 통해 고양이가 움직일 때 느끼는 불편함을 많이 덜어줄 수 있다.

정기적으로 고양이의 체중 측정하기

고양이의 체중을 정기적으로 측정하면 고양이 몸 상태의 변화를 알 수 있다. 정상적인 고양이의 체중 변화는 수십 그램 차이에 불과하며 아플 때만 뚜렷한 변화를 보인다. 수컷 고양이의 평균 체중은 4~5kg이고, 암컷 고양이는 3~4kg인데 2주에서 1개월 사이에 갑자기 체중의 10%가 감소한다면 특별히 고양이의 식욕을 관찰해야 한다. 고양이의 체중이나 식욕, 행동에 변화가 있을 경우 병원에 데려가 검사를 받는 것이 좋다.

고양이의 변화 관찰하기

고양이를 관찰하다 아래와 같은 상황을 발견했다면 병원에 데려가 수의사에게 자세한 검사를 받고 고양이의 건강에 문제가 없는지 확인하는 것이 좋다. 고양이는 말을 할 수 없기 때문에 보호자가 고양이의 변화를 세심하게 관찰하지 못하면 치료를 받을 골든타임을 놓칠 수 있다.

❶ 식욕
- 고양이의 식욕이 갑자기 증가하지 않았나?
- 평소 좋아하던 음식에 대해 흥미가 떨어졌는가?
- 사료를 먹을 때 고개를 돌리는가? 혹은 먹고 싶은데 잘 먹지 못하는 것처럼 느껴지는가?

❷ 수분 섭취량과 배뇨량
- 물그릇 앞에 쪼그리고 앉아 지나치게 오래 물을 마시지 않는가? 물그릇 안의 물이 갑

자기 많이 줄지 않았는가?

- 매일 고양이 화장실을 청소할 때 남겨진 모래 덩어리 양이 많이 늘지 않았는가?

❸ 체중 변화

- 고양이 등의 척추가 뚜렷하게 드러나거나 고양이가 눈에 띄게 가벼워지지 않았는가?
- 1개월에 1회 체중을 재는데 원래 체중의 10% 이상 감소하지 않았는가?

❹ 고양이의 행동 변화 주의

- 움직이기를 싫어하고 자는 시간이 길어지지 않았는가?
- 고양이가 높은 곳으로 뛰어오를 때 오랫동안 망설이지 않는가?
- 걷는 모습이 이상하거나 다리를 절지 않는가?
- 고양이가 뛰어가 숨지 않는가?
- 고양이의 걸음이 느려지고 자주 무언가에 부딪치지 않는가?

❺ 매일 고양이를 만져 신체검사하기

- 고양이를 만졌을 때 몸에 작은 덩어리가 만져지지 않는가?
- 피부에 심각한 탈모나 각질 등은 없는가?

정기적인 검진

건강검진

노령묘에게서는 심장질환과 신장질환, 갑상샘 기능항진증, 관절 질환, 당뇨, 구강질환, 종양 등의 질병이 자주 나타난다. 평소에도 고양이에게 이상이 없는지 주의 깊게 관찰해야 하지만 매년 정기적으로 건강검진을 하는 것 역시 중요하다. 건강검진은 기본이 되는 피모 검사나 검이경 검사 같은 이학적 검사 외에도 혈액검사, X-ray 촬영, 복부 초음파, 혈압 측정 등이 포함된다. 이런 검사들을 통해 고양이의 몸 상태를 확인할 수 있을 뿐만 아니라 질병 발생 초기에 때를 놓치지 않고 치료할 수 있다.

또한 건강검진을 했다고 무조건 안심할 수 없는 것이 검사한 해에 건강하다는 결과가 나왔을 뿐 고양이는 언제든 병에 걸릴 수 있기 때문이다. 다시 말해 건강검진은 검사한 그 무렵 몇 주 동안의 몸 상태를 나타낼 뿐이므로 항상 고양이의 생활을 관찰하며 이상이 있을 경우 병원에 데려가 검사해야 한다.

구강 건강을 위해 스케일링하기

노령묘에게 건강한 구강을 지키는 것은 매우 중요한 일이다. 고양이는 나이를 먹을수록 면역력이 떨어져 구강 안에 세균이 자생하기 쉽기 때문이다. 구강을 청결히 하고 양치질을 잘하면 세균의 성장을 억제하고 치석이 생기는 것을 막을 수 있다. 또한 정기적으로 병원에 데려가 구강을 검사하고 스케일링을 하는 것도 중요하다. 고양이도 사람과 같아 매일 양치질을 해도 플라크와 치석이 치아에 생길 수 있으므로 이럴 때는 병원에 데려가 스케일링으로 완벽히 제거하는 것이 좋다.

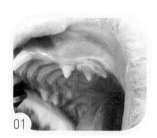
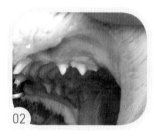

01 / 치아 스케일링 전, 두텁게 쌓여 있는 치석

02 / 치아 스케일링 후

INDEX

414

특별 개정판

야옹야옹

고양이
대백과

초판 1쇄 발행 2015년 11월 7일
개정 1쇄 인쇄 2021년 4월 21일
개정 1쇄 발행 2021년 5월 15일

지은이 린정이林政毅, 천첸원陳千雯
일러스트 잔샤오판詹筱帆, 셰지아후이謝佳惠
촬영 천지아웨이陳家偉
번역 정세경

발행인 최명희
발행처 (주)퍼시픽 도도

회장 이웅현
기획편집 홍진희
디자인 김진희
홍보·마케팅 강보람
제작 퍼시픽북스

출판등록 제 2014-000040호
주소 서울 중구 충무로 29 아시아미디어타워 503호
전자우편 dodo7788@hanmail.net
내용 및 판매문의 02-739-7656~9

ISBN 979-11-85330-98-3 (13490)
정가 22,000원